U0341982

高放废物地质处置阿拉善预选区
工程地质适宜性评价

张路青　曾庆利　袁广祥　王学良　等 著

科 学 出 版 社
北 京

内 容 简 介

以高放废物地质处置阿拉善预选区的工程地质适宜性评价为主要研究内容，本书初步论述了预选区岩体工程地质稳定性评价的方法和技术，其主要内容包括阿拉善区域地壳稳定性评价、工程地质稳定性分区与适宜性评价、场址区大地形变 InSAR 解译分析、花岗岩深孔地应力测试、备选场址区岩体质量评价、岩体长期强度与洞室长期稳定性预测方法等。

有关成果不仅对我国核废料地质处置的场址比选有重要的参考价值，还将对未来地下实验室及处置库长期运营的稳定性难题有着一定的借鉴意义。

本书可供核废料地质处置场址比选阶段的勘查、评价和科研的工程技术人员和大专院校工程地质、岩石力学、地下工程、地质工程等专业的师生参考。

图书在版编目（CIP）数据

高放废物地质处置阿拉善预选区工程地质适宜性评价/张路青等著. —北京：科学出版社，2016

ISBN 978-7-03-047829-0

Ⅰ.①高⋯　Ⅱ.①张⋯　Ⅲ.①放射性废物处置-地下处置-适宜性评价-阿拉善盟　Ⅳ.①TL942

中国版本图书馆 CIP 数据核字（2016）第 056623 号

责任编辑：韦　沁　焦　健/责任校对：郭瑞芝
责任印制：肖　兴/封面设计：耕者设计工作室

科 学 出 版 社 出版
北京东黄城根北街16号
邮政编码：100717
http://www.sciencep.com

北京通州皇家印刷厂印刷
科学出版社发行　各地新华书店经销

*

2016 年 11 月第　一　版　开本：787×1092　1/16
2016 年 11 月第一次印刷　印张：18 1/4
字数：430 000

定价：148.00 元
（如有印装质量问题，我社负责调换）

前　　言

随着我国核电事业的快速发展，目前每年有 1000～2000t 乏燃料产生，到 2035 年左右临时存放空间将达到饱和。高放射性乏燃料以及军工业生产过程中的高放射性废物已经成为我国不可回避的重大环境问题，永久处置场地的建设势在必行。高放废物的永久处置方法有多种，目前公认可行的是地质处置方法（即深埋处置库方法），其他方法皆处于概念设想或初步研究阶段。高放废物地质处置是世界各国关注的热点，也是摆在有关科技人员面前的重大科学技术问题。深埋处置库的围岩是减缓核素迁移的主要屏障，一般都要选择在完整、致密、低渗的深埋岩体内。根据放射性核素的半衰期，处置库系统至少需要有 1 万年以上的安全期。尽管核废料地质处置的过程和无害化所需时间的长短可以利用一些理论和方法进行论证，但规划选址阶段的工程地质适宜性评价还亟待深入研究。

为了确定适宜性良好的预选地段，需要针对阿拉善预选区开展区域尺度的地壳稳定性评价和工程地质稳定性评价，同时需要在区段和场址尺度开展相应的花岗岩岩体质量评价工作，以便发现足够规模和性能良好的目标岩体作为可供比选的备选场址。根据我国高放废物地质处置研究开发规划的要求，深入开展备选场址区岩体工程地质稳定性的研究不仅是场址适宜性评价的重要工作内容，而且还可以为将来的地下实验室建设和相关研究提供基础资料。众所周知，具有现代意义的岩石工程还不到 200 年的历史，我们对百年尺度以上的岩石力学行为还缺少足够的认知，更不用说千年或万年尺度的围岩长期稳定性预测了。作为尝试，作者还将针对岩体长期力学行为开展探索性研究。

基于工程地质学、构造地质学、岩石力学及地球物理勘探、InSAR 遥感解译、离散元数值模拟等方面的理论、方法和技术手段，作者从区域尺度、场址区段尺度、场址尺度和洞室尺度分别开展岩体稳定性评价和适宜性分区，不仅可以为核废料地质处置场址比选提供依据，还将为万年尺度洞室长期稳定性评价难题提供可能的方法，具有重要的理论价值和实际意义。

以阿拉善预选区的场址比选为例，本书论述了深埋处置库备选场址区岩体工程地质稳定性的评价方法和技术，其内容包括阿拉善区域地壳稳定性评价、工程地质稳定性分区与适宜性评价、场址区段大地形变 InSAR 解译分析、花岗岩深孔地应力测试、备选场址区岩体质量评价、岩体长期强度与洞室长期稳定性预测方法等。各章主要执笔人具体安排如下：

第 1 章由张路青、曾庆利编写，第 2 章由曾庆利、张路青与周剑编写，第 3 章由王学良、张路青、周剑与韩振华编写，第 4 章由姚鑫、张路青与曾庆利编写，第 5 章由陈群策、杜建军、张路青与周剑编写，第 6 章由袁广祥、安志国、张路青与曾庆利编写，第 7 章由张路青、周剑、韩振华与李伟生编写，第 8 章由张路青、曾庆利、袁广祥与王学良编写。

　　高放废物地质处置是全人类面临的重大挑战，不仅技术难度大、研究周期长，而且是涉及众多学科的高科技系统工程。本书内容古主要来自国家国防科工局核设施退役与放射性废物治理科研项目"内蒙古阿拉善高放废物地质处置备选场址预选及评价研究"（科工二司［2013］727 号）课题之一"备选场址区岩体工程地质稳定性评价"的研究成果。在本课题执行过程中，得到了李国敏研究员的大力支持和鼓励，有关研究成果的获得也凝聚着他的辛勤汗水。由于本课题需要利用不同来源的数据进行工程地质适宜性综合分析，在课题执行过程中得到了物探、岩石力学测试、钻探及测井、钻孔成像等相关课题组的无私帮助和大力协作，在此对相关课题人员表示衷心的感谢。

　　总之，本课题的顺利完成离不开各位老师的帮助和支持，再次深表谢意！由于作者水平有限，书中还有很多不足和亟待完善之处，敬请读者批评指正。

目　　录

第1章 绪 论

1.1 研 究 内 容

本书相关研究"备选场址区岩体工程地质稳定性评价"是国家国防科工局核设施退役与放射性废物治理科研项目"内蒙古阿拉善高放废物地质处置备选场址预选及评价研究"(科工二司〔2013〕727号)的课题之一。本书的主要研究内容为从区域尺度开展阿拉善区域地壳稳定性和工程地质稳定性的分区与评价,从区段和场址尺度开展备选场址区的岩体质量分级,从类比分析的角度探索岩体长期强度和洞室长期稳定性的预测方法。

1.2 研 究 背 景

核废料地质处置是世界各国关注的热点,也是有关科技人员面临的共同挑战。对于高放核废料的地质处置,目前较为认可的风险要求是至少一万年的安全期,也有人提出需要十万年甚至更长的安全期。核废料地质处置库一般位于地下300~1000m的目标地质体内,独特的工程用途和安全要求使其明显地不同于传统和普通意义上的地下工程(如交通隧洞、电站厂房、地下采矿等),在场址比选阶段的工程地质稳定性评价也变得十分特殊和困难。

作为防止核废料外泄的天然屏障,处置库围岩的质量和工程地质稳定性取决于不同级别结构面的几何参数、地质特征及物理力学特性,但利用场址比选阶段仅有的地表调查资料和钻孔数据则很难给出可靠的地质结构判断,特别是对于地质结构变化多端的花岗岩体。众所周知,具有现代意义的岩石工程还不到200年的历史,我们对百年尺度以上的岩石力学行为还缺少足够的认知。为了确定适宜性良好的预选地段,需要针对阿拉善预选区开展区域尺度的地壳稳定性评价和工程地质稳定性评价,同时需要在区段和场址尺度开展相应的花岗岩岩体质量评价工作,以便发现足够规模和性能良好的目标岩体作为可供比选的备选场址。

根据我国高放废物地质处置研究开发规划的要求,深入开展备选场址区岩体工程地质稳定性的研究不仅是场址适宜性评价的重要工作内容,而且还可以为将来的地下实验室建设和相关研究提供基础资料。

1.3 研 究 目 的

内蒙古西部阿拉善地区分布着大面积的加里东期、海西期及燕山期花岗岩,可能存在着适合建造高放废物地质处置库场址的花岗岩体。通过构造地质学、工程地质学、岩体力学等多学科的手段和技术方法，拟从区域（百公里尺度）、区段尺度（十公里尺度）和场址（公里尺度）尺度对阿拉善地区备选场址花岗岩的岩体工程地质稳定性进行研究。通过该项研究，不仅可以获得阿拉善区域尺度的工程地质稳定性，而且还可以通过多因素分区评价来初步获得场址尺度下不同区块花岗岩体的质量分级和工程地质稳定性，同时希望结合古地下工程的稳定性现状给出处置库围岩长期稳定性的类比分析和预测方法。鉴于核废料地质处置工程的特殊性，同时还可望发展一套花岗岩备选场址岩体工程地质稳定性评价的技术方法。

1.4　技术路线

针对上述研究目标，制定了以下研究方案。

第一，通过对国内外研究现状的调研，充分了解国内外在不同工程尺度（包括区域、区段、场址 3 种尺度）下工程地质稳定性研究的新理论、新技术和新方法，结合阿拉善高放废物地质处置库备选区的地质、构造和自然地理条件，制定详细的实施方案。

第二，通过遥感解译和野外地质考察，收集活动断裂相关几何特征、特征样品和数据（包括活动断裂的活动时间和周期、方式、速率、是否为发震断裂等），利用区域地质构造、地球动力学背景、地球物理探测、区域水文地质条件等方面的资料和钻孔数据来分析阿拉善备选区内Ⅱ级活动断裂、地震记录和千米深度以浅的大型地质结构面，构建阿拉善地区区域尺度的地质力学模型，研究该尺度下工程地质稳定性评价方法、主控因素和评价因子。

第三，基于阿拉善地区的区域地质力学模型，利用数值模拟试验进行区域构造应力场和变形场分析，并进行该尺度范围内的工程地质稳定性分区和评价，给出区域工程地质稳定性的评价模型、分区指标和稳定性区划。

第四，详细分析区域地质构造、地球动力学背景、地球物理探测、区域水文地质条件以及钻孔测试数据，研究备选场址区的岩石强度、岩体完整性、地应力状态、地下水、地质结构面的潜在数量、规模、展布、物理力学特征和相应的岩体结构，提出适用于场址比选阶段的工程岩体质量评价方法、分级指标和工程地质稳定性评价模型。

第五，结合备选场址区的地质构造、地应力、水文地质条件、岩体结构特征、渗透性、岩石力学参数，给出备选场址区岩体质量分级、工程地质稳定性评价和场址适宜性综合指标，发展适用于花岗岩场址比选阶段的岩体工程地质稳定性评价方法和技术。

第六，调查国内外不同修建年代、不同围岩类型、不同洞室埋深、不同洞室规模条件下的古地下工程（或洞室群）的变形破坏机制和稳定性现状，分析不同时间尺度、不同埋深条件下古地下工程长期稳定的机理及其与高放废物处置库围岩力学行为时效性的可比度，探索万年尺度长期稳定性评价的类比分析和预测方法。

第2章 阿拉善区域地壳稳定性评价与分区

2.1 研 究 现 状

区域地壳稳定性是重大工程场址选择的关键问题之一，相应的评价是高放废物地质处置库选址的主要依据和重要前提。由于建国后大规模经济建设的需要，区域地壳稳定性评价在我国已经逐步形成了"同中存异"的三个代表性学派：①刘国昌（1993）认为"区域稳定主要是由于地壳运动形成的地表水平位移、升降错动、褶曲以及地震等造成不同区域的安全程度；其次，是在特定的地质条件下形成的物理地质现象，如滑坡、震动液化、黏土塑流、岩溶塌陷、黄土湿陷等造成对不同区域的安全程度"，区域稳定评价的核心是地震问题；②基于岩体结构控制论，谷德振及其同事们（1979）指出，区域稳定性是指工程所在区域的地壳稳定性，论证区域稳定性应从地震活动与区域构造断裂的关系入手，同时考虑区域 I 级结构面的发生、发展及其与派生结构面的组合关系和断块之间的相互关系；③胡海涛（1987，1996）坚持和发展了李四光教授提出的"安全岛"思想，并认为"区域稳定性是指工程建设地区在内、外动力（以内动力为主）的作用下，现今地壳及其表层的稳定程度，以及这种稳定程度与工程建筑之间的相互作用和影响"。他认为区域地壳稳定性研究要分析地质体的介质结构和动力因素两个方面，动力因素包括构造活动性、地震活动性、水热活动性、物理地质作用和工程地质作用等多个方面。

对于区域稳定性的评价标准，各个学派也不尽相同。刘国昌（1993）提出"区域稳定性研究应由区域直接搞到工程场地，并综合考虑内、外因综合作用影响"的指导思想，明确将区域稳定性划分为区域地壳稳定性、建设地区地表稳定性和工程场址岩土体稳定性 3 个级别。基于岩石圈结构、岩石圈动力学和工程地质力学，李兴唐、许兵等发展和完善了谷德振教授的思想，出版了《区域地壳稳定性研究理论与实践》（1987）及《活动断裂研究与工程研究》（1993），并提出了区域地壳稳定性主要指标的分级评价方法。

结合广东核电站的选址研究，胡海涛和易明初在《广东核电站规划选择区域地壳稳定性分析与评价》（1987）一书中，提出了基于"安全岛"思想的区域稳定性分区评价方法。在综合分析各种影响因素的基础上，按各因素的主次控制关系，研究地壳稳定性的区域分布规律，从而划分不同稳定程度的区（带）、亚区、地段三级区划，并进行稳定性评价。经过筛选，在活动构造带内，寻找相对稳定的"安全岛"作为核电站的场址。其中，一级区划按构造体系及其联合、复合关系，划分不同稳定程度的区（带）；二级区划（亚区）主要考虑次级断裂组合关系、断裂活动性、地震活动性，以及断块的介质结构特征；三级区划（地段）的划分主要依据介质结构、水文地质和工程地质条件的差异。该方法体现了区划与分级评价相结合，所采取指标也比较容易获得。基于胡海涛和国际原子能机构关于核电站选址地质、地震评价等五种专家知识，殷跃平等

（1992）建立了区域地壳稳定性研究的专家知识模型，即区域地壳稳定性评价专家系统（CRUSTAB）。该模型是在研究地质条件、地球物理场和地震活动特征的基础上，从地面运动（烈度和加速度）、场区地块性状和场区潜在地质灾害 3 个方面进行地质、地震条件评价。刘传正和胡海涛（1993）进一步发展了"安全岛"理论，建立了重大工程选址的"安全岛"多级逼近与优选理论体系。根据边界断裂的规模、活动方式或强度与地块内部性状的基本一致性，从大到小逐级确定出一系列地块，并在每级的若干地块中优选出相对稳定者，即为"安全岛"。

　　通过分析三峡地区的区域地壳结构、地壳应力状态、地壳形变、断裂活动性、地震活动性等因素，李同录（1991）利用两级模糊综合评判方法对三峡地区的区域地壳稳定性进行了分区评价，认为三峡工程坝址位于稳定区，而库区则跨越了基本稳定区和次不稳定区的结论。

　　2015 年，中国地质调查局发布了《活动断裂与区域地壳稳定性调查评价规范（1：50000～1：250000）》，其基本理念是在充分吸收地质力学、岩石圈结构和大陆动力学思想的基础上，以区域稳定工程地质学理论为指导，将内外动力因素结合，采用多场叠加进行总体评价，进而根据多级逼近与优化理论进行分区，阐明场地不稳定因素，并结合具体工程提出改造措施或防治对策。

　　基于上述评价方法，笔者开展了阿拉善区域地壳稳定性的评价和分区。

2.2　阿拉善及邻区主要构造单元及边界断裂

2.2.1　阿拉善及邻区自然地理概况

　　阿拉善及其邻区位于我国西北部，其东以临河—石嘴山—银川—固原为界，南抵河

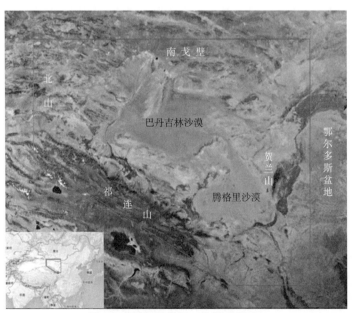

图 2.1　研究区范围（小图中框内）

西走廊带及祁连山，西达北山，北部以中蒙边境为界（图 2.1）。阿拉善位于北纬 37° 至中蒙边界，东经 98°～107°，包括了内蒙古阿拉善盟、巴彦淖尔盟西部、宁夏西部、甘肃北山和河西走廊地区。

研究区地形以盆山相间的地貌为特征：西部北山地区为高（中）山与小型山间盆地相间分布，山地海拔通常为 1700m 左右；南部走廊地区亦为高（中）山与小型山间盆地相间分布；内部以戈壁沙漠地貌为主，其中的巴丹吉林沙漠是世界四大沙漠之一；北部有洪果尔山、孟根乌拉山等，东部宗乃山、沙拉扎山横穿，海拔 1200m 左右。区内还分布有花海盆地、潮水盆地、雅布赖盆地和银根-额济纳旗盆地。

研究区为典型大陆干旱气候，冬季严寒、夏季酷热，四季气候特征明显，昼夜温差大，年均气温介于 6～8.5℃。区内极端最低气温为 −36.4℃，极端最高气温为 41.7℃，最大冻土深度约 2.0m，年均无霜期 130～165 天。受东南季风影响，雨季集中在 7～9月，年降水量从东南部的 200mm 以上，向西北部降低至 40mm 以下，年蒸发量则由东南部的 2400mm 向西北部递增至 4200mm。

2.2.2　阿拉善及邻区大地构造单元划分

一般认为，在运用板块构造理论划分大地构造单元时，一级构造单元就是板块和缝合带。缝合带是大陆造山带划分板块边界的最重要标志，并且板块间的界线应是两者之间时代最新的蛇绿岩带。二级构造单元通常指隶属陆壳板块的克拉通、被动陆缘、活动陆缘、隶属缝合带的俯冲杂岩增生楔以及以蛇绿混杂岩为主体构成的仰冲洋壳构造岩片带。

长期以来，国内外许多地质学家都把阿拉善地块视为一个稳定的克拉通区，并给以不同名称。诸如，1954 年、1960 年黄汲清称之为"阿拉善三角地"、"阿拉善隆起区"；1960 年中国科学院地质与地球物理研究所称之为"阿拉善地块"；马杏垣等（1961）称之为"阿拉善地盾"；史美良（1961）称之为"阿拉善地轴"；任纪舜和黄汲清（1980）称之为"阿拉善台隆"，均将其归属于华北地台的西延部分。近年来，在阿拉善及其邻区的大地构造研究中，不同的派别和观点由于构造单元划分原则的差异而形成了不同的构造单元划分（吴泰然、何国琦，1992；王廷印等，1998；何世平等，2002；左国朝等，2003）。

吴泰然与何国琦（1992）研究认为，阿拉善地块北缘是一个多构造单元的结合部，可以划分出以下四个一级构造单元（图 2.2）：①不成熟岛弧性质的雅干构造带；②早古生代被动大陆边缘，到晚古生代转化为活动大陆边缘的珠斯楞-杭乌拉构造带；③成熟岛弧性质的沙拉扎构造带；④元古代造山带，在古生代演化成为诺日公-狼山构造带。上述各构造单元在沉积建造、岩浆岩组合、变质作用以及地球化学特征等方面都有明显的差异，单元之间以断裂作为界线。这些断裂从南往北分别是巴丹吉林断裂带，恩格尔乌苏断裂带和雅干断裂带。

近年来，在阿拉善地块内部新识别出了三条蛇绿混杂岩带（王行军，2012），分别为乌力吉山根蛇绿混杂岩带（早三叠世晚期）、毕级尔台放包蛇绿混杂岩带（中二叠世中期—早二叠世中期）、雅布赖山蛇绿岩混杂岩带（早二叠世中期）。加上之前已识别出了恩格尔乌苏蛇绿混杂岩带（晚二叠世晚期）和查干础鲁-霍尔森蛇绿混杂岩带（晚二叠世—三叠纪）（吴泰然、何国琦，1992；王廷印等，1998），则共有五条蛇绿混杂岩带。在综合阿拉善地区变质岩建造、沉积建造、火山岩建造、岩浆岩建造以及构造混杂岩的基础上，可将阿拉善地区由北向南划分为哈日奥日布格早古生代陆缘、乌拉尚德晚古生代活动陆缘、苏红图晚古生代岛弧、乌力吉山恨-查干础鲁板块蛇绿混杂岩带、阿拉尚德弧后盆地、诺日公古陆、达里克庙古生代深成岩浆弧、西渠古陆八个Ⅱ级构造单元。

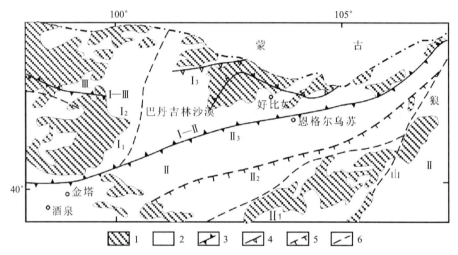

图 2.2　阿拉善北部地区与东西邻区大地构造略图（据吴泰然、何国琦，2002）

1. 前中生界；2. 中、新生界；3. 陆-陆碰撞板块缝合线；4. 陆-弧碰撞板块缝合线；5. 古裂谷；6. 断层。Ⅰ. 塔里木板块；Ⅰ₁. 珠斯楞-杭乌拉早古生代被动陆缘区褶皱带；Ⅰ₂. 呼和套尔盖早古生代洋内弧褶皱带；Ⅰ₃. 中蒙边界区晚古生代拉张型过渡壳褶皱带；Ⅱ. 华北板块；Ⅱ₁. 雅布顿-诺日公晚古生代大陆弧褶皱带；Ⅱ₂. 查干础鲁-霍尔森晚古生代弧后盆地褶皱；Ⅱ₃. 宗乃山-沙拉扎山晚古生代陆壳基底火山弧褶皱带；Ⅲ. 哈萨克斯坦板块

对于阿拉善地块的归属问题，多数人认为阿拉善地块呈三角形，是一个具有独特活动特征的构造单元，是中朝古板块的一部分（图 2.3）。对于阿拉善地块与周围地块的边界，当前的研究认为：①以合黎山-龙首山断裂为地块南部边界，与青藏块体及河西走廊过渡带相邻，争议不大；②对于北部边界争论很大，杨振德等（1988）认为以雅布赖山西麓断裂（即巴丹吉林断裂）为界，而王廷印等（1998）认为以更靠北的恩格尔乌苏断裂作为边界，与塔里木板块相邻；③地块东部有以贺兰山西麓断裂为界（汤锡元等，1990）的，也有以巴彦乌拉山断裂带为界的（周立发等，1997），与鄂尔多斯地块相邻。本书相关项目研究中，对于阿拉善地块的北部边界和东部边界分别采用恩格尔乌苏断裂及狼山-巴彦乌拉山断裂带。

2.2.3　构造运动发展史

从新太古代至新生代，研究区经历了多期次构造运动，其中加里东期、海西期、印

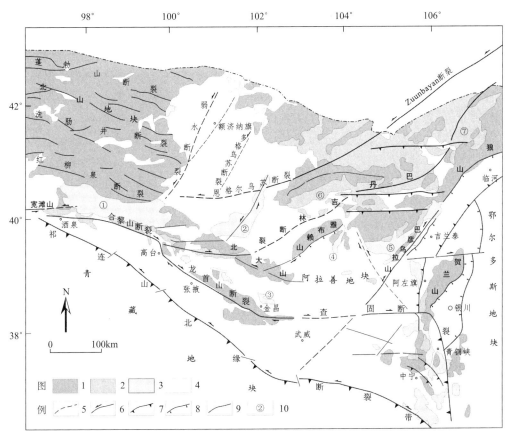

图 2.3　阿拉善地区地质简图（据张进等，2007）

1. 前白垩系；2. 白垩系；3. 古近系、新近系；4. 第四系；5. 推测断层；6. 走滑断层；7. 逆断层；8. 正断层；
9. 活动断层；10. 盆地-凹陷编号。① 金塔-花海盆地；② 岌岌海子盆地；③ 潮水盆地；④ 雅布赖盆地；⑤ 豪斯
布尔都凹陷；⑥ 苏亥图凹陷；⑦ 查干凹陷

支期和燕山期的变形保存较好。太古宙末的阜平运动和古元古代末的吕梁运动使研究区大陆地壳发生变形、变质和固结硬化，成为统一的结晶基底的组成部分，构成原始古陆（卢进才等，2012）。

从中元古代早期开始，研究区构造面貌及性质发生根本性变化，中元古代长城纪在原始古陆结晶基底的基础上发生裂陷而形成规模宏大的线状裂谷盆地，发育裂谷火山岩-沉积岩建造；蓟县纪出现以镁质碳酸盐岩为主的沉积建造，说明大陆地壳趋于稳定；新元古代青白口纪发育泥质碳酸盐岩-碎屑岩建造，之后研究区经历了晋宁运动，中、新元古界地层构成了研究区的沉积变质基底。

南华纪盖层沉积中出现的大陆溢流玄武岩和双峰式火山岩建造，标志着大陆地壳裂解，这是洋盆开启的前兆。奥陶纪形成了多岛弧盆系，包括天山-蒙古洋和秦祁昆大洋。秦祁昆大洋中志留世前陆盆地沉积和天山-蒙古洋中、晚志留世—早泥盆世前陆盆地沉积则标志着碰撞造山作用的开始，中、晚泥盆世碰撞型花岗岩的出现则标志着碰撞造山作用的终结。这次碰撞造山作用使阿拉善陆块、华北陆块、中南祁连陆块及南蒙古陆块

拼接在一起，形成大面积的新生陆壳。

晚志留世—早、中泥盆世是加里东—早海西期构造带强烈活化时期，研究区处于构造隆升剥蚀状态，变形微弱，有花岗岩侵入。蒙古洋壳板块向南的俯冲以及西伯利亚板块与中朝板块的碰撞对接，古亚洲洋闭合，形成陆内裂谷盆地。北山和阿拉善地区的火山岩-沉积岩建造及碎屑岩-碳酸盐岩建造代表了陆内裂谷盆地的沉积特征，属于板内构造演化阶段的沉积产物。

研究区内中、新生代沉积盆地的形成和演化主要与发生在大陆地壳内部，尤其是上地壳内的陆内俯冲作用、水平剪切作用和区域性拉张作用有关。从三叠纪开始，研究区进入陆内盆山构造演化阶段，侏罗纪和白垩纪是内陆盆地大规模扩展时期，侏罗纪在该块体上发育了一系列的 NE 和 NW 向的断陷盆地（如雅布赖盆地、巴彦浩特盆地、吉兰泰盆地），中、新生代地层主要分布在这些断陷盆地中。在盖层中，层间滑动断裂和推覆构造强烈发育，使地层发生逆掩重复，甚至将基底地层推覆在古近系、新近系之上。更新世以来的差异升降运动则奠定了现代盆山地貌的基础。

在印支期，研究区处于 SN 向强烈挤压的构造背景，致使大多数地区缺失三叠系地层，造成三叠系与侏罗系之间广泛的角度不整合，使前侏罗纪地层发生中等程度褶皱和断裂，形成全区近 EW 向相对开阔的褶皱和断层。

在燕山期（早-中侏罗世），区域处于伸展状态，形成区内早-中侏罗世伸展断陷盆地。燕山晚期的挤压背景主要表现为强烈的北冲南拗特征。在 SW 向挤压应力作用下，阿尔金断裂可能发生了左行走滑，在恩格尔乌苏断裂以南的乌力吉地区，自北向南的逆冲推覆构造造成阿木山组中段碳酸盐岩推覆在下段的碎屑岩之上。

在早白垩世，研究区处于 NNE-SSW 向构造挤压条件下，在 NW-SE 方向上表现为伸展作用，沿巴丹吉林-酒泉一带发育 NE 向展布的断陷带，表现为下白垩统苏宏图组内发育四层比较厚的玄武岩。在晚白垩世，研究区转化为强烈的挤压构造环境，大部分地区处于构造隆升剥蚀，如巴音戈壁盆地的上白垩统主要为一套红色混杂堆积的磨拉石建造。

在喜马拉雅期（古新世），印度板块与欧亚板块碰撞，研究区继续处于强烈的南北向挤压应力作用下，大部分地区隆升、剥蚀。本期构造活跃，祁连山北缘断裂和龙首山南缘断裂强烈活动，阿尔金断裂发生左行走滑并伴随逆冲。新近系随着印度板块不断向北俯冲，青藏高原急剧隆升，研究区遭受更强烈的构造挤压。阿尔金断裂强烈左行走滑，祁连山北缘断裂发生强烈逆冲，雅布赖盆地南缘也发生逆冲，而巴音戈壁等盆地隆升到地表遭受剥蚀。

2.2.4　阿拉善及邻区主要边界断裂

阿拉善及邻区主要发育 NE、NWW 和近 EW 向的区域性大断裂、蛇绿岩带或缝合带，次一级断裂延伸方向基本受上述区域性大断裂的控制。一级断裂主要是在区域构造演化史上具有重要作用的断裂，二级断裂则是在裂谷盆地发育过程中具有重要影响的断裂。研究区内可划分出一级断裂八条，二级断裂十条（图 2.4）。

区内的一级断裂主要有：①红石山-百合山-蓬勃山断裂；②红柳河-牛圈子-洗肠井

断裂；③阿尔金断裂；④恩格尔乌苏断裂；⑤狼山-巴彦乌拉山断裂；⑥合黎山-龙首山南缘-查固断裂；⑦祁连山北缘断裂；⑧巴丹吉林断裂。

区内的二级断裂主要有：①石板井-小黄山断裂；②弱水断裂；③多格乌苏断裂；④北大山断裂；⑤雅布赖山断裂；⑥贺兰山东麓断裂；⑦银根-乌力吉山恨断裂；⑧银川地堑东界断裂；⑨贺兰山西麓断裂；⑩正谊关断裂。

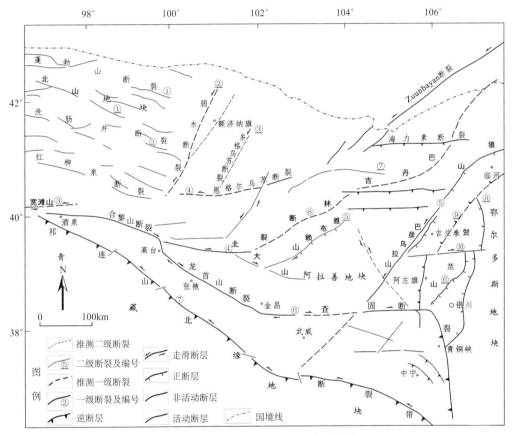

图 2.4　阿拉善及邻区断裂构造体系（据张进等，2007）

2.3　阿拉善及邻区地质力学模型

阿拉善位于传统认为的中朝古板块西部，其南侧为正在隆起的青藏高原，北部是新生代活动的蒙古高原，东侧为鄂尔多斯高原（图 2.1）。该地块在中、新生代期间经受了比较强烈的构造运动，是重建我国西北地区中、新生代以来构造演化的重要部位。近些年，对阿拉善地区地质构造、古生代陆壳的形成和演化、活动断裂、盆地沉积、相邻块体及断裂带构造变形的动力学分析等方面的认识正在逐渐加深。

2.3.1　阿拉善地块新生代变形特征

阿拉善地块新生代变形在其周边表现比较明显，主要分布在东北缘的巴彦乌拉山地区、东缘的贺兰山西侧地区以及南缘的龙首山-合黎山地区，但在内部主要表现为一系列沉降的小盆地。

1. 阿拉善地块周缘新生代变形特征

以下将围绕阿拉善三角形地块周缘山体及断裂来分析阿拉善地块周缘的变形特征。

1）阿拉善地块东北缘变形

在新生代，区内可识别出至少三期构造事件，即中新世中晚期沿着山体的右行走滑运动、更新世沿山体左行走滑运动以及目前的伸展活动。阿拉善地块东缘贺兰山西麓断裂目前处于伸展状态，多数隐伏于第四系之下。上述断裂东侧还分布一系列的近 SN 向逆冲断裂，这些断裂绝大多数于中生代活动，仅西部边缘断裂在新生代活动，为逆冲断裂。

贺兰山中南段至少在中新世晚期就已遭受强烈构造运动的影响，逆冲构造自西向东发展，使得贺兰山中南段在中新世晚期就已开始隆起。在中新世，贺兰山西麓普遍发育一套 SN 向的逆冲断裂，但它们的位移量不大，因此认为阿拉善地块在该时期仅仅发生了有限的向东运动（张进等，2007）。

2）阿拉善地块南缘变形

阿拉善地块南缘断裂西起合黎山，部分学者认为该断裂向西与宽滩山断裂相连并进一步与阿尔金断裂相接。该断裂早期是韧性剪切带，时代可能为晚古生代（杨振德等，1988），花岗糜棱岩及拉伸线理发育。另外，晚期的脆性断裂叠置其上，走向相同，发育厚度很大的断层泥，断裂在新生代仍在活动，切割了新近系，甚至影响到更新世地层（国家地震局地质研究所，1993）。

早年的 1∶20 万区域地质调查和本次专门调查发现这些近 EW 向的断裂及其派生的次级断裂大多指示断裂为右行走滑（早期为韧性剪切并伴随逆冲分量，晚期主要为脆性剪切运动）。龙首山南缘断裂至少在中新世活动过，而且为右行走滑性质。由于第四纪砾岩直接覆盖在断裂上，表明断裂在第四纪已经停止活动。

一些研究表明，该断裂至少在新生代中期曾经发生过一定规模的走滑运动。地震勘探表明，其西段的查汉布拉格断裂错格古近系、新近系和第四系地层，在贺兰山西侧该断裂切过吉井子新生代盆地，并调节了盆地南北两部分之间的变形。同沉积的红柳沟组和未变形的干河沟组以及两者之间的不整合面，说明中中新世晚期作为阿拉善地块南缘断裂的查固断裂活动比较强烈，可能类似于目前的海原断裂（张进等，2007）。

2. 阿拉善地块内部变形特征

在阿拉善地块内部新生代以来发育了一些伸展构造和走滑构造（图 2.4）。雅布赖山的初步野外考察和已有研究表明，该地区在第四纪处于比较强烈的沉降阶段。雅布赖山南缘为高角度正断层，它控制了南侧的雅布赖盆地，该盆地也是中生代发育而来的陆内断陷盆地。近年来在北大山地区北侧进行了较多的地震勘探，发现地块内部发育了一些新生代的构造。例如，在北大山北侧发育了新生代的岌岌海子断陷盆地。该盆地走向为 NNE，盆地平面上呈现雁列状，推测控制该盆地形成的是一组雁列的左行走滑断裂，盆地的北缘已经左行切割了恩格尔乌苏断裂；在雅布赖山北侧苏亥图拗陷东缘也发现近 SN 向的新生代正断层（F30），同时恩格尔乌苏断裂以北还发现了新生代左行走滑的多格乌苏东断裂（卫平生等，2006）。

　　区内的上述伸展构造和走滑构造（包括西部的金塔–花海盆地）都不能用阿尔金断裂向东延伸来解释，但可以用阿拉善地块向东移动且后缘逐步拉张的机制来解释。这些现象类似于前人关于大型地块弱限制性边界条件下的侧向挤出模型（Ratschbacher *et al.*，1991）。

2.3.2　阿拉善及邻区新生代构造演化模型

　　侧向挤出构造是由 Ratschbacher 等（1991）在研究东阿尔卑斯构造带时正式提出的，充分体现了造山带区域岩石圈的三维不均一性运动、构造逃逸作用和伸展垮塌作用过程。

　　侧向挤出构造的基本特点是：①构造由 4 个部分组成，即挤入块体、由走滑断层包围的挤压楔状体、前陆支撑块体和侧向边缘；②构造主动力来自挤入块体，而前陆支撑块体为被动限制边界（图 2.5）。如图 2.5 所示，当挤入块体向北挤压过程中，由于侧向边界无约束，挤压楔状体将发生由构造加厚造成的重力扩展和由走滑断层水平位移造成的侧向逃逸。两者联合导致挤压楔状体在一侧边缘发生垂直于挤压方向的侧向运动。Ratschbacher 等对侧向挤出构造的这种动力作用过程采用岩石圈 4 层结构模型进行了物理模拟，实验证明了地壳增厚、侧向逃逸、重力垮塌等作用对总体变形的影响。相应的构造变形表现为在挤压楔状体形成挤压变形域，地壳隆起快，结晶基底剥露，并发育两组相交的斜向压扭性剪切带和基底卷入型褶皱逆冲构造；在挤入块体内部地壳物质快速前展，形成大量弧形褶皱逆冲构造；在挤压楔状体侧向边缘形成伸展变形域，地壳物质通过重力塌陷和构造逃逸形成两组相交的斜向张扭性剪切带及由其控制的小型拉分盆地、与挤出扩展方向垂直的张性断层及由其控制的裂陷盆地。考虑到 Ratschbacher 等提出的侧向挤出构造的侧向边缘无（弱）约束，可称之为具有非（弱）限制性边界的侧向挤出构造。

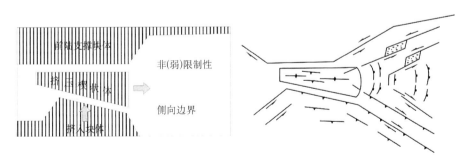

图 2.5　具非（弱）限制性边界的侧向挤出构造模型及其内部结构特征

　　阿拉善野外调查以及前人的研究成果表明，阿拉善地块新生代的变形开始于中新世。由于该时期青藏高原北部存在重要的构造活动，阿拉善地块不可避免地受到来自青藏高原的强烈挤压。此时，阿尔金断裂的位移量基本都被祁连山逆冲褶皱带所吸收，同时蒙古地区中部也存在刚性的杭爱地块。由于青藏高原北缘近 SN 向的挤压，在祁连山以北、杭爱以南的广大地区（蒙古弧）产生了大型共轭-剪切断裂（图 2.4），包括平行蒙古阿尔泰山的 NW 向右行走滑断裂、蒙古东南部的 NE 向左行走滑断裂（如 Zuun-bayan 断裂）。在阿拉善南侧发育有右行的阿拉善南缘断裂与左行的阿尔金断裂，这两组共轭-剪切断裂的交汇地点是嘉峪关附近的金塔-花海盆地和北山地区（图 2.6）。在这两个地区，形成了近 EW 向的构造，如 EW 走向的金塔-花海盆地以及北山地区受控于 EW 向断裂的新生代小盆地。

虽然压应力为近 SN 向，但共轭断裂之间的交角（压应力方向）并非锐角而是钝角，而夹持在这两组断裂之间的阿拉善地块因此发生了向东的挤出运动。同时，①由于其东缘受到贺兰山中生代逆冲褶皱带的阻挡，在西侧形成平行贺兰山的新生代逆冲构造；②由于早期 NE 向巴彦乌拉山断裂的存在，向东的运动转化为沿断裂的右行走滑，导致该断裂后期的脆性走滑；③西侧地块向北运动，而在北侧形成了查干德勒苏拗陷南缘和阿拉尚丹地区新生代向北的逆冲构造以及新生界的变形；④阿拉善南缘断裂以南地区也向 SE 方向运动，造成了贺兰山以东、宁夏中南部地区中新世的构造变形；⑤随着阿拉善地块的向东运动，在其后缘形成了金塔-花海盆地。

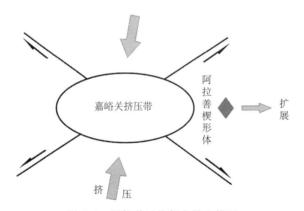

图 2.6　阿拉善地块侧向挤出模型

显然，中新世阿拉善地块的上述边界特征和变形与 Ratschbacher 等（1991）所提出的弱限制性边界、强前陆的有限挤出模型相类似，区别在于作为前陆的北山地区较 Ratschbacher 模型小了很多。该模型不仅能预测挤出地块内部正断裂的分布，而且还说明了新近系断陷盆地（金塔-花海盆地、岌岌海子盆地）的分布及形成，甚至可解释雅布赖盆地的形成。

全新世以来，似乎阿拉善地区又开始受到青藏高原的影响。从 GPS 速度场所揭示的中国大陆现今构造变形的运动特征来看（图 2.7），华北块体相对于稳定的欧亚板块（西欧和西伯利亚）具有整体向 SEE 运动的趋势，表明青藏高原的地壳缩短吸收了绝大部分会聚变形量，剩余部分则被天山及以北的缩短所吸收。因此，这种变形模式仍然可以用来反映全新世阿拉善地块及邻区的构造变形。

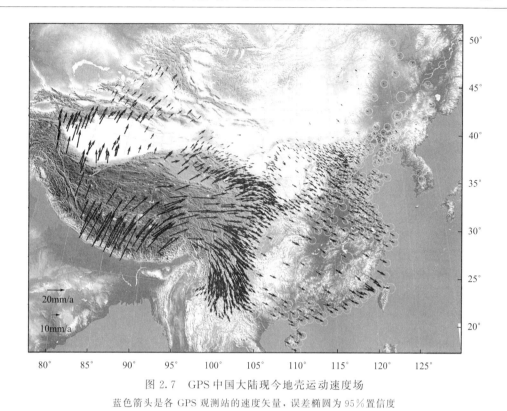

图 2.7　GPS 中国大陆现今地壳运动速度场

蓝色箭头是各 GPS 观测站的速度矢量，误差椭圆为 95% 置信度

2.3.3　阿拉善及邻区构造地质力学模型

在新生代早期，印度板块与欧亚板块之间的碰撞及其后的楔入作用使青藏高原东北缘及其相邻地块处于复杂的构造应力场环境，造成 GPS 速度场中不同地块具有不同的运动速度和变形特征。虽然各地块之间存在局部构造应力场的差异，但总体呈现出 SW-NE 的构造挤压环境。

1. 现代构造应力场方向

根据十多年的区域台网 P 波初动方向观测资料，薛宏运和鄢家全（1984）得到了鄂尔多斯地块周围 13 个分区的综合地震节面解以及鄂尔多斯地块周围小区域应力场。其中，分区 3 位于橙口到乌海一带，此区的平均 P 轴方位 25°，仰角 7°，T 轴方位 295°，仰角 40°；分区 4 为阿拉善地块的南部，断裂活动为 NNE 向挤压作用兼有较大逆冲分量的走向滑动，其平均 P 轴方位 200°，仰角 9°，T 轴方位 300°，仰角 35°。

赵知军、刘秀景（1990）利用部分地震的震源机制解参数和单台小震综合解参量，获得不同地段的主压应力方向（图 2.8）。其中，狼山-巴彦乌拉山两侧区域的主压应力场方向与狼山-巴彦乌拉山断裂走向基本一致，与该断层的走滑性质相符；张掖以北的龙首山地区，主压应力场方向与龙首山断裂大角度相交，呈 NE 方向，呈压剪性质；祁连山南端，主压应力场方向与祁连山北缘断裂带中等角度相交，为 NEE 方向，呈压剪性质，与海原断裂带所反映的区域应力场一致。最终，块体上的平均主压应力方向为

NE26°，平均主张应力方向为 SE121°，二组节面的走向分别是 72°和 159°，表明 NEE
向节面为挤压剪切错动。

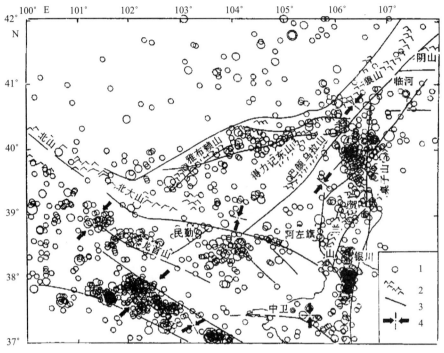

图 2.8　阿拉善及邻区地震构造简图（1970.01.01 至 1995.04.30，$M_L > 3.0$）

1. 地震震中；2. 山脉及走向；3. 断裂；4. 地震求得的平均应力场方向

　　谢富仁等（2000）利用断层滑动资料反演构造应力张量，从而确定出海原、六盘山
断裂带至银川断陷的第四纪两期构造应力场。早更新世末期以前，为 NE-SW 挤压型构
造应力场，由此造成该地区断裂活动主要以逆断为主。早更新世末期至中更新世以后，
构造应力场发生了调整，主压应力方向由早期的 NE-SW 改变为 NEE-SWW，应力结构
由挤压型转变为走滑型，并导致断裂活动由早期的逆断为主变为走滑为主，这种应力场
格局一直持续至今。现代构造应力场中，海原断裂带为走滑应力区，六盘山为逆断-走
滑混合应力区，银川断陷为拉张应力区。

　　徐纪人等（2008）系统研究了 1918～2006 年中国大陆及其周缘发生的 3115 个
$M4.6$ 以上中、强地震的震源机制解，得到统计意义上中国西部地壳区域应力场的压应
力 P 轴水平分量 20°～40°，形成了近 NE 向的挤压应力场。

　　通过地应力现场实测（详见第 5 章），得到诺日公 NRG01 号钻孔由浅至深不同深
度段得到的主应力方向分别为 N22°E，N30°E，N44°E，N19°E，平均值为 N28.75°E；
塔木素 TMS02 号钻孔的主应力方向分别为 N12°E，N37°E，N53°E，N33°E 和 N18°E，
平均值为 N30.6°E。实测数据表明，上述两个钻孔附近现今地应力的作用方向非常
接近。

　　综上所述，可以将现代区域构造应力场中主压应力场方向确定为 NE30°～NE33°，

平均 NE31°。

2. 现代地质构造边界条件

根据前述无（弱）限制性边界的侧向挤出模型，结合阿拉善及邻区的已有研究成果，可以认为阿拉善地块是一个具有独自活动特征的三角形构造单元。该构造单元自新生代以来受到来自印度板块向北持续碰撞和会聚作用，其周缘和内部发生变形。阿拉善地块南部边界为合黎山-龙首山-查汗布拉格断裂，北部边界为左旋的恩格尔乌苏断裂，地块东部边界以贺兰山西麓断裂为界或者以狼山-巴彦乌拉山断裂带为界。

其中，北山微地块为一相对稳定、刚性的前陆支撑地块，鄂尔多斯地块为稳定的刚性块体，青藏地块东北缘的祁连山地块作为主动挤压块体。阿拉善地块与鄂尔多斯地块之间的临河-银川断陷盆地为一个能接受变形的弱限制或无限制性区域，阿拉善地块与祁连山地块之间的河西走廊带为过渡带。

3. 构造地质力学模型

综上所述，初步确定了具有构造应力场方向和边界条件的阿拉善及邻区构造地质力学模型。图 2.9 为含一级二级断裂的构造地质力学模型，图 2.10 为仅含一级断裂的构造地质力学模型。

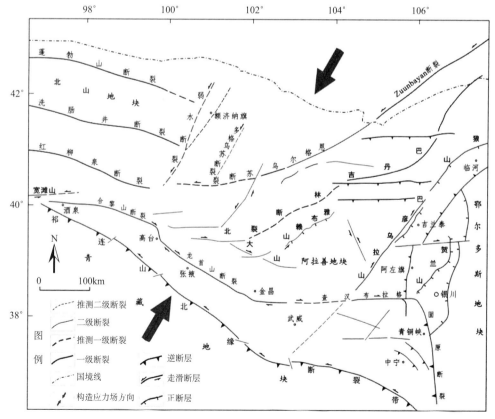

图 2.9　阿拉善地块及邻区构造地质力学模型（包含一级、二级断裂）

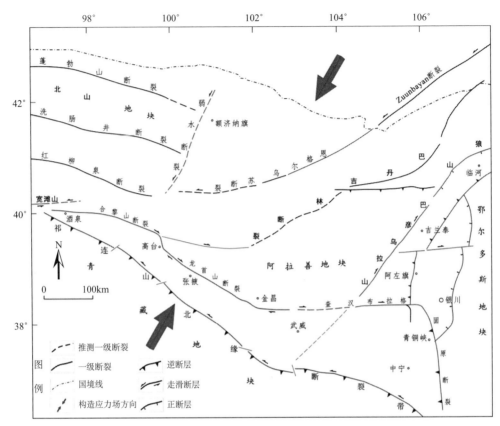

图 2.10　阿拉善地块及邻区构造地质力学模型（仅包含一级断裂）

2.4　阿拉善区域地壳稳定性评价

2.4.1　已有相关成果

刘传正（1992）通过对新疆区一级地块进行二级逼近与优选，将新疆区划分为准噶尔、天山和塔里木-阿拉善3个二级地块，优选出塔里木-阿拉善地块是最稳定的。同时，根据区域地质、强震分布和大陆岩石圈动力学的研究资料，把塔里木-阿拉善地块向第三级逼近，从而得到阿拉善块体和黑山峡块体是活动构造区中的"安全岛"。

基于"安全岛"的理论和方法，易明初等（1997）首次开展了1∶500万全国区域地壳稳定性图的编制工作。该图集总结了近20年来地质、地球物理、地震、地形变、地质灾害等方面的成果，以活动构造体系和块体为中心、现代地壳形变为重点，采用定性和定量化相结合，又以定量为基础，用网络逐级分割方式，开展模糊数学综合评判、图像识别、专家系统和风险度评价3个层次的综合评价，在相对不稳定区和次不稳定区中筛选出相对稳定的地块"安全岛"（图2.11）。在该图集中，判定阿拉善地块为基本稳定区，阿拉善地块北部为稳定区，而地块南部的河西走廊区和地块东部的银川断陷区为次不稳定区。

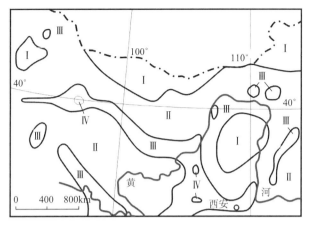

图 2.11 中国区域地壳稳定性图（局部）（据易明初等，1997）

Ⅰ. 稳定区；Ⅱ. 基本稳定区；Ⅲ. 次不稳定区；Ⅳ. 极不稳定区

在中国现今活动的主要构造体系及内动力地质灾害分析基础上，孙叶与谭成轩（1998）选择了表层地壳结构与岩土力学性质、深部地壳结构构造与深断裂、地块升降与现今地壳活动速率、断裂及其活动性、现今地应力与能量集中程度、主要内动力地质灾害等指标对中国区域地壳稳定性进行了评价，其中阿拉善、塔里木和柴达木属于相对稳定区，而祁连山属于相对较不稳定区。

在杜东菊与李同录（1986）编制的"中国区域稳定工程地质图"的基础上，李萍等（2004）利用加权信息量法评价模型，开发了基于地理信息系统（GIS）的中国区域地壳稳定性数据库（涵盖历史地震、活动断裂、地壳形变、活火山等大量内动力地质信息），对中国区域地壳稳定性进行了评价。在评价图中，除了阿拉善地块南部和东部边界区外，阿拉善地块及其北部被判定为稳定区（图 2.12）。

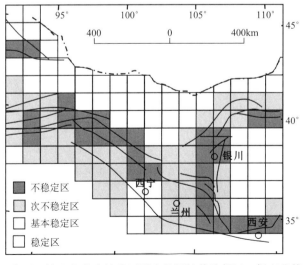

图 2.12 中国区域地壳稳定性分区图中的阿拉善及邻区（据李萍等，2004）

从已有研究成果来看，均判定阿拉善地块为次稳定区，阿拉善地块北部为稳定区，而地块南部的河西走廊区为次不稳定区或不稳定区。然而，前人只是从中国大区上判定阿拉善地块是相对稳定区，从"安全岛"的逐步逼近和优化分级的理论看，应该算作一级逼近。上述工作目前还不能满足高放废物地质处置的选址要求，需要更加深入地进行评价和分区，即至少进行二级、三级逼近和优选。

2.4.2　区域地壳稳定性的影响因素

根据已有的评价理论以及重大工程实践经验，区域地壳稳定性是在内、外动力（以内动力为主）作用下现今地壳及其表层的稳定程度以及这种稳定程度与工程建设之间的相互作用。区域地壳稳定性的影响因素包括地表水平位移、升降错动、褶曲、地震活动、区域构造断裂、地质体介质结构、水热活动性、物理地质作用和工程地质作用等。

中国地质调查局发布的《活动断层与区域地壳稳定性调查评价规范》（1∶25 万～1∶5 万)认为，区域地壳稳定性评价以构造稳定性为主导，以地表稳定性为辅助，而构造稳定性评价应包括地震活动性、地块特征、断层活动性、构造应力应变特征、地球物理特征五类基本指标。对区域地壳稳定性每个分区单元应阐述其地质条件，包括但不限于构造地貌、活动断裂、地震活动性、地块特征、构造应力场、地球物理场特征、岩土体类型、地质灾害等。评价结果应分为稳定、次稳定、次不稳定、不稳定四个级别（表 2.1）。

综上所述，影响区域地壳稳定性的因素可归纳为三大类，即内动力因素、外动力因素和介质条件。内动力因素主要通过深部地球物理场、区域构造断裂、地震活动、区域构造变形、区域构造应力场等地质环境要素来综合反映，而外动力因素最主要是地质灾害和工程作用。地层岩性是最主要的介质因素，不同的地层岩性具有不同的能干性，断裂（特别是活动断裂）影响带附近的地壳-山体-岩体的稳定性往往较差。相同的内、外动力因素作用在不同的地层岩性上，有时也显现出不同的稳定性。

在上述区域地壳稳定性评价方法基础上，本项研究将开展阿拉善地区地壳稳定性的评价和分区，拟将深部地球物理场、活动断裂、地震活动、区域构造变形（水平、垂直）、区域构造应力场作为 5 种内动力因素，并以地层岩性作为介质条件，把人类工程活动作为 1 个外动力因素，进行多逼近及优选。

1. 深部地球物理场特征

在区域地壳稳定性评价中，人们非常重视深部地球物理资料的研究和利用，以此为依据进行深部地壳构造的识别。常用的深部地球物理资料包括布格重力异常、航磁 ΔT 异常以及大型地学断面等。其中，布格重力异常的等值线一般与构造线的总体走向一致，大范围内呈线性排列的密集异常则有可能反映深部构造带的存在，并且不同类型的重力场异常还可以反映出对应断裂的构造类型、活动属性及与其相关的深部地球动力学过程。对重力异常求导得到重力异常梯度，可以反映地球内部物质成分及量的差异。

如图 2.13 所示，阿拉善及邻区布格重力异常值整体由北向南逐渐降低，变化幅度为 $-150 \times 10^{-5} \sim -450 \times 10^{-5}$ m/(s² · km) 而且阿尔金山—祁连山存在梯度较大的带状重力梯度带。该异常表明地壳厚度由北向南逐渐增厚，并在阿尔金山—祁连山一线

表 2.1　构造稳定性评价基本指标及分级标准（据中国地质调查局，2015）

定性分级	地震活动性			地块特征	邻近 50km 内断层活动性	构造应力应变特征		地球物理场特征	
	地震峰值加速度/g	区域内历史最大地震震级 (M)	潜在震源区划分 (M_u)			构造应力场	区域地表变形 /(mm/a)	重力布格异常梯度 /10^{-5}[m(s²·km)]	大地热流值 /(mW/m²)（温泉作为参考）
稳定	≤0.05	$M<5$ 级地震	小于 Ⅵ 度烈度	古老结晶基底（前寒武纪），工作区范围内没有活动火山或潜在活动火山灾害不能影响分单元。划分单元内没有第四纪火山	无活动	岩石饱和单轴抗压强度与最大主应力比值大于 10，主应力方向变化 0°~10°	均匀上升或下降（$s<0.1$）	<0.6	≤60，基本无温泉
次稳定	0.05~0.15	有 $5≤M<6$ 级地震活动或不多于 1 次 $M≥6$ 级地震	约 Ⅶ 度烈度	古生代褶皱带中地（岩）块、工作区地质较完整，可能存在活动火山，但潜在活动火山灾害不能影响分单元。划分单元内有第四纪火山但没有活动	弱活动	岩石饱和单轴抗压强度与最大主应力比值为 7~10，主应力方向变化 10°~30°	不均匀升降，轻微差异运动（$s=0.1~0.4$）	0.60~1.0	60~75，有零星温泉分区
次不稳定	0.15~0.4	有 $6≤M<7$ 级地震活动或不多于 1 次 $M≥7$ 级地震	约 Ⅷ、Ⅸ 度烈度	中、新生代褶皱带盆地、槽地边缘、裂谷带，地壳破碎，工作区范围内存在影响地区安全性的活动火山，划分单元范围内可能存在活动火山	较强活动或中等活动	岩石饱和单轴抗压强度与最大主应力比值为 4~7，主应力方向变化 30°~60°	显著断块差异运动（$s=0.4~1$）	1.0~1.2	75~85，有热泉、沸泉发育
不稳定	≥0.4	有多次 $M≥7$ 级的强震活动或活动 1 次 $M≥8$ 级地震	大于 Ⅹ 度烈度	新生代褶皱带、现代板块碰撞带、板块俯冲带、现代岛弧深断层发育，地壳破碎，划分单元范围内存在影响安全的活动火山	强活动	岩石饱和单轴抗压强度与最大主应力比值小于 4，主应力方向变化 60°~90°	强烈断块差异运动（$s>1$）	>1.2	>85，热泉、沸泉密集发育

地壳厚度存在较大的弧形突变带。根据吴奇之等（1997）编绘的莫霍面深度变化图（图2.14），中国西北地区地壳厚度由北向南逐渐增厚，一般为 38～50km，研究区属于塔里木-北山-阿拉善地壳厚度缓变区，区内地壳厚度由北侧的 40km 变化到南侧祁连地区的厚度达 64km，祁连山北侧地壳变化梯度最大可达 700m/km。

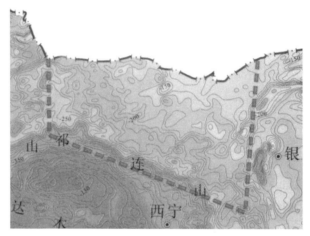

图 2.13　阿拉善及邻区布格重力异常图（据卢进才等，2012）

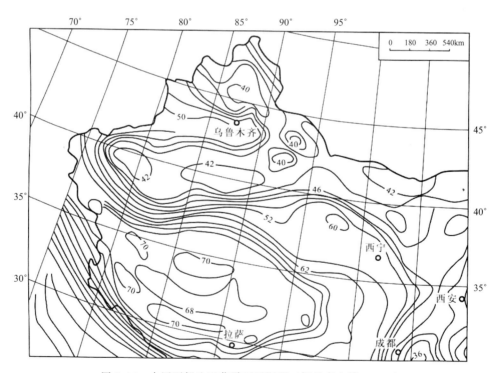

图 2.14　中国西部地区莫霍面埋深图（据吴奇之等，1997）

阿拉善及邻区航磁 ΔT 异常图（图 2.15）显示出 3 个大的异常区：①阿尔金山西界-祁连山北界连线以南地区，航磁异常表现为明显的 NW 走向的正负条带状，显示了祁连山造山带的基本构造轮廓；②河西走廊以北和新疆北山地区的航磁异常主要表现为近 EW 走向和 NE 走向的条带状；③贺兰山及以东地区的航磁异常主要表现为等轴状正负磁异常。这些航磁异常分区基本与区内祁连山造山带、东天山-北山造山带、华北板块等大地构造分区相对应。在切割较深的板块分界及深大断裂附近，一般存在带状或者串珠状正磁异常带。

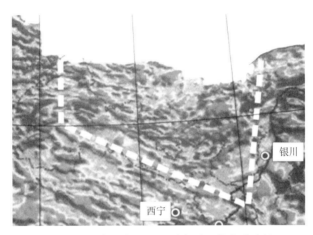

图 2.15　阿拉善及邻区航磁 ΔT 异常图（据卢进才等，2012）

由于沉积物一般为无磁性或者弱磁性物质，所以新生代沉积盆地在航磁异常图中通常表现为低缓磁异常或负磁异常，如阿左旗-吉兰泰盆地、潮水盆地等表现为明显负磁异常，额济纳旗-银根盆地等以弱磁异常为特征。

阿拉善地区地壳结构简单，为双层结构。格尔木-酒泉-额济纳旗地学断面穿越青藏高原和阿拉善地块西部。地学断面研究发现了阿拉善地块在南缘向高原下楔入的证据，也为研究阿拉善地块的地壳结构特征提供了重要的资料。图 2.16 所示的酒泉-额济纳旗地学断面说明，阿拉善地区地壳的层速结构可以分为五层，其中第一、二层为上地壳，厚约 17km，主要为元古界和太古界深变质岩组成，v_p 值为 5.93～6.3km/s，地壳层速向下逐渐增大；在上地壳底部地壳层速发生逆转，主要是由于糜棱岩、片麻岩和蛇纹岩层破碎、裂隙充水所致，v_p 值降低为 5.90～6.05km/s，逆转层厚度约为 5km；第四、五层为下地壳，主要是由太古界麻粒岩和镁绿岩等组成，v_p 值为 6.4～7.20km/s。阿拉善地区莫霍面 v_p 值为 8.20km/s，地壳平均速度为 6.25km/s，地壳平均厚度约为 45km。

通过将阿拉善与华北地区地震剖面的地壳速度结构图进行对比，两个地区地壳结构特征相似，这表明阿拉善地区可能与华北地台一样属于稳定的前寒武纪刚性陆块。

2. 区内及周缘主要活动断裂及特征

活动断层是指距今 12 万～10 万年以来有过活动，现今仍在活动，在未来仍可能活动，并具有发生中强以上地震能力的活动断层，包括出露地表、被松散沉积物覆盖或被

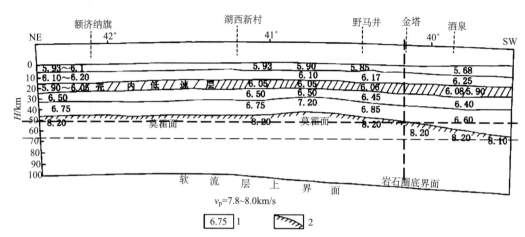

图 2.16 酒泉-额济纳旗地壳速度结构图 (据张振法等, 1997)

1. 地壳层速 v_p (km/s); 2. 莫霍面

水体覆盖的断层 (张倬元等, 2009)。阿拉善周缘发育众多活动断层, 它们在构造地貌、断层活动性、地壳形变、构造应力场、地壳结构、深部地球物理场、地震活动性等方面均具有明显特征。阿拉善周缘及内部主要活动断裂包括阿尔金活动断裂带、狼山-巴彦乌拉山活动断裂带、合黎山-龙首山-查固活动断裂带、祁连山北缘活动断裂带、雅布赖山活动断裂带、贺兰山东麓活动断裂带、贺兰山西麓活动断裂带、正谊关活动断裂带、中卫活动断裂带及银根活动断裂带等。

3. 内部和周缘地震活动

地震是影响区域稳定性的重要因素之一, 也是对工程建设破坏最大的因素之一。中国的板内地震既有水平的成带性, 也有垂直的成层性, 其大小和分布规律可以很好地反映深部地壳结构的差异。

阿拉善地区在 20 世纪 50 年代有地震记载以来, 期间共发生 7 级地震 1 次, 5 级以上地震 17 次, 弱震活动很频繁, 其地震分布特征明显受构造控制。阿拉善南缘的合黎山-龙首山断裂和北大山断裂具有较强的地震构造活动特征, 如 1954 年发生的山丹 7 1/4 级地震及其长达 7km 的地震地表破裂带与龙首山断裂带的活动有关 (郑文俊等, 2009, 2013)。东部的雅布赖山断裂也是一条全新世活动断裂, 基于组合探槽的古地震研究可恢复大约 5 次古地震事件, 最新一次地震事件的时间约为 1.5ka 前 (俞晶星, 2013)。阿拉善东缘边界的 NE 向狼山-巴彦乌拉山断裂也具有较强的地震构造活动性, 如 1954 年 7 月 31 日发生的民勤 7 级强震就位于隐伏在沙漠中的该断裂带上 (刘洪春等, 2000)。由阿拉善地区地震分布图 (图 2.8) 可以看出, 研究区内地震集中分布在以龙首山和雅布赖山所夹持的三角区域内, 雅布赖山以北地区地震活动微弱。通过前人对阿拉善地区块体内部和边缘几次强震构造的研究资料表明, 强震的发生与 NE-NEE 向断裂的活动密切相关, 阿拉善地区的地震活动集中分布于新生代走滑断裂带上。

4. 地壳形变特征

如前所述，新生代变形特征在阿拉善地块周边地壳形变表现比较明显，如东北缘的巴彦乌拉山地区、东缘的贺兰山西侧地区以及南缘的龙首山-合黎山地区。然而，在阿拉善地块内部则主要表现为一些伸展和走滑构造形成的沉降小盆地，如西部的阿尔金断裂东延可能经过的金塔-花海盆地、雅布赖山前高角度正断层控制南侧的雅布赖盆地以及北大山北侧发育的新生代 NNE 向岌岌海子断陷盆地。这些盆地皆可能由系列雁形左行走滑断裂控制，如雅布赖山北侧近 SN 向新生代正断层控制的苏亥图拗陷，新生代左行走滑的多格乌苏东断裂控制的岌岌海子盆地。

除上述通过地质构造所确定阿拉善地块及周缘的新生代变形外，作者还利用通用离散元程序（Universal Distinct Element Code，UDEC）对阿拉善地块及邻区的变形场进行模拟，利用合成孔径雷达干涉（Synthetic Aperture Rader Interferometry，InSAR）观测数据对塔木素地段和诺日公地段的两个岩浆岩侵入带进行变形解译分析。上述方法为认识阿拉善及邻区的大地构造变形提供了新途径。

1）阿拉善及邻区变形场的离散元数值模拟

"中国地壳运动观测网络"是我国"九五"期间投资建设的一项重大科学工程，其中 GPS 观测由 27 个连续观测的基准站、55 个年复测的基本站和近 1000 个不定期复测的区域站组成。GPS 速度场揭示了中国大陆现今构造变形的运动特征（图 2.17），为地球动力学研究提供了至关重要的基础资料和约束条件。GPS 观测点密度越高越能准确

图 2.17 阿拉善及邻区 GPS 速度场

蓝色箭头是各 GPS 观测站的速度矢量，误差椭圆为 95% 置信度

地反映现今地壳运动的总貌和细部特征。阿拉善地块周缘 GPS 观测点虽然相对密集，但是阿拉善地块内部 GPS 观测点却非常少。为增加数值模拟结果的可信度，将利用有限的现今地壳运动速度场数据作为离散元数值模拟结果的校核基础。

在离散元方法的实际应用中，不能简单地将岩石块体处理为刚体，而是将块体划分为若干三角形常应变单元。然后，通过求解每个单元节点的运动平衡方程，进而实现问题的求解。离散元方法在模拟不连续块体运动方面有优势，本书拟选用通用离散元程序 UDEC 对阿拉善地区的应力和变形进行模拟。

参考图 2.9 所示的阿拉善及邻区地质力学模型，可以建立相应的离散元数值计算模型（图 2.18）。模型长为 929.3km，宽为 962.9km，模型内部共构建了 38 条断裂带（如图 2.18 中线条所示），包含了地质力学模型中的新老断裂。对上述模型进行计算网格剖分，网格尺寸小于 15km（图 2.19）。岩体和断裂的物理力学参数取值参考了岩石力学测试结果及前人的成果（孙广忠，1984；范桃园等，2014），所选择的计算参数如表 2.2 所示。根据现场地应力测试数据，500m 深度左右的水平地应力值为 20~25MPa，初始应力场选用 NE31°向的挤压应力 22.5MPa。模型中采用的边界限制条件为青藏块体作为主动块体以 NE31°向挤压，北部北山地块和哈萨克斯坦板块作为被动块体受到限制，东部块体对阿拉善地块为弱限制或无限制，西部为弱限制。

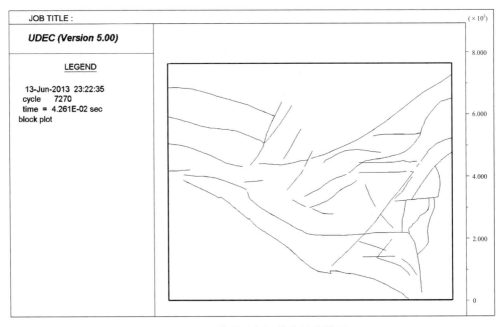

图 2.18　阿拉善及邻区数值计算模型

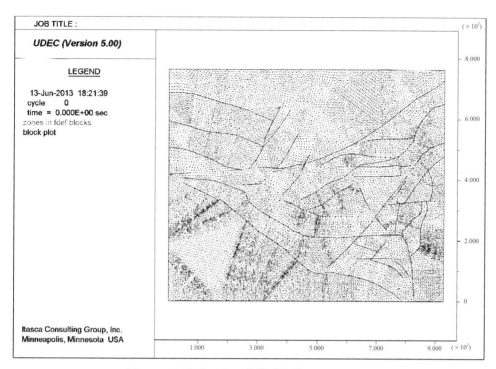

图 2.19　阿拉善及邻区数值计算模型的网格剖分

表 2.2　离散元数值计算中岩体与断裂的力学参数

岩体参数	弹性模量	泊松比	抗拉强度	黏聚力	内摩擦角
	71GPa	0.25	8.0MPa	11.4MPa	43°
断裂参数	法向刚度 k_n	切向刚度 k_s	抗拉强度	黏聚力	内摩擦角
老断裂	10GPa	5GPa	1 MPa	2.5 MPa	40°
新断裂	5GPa	2.5GPa	0.2MPa	0.5MPa	30°

　　如图 2.20 和图 2.21 所示的计算结果，从阿拉善及邻区离散元数值模拟所得的应力场来看，区域主压应力方向总体呈 NE 30°～35°，在断层端点或断层交会带位置，出现明显的应力集中。

　　阿拉善及邻区离散元数值模拟位移场结果显示（图 2.22），位移大小自南西侧向北西侧逐渐减小，最大为 3.5mm，最小为 0.70mm；位移方向从南西侧的 NE35°左右，向 NW 方向逐渐变化为 NEE 方向，在临河至银川—固原一线，位移方向变化为近 EW向，整个运动场具有顺时针向东旋转的迹象。这种离散元数值模拟的位移场与前述GPS 定量观测的速度场基本上是一致的。这从侧面说明，本计算所采用的地质力学模型及其限制边界条件的是基本正确的。

　　2）阿拉善地块区内大地形变的 InSAR 数据解译

　　虽然阿拉善地块总体上是相对稳定的，但其内部可以进一步细化为多个次级块体。

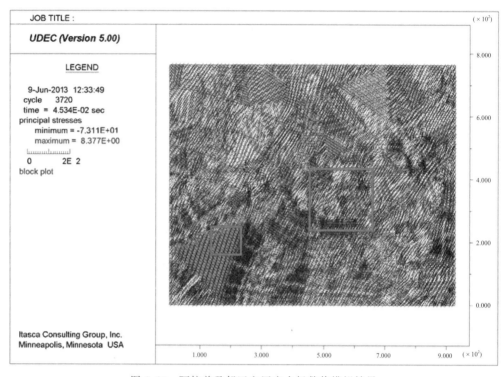

图 2.20　阿拉善及邻区主压应力场数值模拟结果

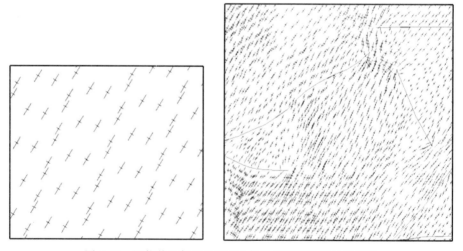

图 2.21　阿拉善及邻区主压应力场数值模拟结果局部展示

由于区内的 GPS 观测点很少，所以很难详细和清楚地认识研究区的地壳变形。因此，选择利用局部地区的 InSAR 数据，来进一步认识阿拉善地块内部的现今大地形变情况。InSAR 观测具有精度高（相对变形速率精度可达 mm/a）、覆盖范围广（一景 SAR 数据

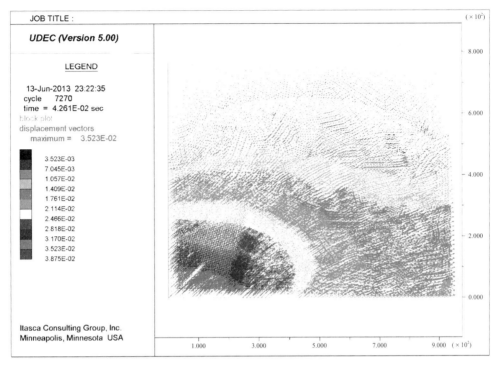

图 2.22　阿拉善及邻区位移场数值模拟结果

面积可达 3600km² 以上）、获取变形监测值密度大（大于 3 个/m²）等优势，能满足构造稳定性分析需求。作为两个备选区段，拟选择在阿拉善地区两个主要的侵入岩带区进行 InSAR 数据解译，一个是宗乃山–沙拉扎山侵入岩带中的塔木素岩体，另一个是雅布赖山–诺日公–红古尔玉林侵入岩带的诺日公岩体。

本次解译工作分别采用了 2007～2011 年 PALSAR（L 波段合成孔径雷达）数据和 1993～2010 年 ASAR（ERS）（合成孔径雷达）数据，通过 InSAR 计算处理，获取比选场址区域在该期间发生的微小地表变形。数据覆盖范围具体原理、数据处理方法和处理流程等详见第 4 章。

从 InSAR 解译及构造稳定性的角度来看，塔木素区段和诺日公区段在大地形变上基本无方向和数量上的差异运动，皆处于构造稳定区域，但亟待现场深入调查及测试数据的进一步验证。

5. 构造应力场特征

构造应力场包括地应力的大小、性质和方向，而地壳现今应力场的特征和量级是论证区域地壳稳定性的重要基础。构造活动的强度和性质与地应力的大小和方向密切相关，构造应力的积累、集中和释放过程与地震活动紧密相连，地应力集中区往往是地震活动区（范桃园等，2014）。

如 2.3.3 节所述，可以认为区内现今主压应力场方向为 NE31°，但在不同断层切割下局部构造应力场方向可能会发生偏差。这一现象在区域构造应力场的离散元数值模拟中已得到体现。即阿拉善地块周缘，狼山-巴彦乌拉山两侧区域的主压应力场方向与狼山-巴彦乌拉山断裂走向基本一致，与该断层的走滑性质相符。在张掖以北的龙首山地区，主压应力场方向与龙首山断裂大角度相交（NE 向），呈压剪性质。在祁连山南端，主压应力场方向与祁连山北缘断裂带中等角度相交（NEE 向），呈压剪性质，与海原断裂带所反映的区域应力场一致。现代构造应力场中，海原断裂带为走滑应力区，六盘山为逆断-走滑混合应力区，银川断陷为拉张应力区（谢富仁等，2000）。

通过构造应力场的离散元数值模拟结果，可以在阿拉善地块内部识别出 3 个明显的高值区，即弱水断裂、多格乌苏断裂与恩格尔乌苏断裂的交汇区、岌岌海子盆地处 NW 向断裂与恩格尔乌苏断裂的交汇部位、与巴彦乌拉山断裂平行展布的狭长条形区域（包括其东侧的吉兰泰盆地）。

6. 地层岩性特征

阿拉善地区的地层发育较为齐全，从太古界到第四系均有出露，但出露及发育程度差异都很大。其中，主要出露中新生界地层，其次是古生界地层，前古生界露头在研究区出露较局限。该地区从新生代以来隆起遭受剥蚀，发生夷平作用，湖泊沉积广泛发育，导致大面积区域被覆盖。同时，由于所处的特殊大地构造位置，多期次构造运动导致区内岩浆活动强烈，不同期次的岩浆侵入、喷发活动也较为频繁。

按工程岩体分级标准（GB50218-1994）中的分类方法，根据其成因及岩石坚硬程度划分为 4 种工程地质岩组：①各类侵入岩、硅质岩，如花岗岩、流纹岩、片麻岩、辉长岩、辉绿岩、闪长岩、玄武岩、安山岩、石英岩及硅质岩等高单轴抗压、抗剪和抗拉强度的岩石；②前古近纪变质岩、碳酸盐岩及厚层状较坚硬碎屑岩，如白云岩、灰岩、大理岩、砂岩等较高强度的岩石；③中强风化坚硬岩、以泥质岩为主的软硬相间岩层、古近纪、新近纪碎屑岩，如粉砂岩、薄层白云岩灰岩、板岩、千枚岩、片岩等中等强度的岩石；④全风化岩，各种半成岩，第四系冲洪积砂砾石、黏土等。

阿拉善区内还发育 5 条蛇绿混杂岩带，即晚二叠世晚期的恩格尔乌苏蛇绿混杂岩带、晚二叠世—三叠纪的查干础鲁-霍尔森蛇绿混杂岩带、早三叠世晚期的乌力吉山恨蛇绿混杂岩带、中二叠世中期—早二叠世中期的毕级尔台敖包蛇绿混杂岩带和早二叠世中期雅布赖山蛇绿岩混杂岩带。这些蛇绿岩带的整体强度相对不高，可归为第三大类。

同时，阿拉善地区还发育有众多断层。断层泥及断层破碎带岩体整体强度较低，虽然其中的某些岩块强度可能很高，但是整体上岩体的强度不高，可归为第四大类。

从岩石能干性的角度来看，上述四类岩石的能干性是递减的，在相同的变形条件下其刚性和黏度也是依次递减的，抵抗流动或破坏的能力依次降低。因此，阿拉善地区发育的两大侵入岩带（雅布赖山-诺日公-古尔玉林侵入岩带和宗乃山-沙拉扎山侵入岩带）（据宁夏地质局 1978 年的"豪斯布尔都幅 1：20 万地质图及区域地质调查报告"；宁夏地质局 1980 年的"阿拉坦敖包幅 1：20 万地质图及区域地质调查报告"；宁夏地质局 1980 年的"乌力吉幅 1：20 万地质图及区域地质调查报告"；甘肃地质局 1982 年的"沙拉套尔汗幅 1：20 万地质图及区域地质调查报告"），从岩石强度和能干性上评价，应当是首选区块。

1) 雅布赖山-诺日公-红古尔玉林侵入岩带

该岩带由石炭纪—二叠纪的花岗岩、花岗闪长岩、闪长岩等组成，在不同地段分别侵入阿拉善岩群、渣尔泰山群以及元古代、早古生代侵入体，被中、新生代地层覆盖。

石炭纪侵入的岩体有：诺日公岩体，NEE 向岩基，面积 2900km²，主要由花岗岩组成（图 2.23、图 2.24）；图古日格岩体，NE 向带状岩基，面积 200km²，以斜长花岗岩为主；罕乌拉岩体，NE 向岩基，面积 1400km²，由黑云母花岗闪长岩、二长花岗岩组成；浩来音阿木岩体，NE 向岩基，面积 900km²，以黑云二长花岗岩为主。

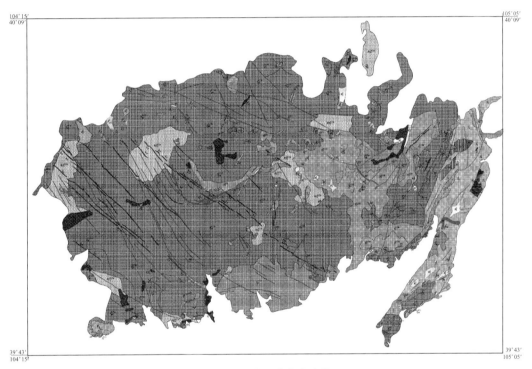

图 2.23　诺日公花岗岩体

二叠纪侵入的岩体：雅布赖山花岗闪长岩体，出露面积达 1000km²，岩体侵入于阿拉善岩群，两侧被中、新生代地层覆盖，岩体内含有大量中元古代中基性侵入岩和阿拉善岩群捕房体，岩石类型有中细粒黑云母花岗闪长岩、似斑状黑云母花岗闪长岩及似斑状斜长花岗岩等；土克木庙岩体，NE 向岩基，面积 300km²，由花岗岩、斜长花岗岩、二长花岗岩组成。

2) 宗乃山-沙拉扎山侵入岩带

该岩带位于阿拉善中部沙拉套尔汗山-乌力吉-银根一带，近 EW 向展布，长约 270km，宽 30～50km，由石炭纪辉长岩类、中酸性火山岩、二叠纪、三叠纪花岗岩类组成，尤以二叠纪—三叠纪花岗岩形成的巨大岩基构成本岩带主体。岩带受 EW 向断裂控制明显，石炭纪末期发生中酸性火山喷发，随后出现深源基性岩浆上侵。在二叠纪

图 2.24　诺日公花岗岩体及穿插其中的闪长玢岩脉（镜向 SW）

—三叠纪，伴随着断裂构造的进一步活动和发展，发生酸性岩浆的大规模侵入。

二叠纪—三叠纪花岗岩类最具代表性的是塔木素岩体和乌力吉岩体，面积分别为 $1600km^2$ 和 $1250km^2$。塔木素岩体构成宗乃山的主体（图 2.25），岩石类型有黑云母花岗岩、黑云母斜长花岗岩、黑云母花岗闪长岩，K-Ar 同位素年龄值在 223～263Ma。沙拉扎山的巨大花岗岩岩基呈 EW 向延伸，又称乌力吉花岗岩。乌力吉花岗岩体相带不发育，以中粒结构的花岗岩为主，岩体两侧可见细粒结构花岗岩。在该侵入岩带内部发育一系列 NW 走向的逆冲断裂，断裂贯穿于整个岩体内部，但并没有延伸入岩体南北两侧白垩纪盆地，被白垩纪沉积地层覆盖，断裂活动时间早于白垩纪。侵入岩带东部乌力吉岩体中发育一系列的闪长玢岩、花岗斑岩脉体，脉体沿断裂分布，近 SN 走向（图 2.26）。

7. 外动力地质灾害与人类工程活动

如图 2.27 所示，区内发育有四个重要的成矿带，即甜水井-乌珠尔嘎顺-雅干成矿带（北山北带）、石板井-七一山-呼伦西伯成矿带（北山南带）、因格井-查干础鲁-欧布拉格成矿带和阿拉善右旗-雅布赖山-诺日公成矿带。目前，仅在阿拉善右旗-雅布赖山-诺日公成矿带存在较大规模的矿产开采活动，如雅布赖盐湖、采石场及一些有色金属露天矿。

阿拉善地处内陆腹地，为典型的内陆干旱、半干旱气候特征和沙漠戈壁地貌，自然生态环境脆弱，对气候变化敏感。由于自然地质环境的长期演化及人类活动的影响，阿拉善地区的地质环境、生态环境急剧恶化，河水断流，湖泊干涸，绿洲萎缩，沙漠化、荒漠化进程加剧，突发性沙尘暴等灾害频繁发生。因此，沙尘暴、沙漠化、区域地下水位下降和水质恶化是阿拉善地区的主要地质灾害。

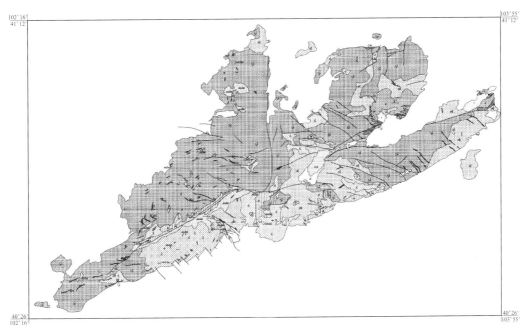

图 2.25　塔木素花岗岩基

图 2.26　乌力吉花岗闪长岩与花岗岩野外露头（镜向北，位于 S312 线 K292km 处）

2.4.3　阿拉善区域地壳稳定性评价与分区

　　根据构造地貌、断层活动性、地壳形变、构造应力场、地壳结构、深部地球物理场、地震活动性等特征，以下将对阿拉善地块内部进行地壳稳定性的二级、三级逼近和优选。

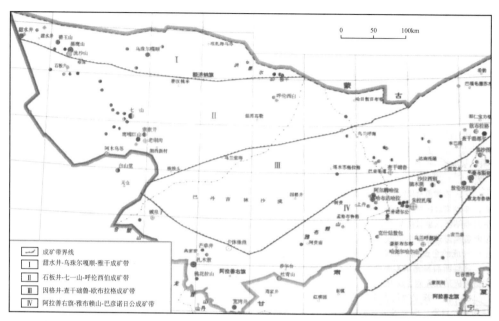

图 2.27　北山、阿拉善地区成矿带划分及金属矿产分布示意图（据邵积东等，2012）

1. 阿拉善区域地壳稳定性的二级逼近与优选

对于地质历史时期的深大断裂、槽台分界线、裂谷带等原有软弱地带，它们是在新的应力场中产生块体分异的重要边界线。当应力的大小、方向一定时，摩擦强度最小的原有软弱面是产生滑动破裂的最有利地带。

以阿拉善及邻区大地构造中的一级断裂为边界，将阿拉善及邻区初步划分为额济纳旗块体（Ⅰ）、巴丹吉林块体（Ⅱ）、雅布赖块体（Ⅲ）、贺兰山块体（Ⅳ）、河西走廊块体（Ⅴ）、北山块体（Ⅵ）、祁连山块体（Ⅶ）、鄂尔多斯块体（Ⅷ）等八个相对独立的块体。其中，前 5 个块体位于阿拉善地区内，后 3 个块体属于周缘主动或限制性块体，以下仅对区内的 5 个块体进行说明。

如图 2.28 所示，额济纳旗块体（Ⅰ）处于近 SN 向弱水断裂与 NE 向恩格尔乌苏断裂之间的三角形区域，巴丹吉林块体（Ⅱ）处于 NE 向恩格尔乌苏断裂与 NE 向巴丹吉林断裂之间的长条形区域、雅布赖块体（Ⅲ）处于 NE 向巴丹吉林断裂与 NW 向龙首山断裂、NE 向狼山-巴彦乌拉山断裂之间的近三角形区域，吉兰泰-银川块体（Ⅳ）为狼山-巴彦乌拉山断裂与黄河断裂之间的区域，河西走廊块体（Ⅴ）为祁连山北麓断裂与合黎山-龙首山-查固断裂之间的不规则区域。以下将根据区域地壳稳定性的 7 个主要影响因素来定性分析各个块体的稳定性。

1）额济纳旗块体（Ⅰ）

额济纳旗块体在地貌上为新生代额济纳旗盆地，发源于甘肃祁连山黑河向北流入居延海，形成宽广的洪积扇戈壁，其西侧为北山古生代造山带，两者被弱水断裂所分隔。布格重力异常数据表明，西侧的北山地区与额济纳旗块体之间存在较明显的重力梯度异

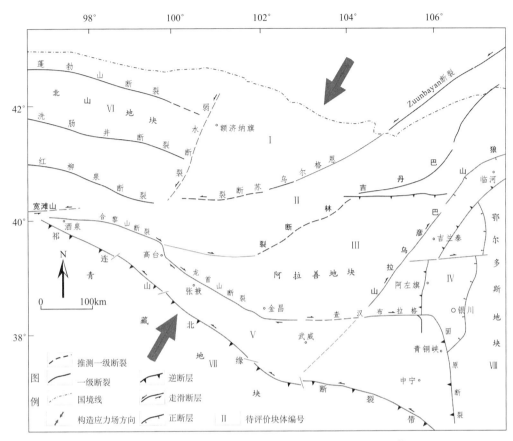

图 2.28　阿拉善及邻区地壳稳定性二级逼近与优选的块体

常。格尔木-额济纳旗的地学断面表明，从湖西新村至额济纳旗地壳厚度相当稳定，介于 45~46km，几乎没有异常。航磁异常数据表明，该块体主要以 NWW 向或 EW 向相间条形异常为主。弱水断裂为一条隐伏的新生代左旋走滑断裂，长度超过 800km，弱水河的发育受到该隐伏断裂的控制。光弹模拟结果表明，在弱水断裂与恩格尔乌苏断裂交汇处存在显著的应力集中，并且主要位于弱水断裂与多格乌苏断裂之间区域，面积较大。地震分布数据表明，该区现代地震不甚发育。地貌上为广袤的沙丘和戈壁，人类工程活动及崩滑流地质灾害基本不发育。因此，额济纳旗块体的地壳稳定性可评价为次稳定。

2）巴丹吉林块体（Ⅱ）

巴丹吉林块体处于 NE 向恩格尔乌苏断裂与 NE 向巴丹吉林断裂之间的长条形区域。在地貌上，该块体南部为巴丹吉林沙漠核心区域，北部为山区。恩格尔乌苏断裂带是晚二叠世晚期塔里木板块与华北板块拼合的蛇绿混杂岩带，是一条深大断裂带，是阿拉善地块的北部边界断裂。该断裂可能在中生代发生过左行走滑，在北大山北侧发育了新生代 NNE 向的岌岌海子断陷盆地，盆地北缘已经左行切割了恩格尔乌苏断裂，这说明恩格尔乌苏断裂至少在新生代中晚期没有活动过，不是活动断裂。巴丹吉林断裂带可能为华北地台内部解体后又重新拼合的次级缝合线，也不是活动断裂。在卢进才等（2012）编制的"银额盆地及其邻区中生代构造单元划分图"中，巴丹吉林块体是由西部的特罗西滩隆起、宗乃山-查干楚鲁隆起和东部的尚丹-苏亥图拗陷构成。剩余重力异常数据表明，宗乃山-查干楚鲁隆起总体为一规模较大的 NE 向重力正异常区，地表证实为大面积花岗岩出露区。穿过该隆起的电法测量剖面 DD-08-02 和 DD-08-01 显示，侵入岩体分布范围较大。虽然上述隆起与凹陷带之间发育断层且地貌存在差异，但塔木素岩体的 InSAR 数据解译结果表明没有差异变形，这说明该断层两侧的隆起和凹陷区现今是一致的，没有活动性构造存在。在地震分布图上，该区现今地震密度很低或少震，甚至没有震级大于 5 级的地震发育，与其南侧的雅布赖-诺日公块体形成鲜明对照。因此，巴丹吉林块体的地壳稳定性可综合评价为稳定。

3）雅布赖块体（Ⅲ）

雅布赖块体处于 NE 向巴丹吉林断裂与 NW 向龙首山断裂、NE 向狼山-巴彦乌拉山断裂之间的近三角形区域。狼山东麓断裂带是一条岩石圈深大断裂，第四纪以来强烈活动，以一系列正断层和阶状正断层为特征，表现为强烈的差异升降运动，对现今地貌和地震活动起着重要的控制作用。虽然巴丹吉林断裂带不是一条活动断裂，但是距离该断裂东南附近发育了 NE 向雅布赖山前断裂和雅布赖盆地。雅布赖山前断裂是一条全新世活动断裂，基于组合探槽的古地震研究可恢复出约 5 次古地震事件，最新一次地震事件的时间约为 1.5ka 前。地震构造数据表明，雅布赖山前断裂附近的现代地震密集分布，南缘的查固断裂附近亦有相当数量的现代地震发育。光弹模拟结果表明，巴彦乌拉山断裂沿线区域出现剪应力集中，区域应力分析也显示最大主压应力方向与断裂近于平行，呈现左旋走滑性质，但是该断裂南部附近地震活动相对较少。该块体中发育较大规模的雅布赖山-诺日公-红古尔玉林侵入岩带。综上所述，雅布赖块体的地壳稳定性可综合评价为次稳定。

4）吉兰泰-银川块体（Ⅳ）

吉兰泰-银川块体为狼山-巴彦乌拉山断裂与黄河断裂之间的区域，构造地貌上表现为西部吉兰泰地堑、中部贺兰山地垒和东部银川地堑，三者共同组成吉兰泰-银川断陷带，从始新世开始发育。其中，吉兰泰地堑的西部边界为狼山-巴彦乌拉山断裂，东部边界为隐伏的磴口-本井断裂；银川地堑的西部边界为贺兰山东麓断裂，东部边界为黄河断裂。已有研究表明：吉兰泰-银川断陷带的上述边界断裂均为全新世活动断裂，黄河断裂系中的银川-平罗断裂是 1739 年平罗 8 级地震的发震断裂；贺兰山东麓断裂地表出露清晰，是一条第四纪以来直到近代仍然强烈活动的断裂带，其 8 级左右大震间隔为 2600～2700 年发生一次。巴彦乌拉山断裂作为吉兰泰地堑的西界断裂，走向上活动特征不太一样，南段活动较弱而北段活动较强。吉兰泰-银川地区是我国 23 个地震带之一。吉兰泰地堑内部磴口附近现今地震活动比较频繁，表现为地震丛集带，自 1956 年有仪器记录以来磴口附近先后发育了 1976 年巴音木仁 6.2 级地震、1983 年磴口 5.3 级地震、1991 年吉兰泰西北 5.2 级地震以及 2015 年阿拉善左旗 5.8 级地震等。因此，吉兰泰-银川块体的地壳稳定性可综合评价为不稳定。

5）河西走廊块体（Ⅴ）

从深部地球物理场所反映的深部构造看，祁连山块体北缘地壳厚度由 64km 突变至河西走廊块体的 54km，在重力异常图同样显示出这种地壳厚度的剧烈降低，在航磁异常图上 NW 向线性特征明显。格尔木-额济纳旗的地学断面分析表明，祁连山块体向北逆冲于阿拉善地块之下，在山前形成统一的前陆盆地。祁连山北缘断裂带和合黎山-龙首山-查固断裂带均为强活动的活动断裂，介于两条断裂之间的河西走廊块体为新生代构造前陆盆地，断块差异运动强烈。河西走廊地区是我国 23 个地震带之一，历史上曾经发育多次强震，著名的海原八级地震就位于该块体内。1954 年民勤七级地震则处于查固断裂与巴彦乌拉山断裂的交汇带附近。光弹模拟结果表明，该交汇带显示出明显的应力集中。同时，在该块体中宁附近也显示出较强的构造应力集中。祁连山地形高耸，与河西走廊盆地的相对高差大，重力地质作用强烈。由于盆地主要由巨厚的河湖相地层组成，强震作用下岩土体稳定性差。因此，河西走廊块体可定性评价为不稳定。

从上述定性评价结果来看，吉兰泰-银川块体和河西走廊块体为不稳定区，额济纳旗块体和雅布赖块体为次稳定区，巴丹吉林块体为稳定区。整体来看，二级优选出的巴丹吉林块体为阿拉善区域地壳最稳定的块体。

2. 阿拉善区域地壳稳定性三级逼近与优选

对于备选场址的区段尺度来说，上述二级逼近与优选依然显得有些粗略，因为稳定块体中也可能存在次一级的次稳定区，甚至是不稳定区，而评价为次稳定的块体中也可能存在次一级的稳定区。因此，需要将二级断裂纳入地壳稳定性评价中，通过三级逼近来优选出相对稳定的次级块体。

根据阿拉善地区重要二级断裂的分布及其与一级断裂之间的关系，将对巴丹吉林块体和雅布赖块体再次划分为若干次级块体，分别进行次级块体的三级优选评价。以下将巴丹吉林块体细分为红柳井（Ⅱ-1）、塔木素（Ⅱ-2）和查干楚鲁（Ⅱ-3）3 个次级块体，将雅布赖块体细分为潮水（Ⅲ-1）、雅布赖（Ⅲ-2）、诺日公（Ⅲ-3）和狼山（Ⅲ-4）4 个次级块体（图 2.29）。

1）巴丹吉林块体的逼近与优选

（1）红柳井次级块体（Ⅱ-1）。

红柳井次级块体南侧边界为近 EW 向高台-锡勒断裂，北侧边界为 NE 向恩格尔乌苏断裂，东侧边界为 NNE 向岌岌海子断裂。高台-锡勒断裂为北大山走滑断层系的一部分，在狼娃山以西走向 NWW，以东走向近 EW，东向延伸可能与巴丹吉林断裂相连，全长大于 210km。该断裂的晚期活动断错了山前洪积台地，沿带地貌上显示为 EW走向的平直沟谷或断层陡坎，在新洪积扇上形成的断层陡坎，高者 7~15m，低者 1~2m，断错地貌显示为一条新生代右旋走滑断裂。岌岌海子地区发育新生代断陷盆地，盆地北缘已经左行切割了恩格尔乌苏断裂，其平面上呈现为一组雁列左旋走滑。额济纳旗块体内 NE 向的多格乌苏左旋走滑断裂也有可能切过隐伏的恩格尔乌苏断裂进入该地体。光弹模拟结果表明，该区靠近岌岌海子盆地附近剪应力集中。现今地震分布表明该次级块体内地震稀疏，且主要位于岌岌海子断裂和高台-锡勒断裂附近。地貌上该区为

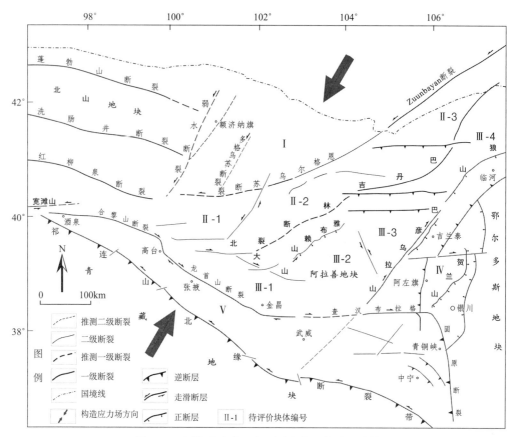

图 2.29　阿拉善内部三级逼近与优选的次级块体

戈壁和沙漠，外动力地质作用弱。因此，该次级块体可定性评价为次稳定。

（2）塔木素次级块体（Ⅱ-2）。

塔木素次级块体南侧边界为巴丹吉林断裂，北侧边界为恩格尔乌苏断裂，东北侧边界为海力素断裂，西侧边界为岌岌海子断裂。如前所述，岌岌海子断裂为第四纪活动断裂，海力素断裂是近年来在油气勘探中发现的近 EW 走向、倾向 S 的古近纪、新近纪逆冲断裂，断层上盘主要为前中生界地层和加里东-燕山期的侵入岩体，下盘一般保存了较厚的白垩系和新生界地层，逆断距可达 1000m 以上，构成查干凹陷的南侧边界（汪新文、陶国强，2008）。此外，在该次级块体中还发育一条早更新世的断裂，即银根断裂。该次级块体构成了宗乃山的主体，出露大面积花岗岩，能干性强，抵御破裂和变形的能力较强。花岗岩隆起与凹陷带之间为 NE 向断层且地貌存在差异，但塔木素岩体的 InSAR 数据解译并没有显示出差异变形，这说明该断层两侧的隆起和凹陷区现今是一致的，没有活动性构造存在。在地震分布图上，该区现今地震密度很低，甚至没有震级大于五级的地震发育。因此，塔木素次级块体的地壳稳定性可综合评价为稳定。

（3）查干楚鲁次级块体（Ⅱ-3）。

查干楚鲁次级块体位于巴丹吉林块体的北东段，其南侧边界为巴丹吉林断裂（此段也称为查干楚鲁断裂），北侧边界为恩格尔乌苏断裂（此段也称为 Zuunbayan 断裂），西南侧边界为海力素断裂，向东北延伸至中蒙边界。该块体主要由上白垩统乌兰苏海组、下白垩统苏宏图组和银根组所组成，形成了著名的查干凹陷。该块体内的中新生界地层厚度超过 5000m，其中还发育白垩系之前形成的侵入体。查干凹陷是在查干楚鲁深大断裂带基础上形成的，该地区航磁异常清晰显示了该深大断裂带的存在。在现代地震分布图上，该次级块体内发育一些小型地震，基本上为 NE 向条带状展布，这与查干凹陷内主要断层为 NE 向有关。因此，查干楚鲁次级块体的地壳稳定性可综合评价为次稳定。

从上述巴丹吉林块体中的 3 个次级块体评价结果上看，塔木素次级块体为稳定区，红柳井次级块体和查干楚鲁次级块体为次稳定区。综合来看，在巴丹吉林块体中的塔木素次级块体为最稳定的区段。

2）雅布赖块体的逼近与优选

（1）潮水次级块体（Ⅲ-1）。

潮水次级块体位于雅布赖块体西南端，其南侧边界为龙首山-查汗布拉格断裂，北侧边界为北大山断裂，西北边界为高台-锡勒断裂，东侧边界为巴彦乌拉山断裂南段。潮水次级块体在构造地貌上表现为一个 NWW 至近 EW-NEE 弧形展布的潮水盆地。经钻井证实，盆地内主要发育中生界侏罗系、白垩系及新生界地层，基底最大埋深约 3500m。龙首山断裂的分支右行走滑断裂控制了潮水盆地中古近纪、新近系的沉积，并且切割了盆地中的中新世地层。北大山断裂及盐井子-莱菔断裂成为潮水盆地的北侧控界断裂，同时潮水盆地内还发育较多的 NEE 向断裂。在现代地震分布图上，可以发现潮水盆地内分布三处地震丛集区，其中 1954 年的民勤七级地震就处于潮水盆地内查汗布拉格分支断裂与巴彦乌拉山断裂的交汇带附近。光弹模拟结果表明，该交汇带附近有明显的应力集中。航磁异常数据表明，本区为弱磁或负磁异常。因此，潮水次级块体的地壳稳定性可综合评价为不稳定。

（2）雅布赖次级块体（Ⅲ-2）。

雅布赖次级块体位于雅布赖块体的中南段，其西北边界为巴丹吉林断裂，东南边界为巴彦乌拉山断裂，西南边界为北大山断裂及盐井子-莱菔断裂，北东边界为拜兴高勒断裂。在构造地貌上，该次级块体由雅布赖山及雅布赖山前盆地构成。其中，雅布赖盆地呈 NEE 向展布，经钻井证实盆地内主要发育中生界侏罗系、白垩系及新生界地层，基底最大埋深约 5000m。在该次级块体内部发育一条 NE 走向的全新世雅布赖活动断裂，该断裂向 NE 延伸至诺日公，主要表现为正断层。拜兴高勒断层为一个 NW 走向的全新世左旋走滑断层，发育拜兴高勒拉分湖盆。在现代地震分布图上，可以发现弱震基本沿着雅布赖山前断裂较密集分布，在巴彦乌拉山断裂附近也有较密的弱震发育，而在雅布赖盆地中心区域存在一个相对少震的地震空区。因此，雅布赖次级块体的地壳稳定性可综合评价为次不稳定。

（3）诺日公次级块体（Ⅲ-3）。

诺日公次级块体位于雅布赖块体的中北段，是由 3 条断裂围限的一个三角形区域，南西侧边界为拜兴高勒全新世走滑断裂，南东侧边界为巴彦乌拉山断裂，而北部边界为由两条平行的古近系、新近系逆冲断裂组成。这两条逆冲断裂分别沿着两条蛇绿混杂岩带发育的，即北侧的乌力吉山恨蛇绿混杂岩带和毕及尔台蛇绿混杂岩带。沿着这两条逆冲断裂带，现代地震频繁，但多为弱震，呈现近 EW 向展布，但是其西南和东南边界附近地震稀少。在毕及尔台断裂以南的三角形区域内，主要发育较大面积的诺日公花岗岩体，岩体强度高，能干性强。因此，诺日公次级块体的地壳稳定性可综合评价为次稳定。

（4）狼山次级块体（Ⅲ-4）。

狼山次级块体位于雅布赖块体的北段，其南西侧边界为古近系、新近系逆冲断裂，南东侧边界为狼山断裂，向北进入临河和包头境内。狼山次级块体主要由南部前寒武系结晶基底和侵入岩系、北部的查干凹陷斜坡带组成。新生代以来，狼山地区表现为强烈的差异升降运动，狼山山脉处于长期持续隆升状态，对应的河套地区则持续下陷。区域布格重力异常表明，狼山山脉与南部凹陷带出现突变的重力梯度带，而与北侧查干凹陷斜坡带则平缓过渡。狼山山前断裂由系列阶梯状正断层组成，总断距可达 5500m 以上，发育多级抬升阶地，诱发了较频繁的地震活动。狼山山前断裂的活动强烈且地震活动相对集中在南部断陷区内，由于狼山次级块体横向宽度不大，因此也在南部凹陷地震的中强影响范围内。同时，狼山山脉位于河套平原与内蒙古高原之间，地势陡峭，裸露的前寒武系地层和海西期花岗岩物理风化强烈。众多深切沟谷横切山体，崩塌、泥石流等灾害发育。因此，狼山次级块体的地壳稳定性可综合评价为次不稳定。

从上述次级块体的评价结果来看，诺日公次级块体为次稳定区，雅布赖、狼山次级块体为次不稳定区，潮水次级块体为不稳定区。综合来看，从雅布赖块体中的诺日公次级块体为最稳定的区段。

2.4.4 塔木素与诺日公次级块体的区域地壳稳定性比较

以下将从边界断裂活动性、岩土体条件、大地形变特征及地震活动特征 4 个方面对塔木素和诺日公次级块体进行初步比较。

（1）边界断裂活动性。

塔木素次级块体的南侧边界为巴丹吉林断裂，北侧边界为恩格尔乌苏断裂，东北侧边界为海力素断裂，西侧边界为岌岌海子断裂。其中，巴丹吉林断裂和恩格尔乌苏断裂均为不活动的深大断裂带；海力素断裂为查干凹陷南侧边界断裂，为古近系、新近系活动但现今不活动的断裂；岌岌海子断裂可能为晚更新世以来的断裂，活动性不强。诺日公次级块体南西侧边界为拜兴高勒全新世走滑断裂，南东侧边界为控制吉兰泰凹陷盆地的巴彦乌拉山活动断裂，而北部边界为古近系、新近系可能有活动的蛇绿混杂岩带发育而来的逆冲断裂。因此，从次级块体的边界断裂的活动性对地壳稳定性的影响来评价，塔木素次级块体的稳定性要优于诺日公次级块体。

（2）岩土体条件。

塔木素次级块体内北部发育有宗乃山-沙拉扎山侵入岩带，规模较大（长约270km，宽 30～50km），剩余重力异常显示出规模较大的正异常区，二叠纪至三叠纪花岗岩形成的巨大岩基构成了该岩带的主体。塔木素岩体构成了宗乃山的主体，主要出黑云母花岗岩、黑云母斜长花岗岩、黑云母花岗闪长岩等组成。沙拉扎山的巨大花岗岩岩基主要为中粒结构的花岗岩，乌力古岩体构成了沙拉扎山的主体。该次级块体南部发育有苏亥图拗陷，主要由白垩系巴音戈壁组砂砾岩、砂岩、泥岩等组成。

诺日公次级块体北部发育有石炭-二叠纪的雅布赖山-诺日公-红古尔玉侵入岩带，即诺日公岩体。该岩体是一条 NEE 向岩基，面积 2900 km²，主要由花岗岩组成；南部发育豪斯布尔都凹陷，除少量下白垩统固阳组砂砾岩和砂岩出露外，绝大部分为古近系、新近系砂砾岩、砂岩及上更新统的洪积砂砾石层。

从次级块体的岩性组成来看，塔木素次级块体的稳定性与诺日公次级块体相当。

（3）大地形变特征。

由于缺少 GPS 数据，所以选择利用较为直接的 InSAR 数据解译来对比分析塔木素和诺日公次级块体的地壳稳定性。PALSAR 和 ASAR（ESR）的 InSAR 数据解译结果表明（详见第 4 章）：从构造稳定性的角度来看，塔木素和诺日公区段皆为构造稳定性区域；相比而言，前者略微优良。

（4）地震活动特征。

从地震分布数据来看，塔木素次级块体的现代地震密度很低，甚至没有震级大于五级的地震发育。在诺日公次级块体的北部，沿着乌力吉山恨蛇绿混杂岩带和毕及尔台蛇绿混杂岩带的现代地震较频繁（多为弱震），在该块体西南和东南边界附近地震稀少，块体内部为地震空区。

从次级块体的地震活动特征来看，塔木素次级块体的稳定性要优于诺日公次级块体。

综合上述，塔木素次级块体和诺日公次级块体是阿拉善地块中的构造稳定性最好的区段，其中前者优于后者。由于时间和经费有限，本次地壳稳定性评价的多级逼近和优选工作重点放在了阿拉善地块本身，在阿拉善行政区域内应该还可以优选出一些构造稳定性较好的次级块体，相应的工作亟待深入展开。

2.4.5　小结与建议

在系统搜集阿拉善及邻区的区域地质、地球物理、内外动力灾害等资料的基础上，辅助以必要的野外地质考察，建立了阿拉善区域地质力学模型，开展了区域应力场和变形场的光弹模拟实验和数值模拟计算，综合分析了区域地壳稳定性的影响因素、评价指标以及指标间的相互作用。借鉴已有的区域地壳稳定性评价理论、方法、实践以及中国地质调查局发布的《活动断层与区域地壳稳定性调查评价规范》，完成了阿拉善区域稳定性的三级逼近和优选，在阿拉善地区划分出了不同稳定程度的区块，为我国高放废物地质处置库备选场址预选提供了依据。

针对阿拉善区域地壳稳定性评价与分区，相关结论如下：

（1）阿拉善地块最终形成于晚二叠世，是一个具有独特活动特征的近三角形构造单元，其北部边界为恩格尔乌苏断裂带，东部边界为狼山-巴彦乌拉山断裂带，南部边界为合黎山-龙首山断裂，与青藏块体及河西走廊过渡带相邻。

（2）阿拉善地块周边的新生代变形较为明显，主要分布在东北缘的巴彦乌拉山地区、东缘的贺兰山西侧地区以及南缘的龙首山-合黎山地区，在地块内部主要表现为伸展构造和走滑构造控制的小盆地，可以用弱限制性边界、强前陆的有限挤出模型来解释中新世以来阿拉善地块的边界条件及变形特征。

（3）分析获得了阿拉善区域现代区域构造应力场中主压应力场方向及边界条件，建立了相应的阿拉善及邻区的地质力学模型，据此开展了区域地应力场和变形场的离散元数值模拟，初步获得了阿拉善及邻区各断裂的性质和应力分布情况，阐明了区域构造的变形机制。

（4）采用深部地球物理场、活动断裂、地震活动、区域构造变形、区域构造应力场等5种内动力因素，完成了阿拉善区域稳定性定性分区的三级逼近及优选，其中的塔木素和诺日公次级块体是区内稳定性良好的区段，并且前者优于后者。

限于时间和经费，本次区域地壳稳定性评价重点放在了阿拉善地块，系统而深入的调查研究工作还亟待全面展开。建议在后续研究中，重点开展以下工作：

（1）阿拉善地区近年来开展了大量的矿产和油气资源勘探工作（特别是物探和钻探工作），后续工作中应注意收集相关资料，以弥补阿拉善地区地表大面积被沙漠和戈壁覆盖所导致的地表地质调查不足。

（2）由于资料有限，现阶段只能开展阿拉善区域地壳稳定性的定性评价，后续工作应开展相应的定量评价。

（3）充分发挥 InSAR 数据解译的优势，深入开展可疑区段、部位或断裂的专门调查和验证，针对重点地段或备选场址区进行定期的大地变形解译。

（4）充分发挥大型数值模拟技术的优势，以 GPS 所获得的速度场作为限制条件，仿真再现阿拉善的现今构造应力场和变形特征，并与 InSAR 数据解译结果进行对比分析。

（5）对于某些重要边界断裂的活动特征，需要进行更加细致的专题调查研究工作，以保证区域地壳稳定性评价和分区的可靠性。

参 考 文 献

陈文彬，徐锡伟.2006.阿拉善地块南缘的左旋走滑断裂与阿尔金断裂带的东延.地震地质，28（2）：319～324

邓起东.2007.中国活动构造图.北京：地震出版社

董治平，张元生，代炜.2007.阿拉善地块下插河西走廊的发现及其构造意义.甘肃科学学报，19（1）：91～93

杜东菊.1986.区域稳定两级模糊综合评判.西安地质学院学报.8（4）

范桃园，孙玉军，吴中海.2014.青藏高原东缘旋转变形机制的数值模拟分析.地质通报，33（4）：497～502

工程地质手册编辑委员会.2007.工程地质手册（第四版）.北京：中国建筑工业出版社

谷德振.1979.岩体工程地质力学基础.北京：科学出版社.1～137

国家地震局《阿尔金活动断裂带》课题组.1992.阿尔金活动断裂带.北京：地震出版社.1～319

国家地震局《鄂尔多斯周缘活动断裂系》课题组.1988.鄂尔多斯周缘断裂系.北京：地震出版社.1～335

国家地震局地质研究所，宁夏回族自治区地震局.1990.海原活动断裂带.北京：地震出版社，1～253

国家地震局地质研究所，国家地震局兰州地震研究所.1993.祁连山-河西走廊活动断裂系.北京：地震出版社.1～340

何世平，任秉琛，姚文光，付力浦.2002.甘肃内蒙古北山地区构造单元划分.西北地质，35（4）：30～40

胡海涛，易明初.1987.广东核电站规划选址区域稳定性分析与评价.北京：档案出版社.94～113

胡海涛，殷跃平.1996.区域地壳稳定性评价"安全岛"理论及方法.地学前缘，3（1）：57～68

李萍，相建华，李同录，杜东菊.2004.基于GIS的中国区域地壳稳定性评价.吉林大学学报（地球科学版），31：113～118

李同录.1991.长江三峡地区区域地壳稳定性评价.西安地质学院学报.13（3）：48～58

李兴唐.1993.活动断裂研究与工程研究.北京：地质出版社.1～189

李兴唐，许兵，黄鼎成等.1987.区域地壳稳定性研究理论和方法.北京：地质出版社.1～314

刘传正，胡海涛.1993.工程选址的"安全岛"多级逼近与优选理论.中国地质灾害与防治学报，4（1）：28～37

刘国昌.1993.区域稳定工程地质.长春：吉林大学出版社.1～161

刘洪春，戴华光，李龙海等.2000.对1954年民勤7级地震的初步研究.西北地震学报，22（3）：232～235

卢进才等.2012.银额盆地及邻区石炭系二叠系油气地质条件与资源前景.北京：地质出版社

任纪舜，黄汲清.1980.中国大地构造及其演化1：400万中国大地构造图简要说明.北京：科学出版社

邵积东，王守光，赵文涛.2012.内蒙古北山-阿拉善地区重要成矿带成矿地质特征及找矿潜力分析.西部资源，53～56

孙广忠.1984.岩体力学基础.北京：科学出版社

孙叶，谭成轩.1998.区域地壳稳定性定量化评价.北京：地质出版社.1～363

汤锡元，冯乔，李道燧.1990.内蒙古西部巴彦浩特盆地的构造特征及其演化.石油与天然气地质，11（2）：127～135

汪新文，陶国强.2008.内蒙古查干凹陷的构造格架与演化.现代地质，22（4）：495～504

王峰，徐锡伟，郑荣章等.2002.阿尔金断裂带东段地表破裂分段研究.地震地质，24（2）：145～158

王萍，王增光.1997.阿拉善活动地块的划分及归宿.地震，17（1）：103～112

王生朗，马维民，竺知新，尚雅珍.2002.银根-额济纳旗盆地查干凹陷构造沉积格架与油气勘探方向.石油试验地质，24（4）：296～300

王廷印，张铭杰，王金荣，高军平.1998.恩格尔乌苏冲断带特征及大地构造意义.地质科学，33（4）：385～393

王行军.2012.内蒙古阿拉善地区蛇绿岩的地球化学特征及其构造意义.中国地质大学（北京）博士论文

卫平生，张虎权，陈启林.2006.银根-额济纳旗盆地油气地质特征及勘探前景.北京：石油工业出版社.1～345

吴奇之等.1997.中国油气盆地构造演化与油气聚集.北京：石油工业出版社

吴泰然，何国琦.1992.阿拉善地块北缘的蛇绿混杂岩带及其大地构造意义.现代地质，6（3）：69～78

谢富仁，舒塞兵，窦素芹等.2000.海原、六盘山断裂带至银川断陷第四纪构造应力场分析.22（2）：139～146

徐纪人，赵志新，石川有三.2008.中国大陆地壳应力场与构造运动区域特征研究.地球物理学报，51（3）：770～781

薛宏运，鄢家全. 1984. 鄂尔多斯地块周围的现代地壳应力场. 地球物理学报，27（2）：144～152

杨振德，潘行适，杨易福. 1988. 阿拉善断块及邻区地质构造特征与矿产. 北京：科学出版社. 1～254

易明初等. 1997. 中国区域地壳稳定性图（1：5000000）及说明书. 北京：地质出版社

殷跃平，胡海涛，康宏达. 1992. 重大工程选址区域地壳稳定性评价专家系统（CRUSTAB）. 北京：地质出版社. 1～231

俞晶星. 2013. 雅布赖山前断裂晚第四纪滑动速率及古地震. 中国地震局地质研究所博士研究生学位论文

禹湘玲. 1998. 内蒙古阿拉善地区地质灾害与环境地质问题. 中国地质灾害与防治学报. 9（增刊）：449～454

张进，李锦轶，李彦峰，马宗晋. 2007. 阿拉善地块新生代构造作用兼论阿尔金断裂新生代东向延伸问题. 地质学报，81（11）：1841～1856

张振法，李超英，牛颖智. 1997. 阿拉善-敦煌陆块的性质、范围及其构造作用和意义. 内蒙古地质，（2）：1～14

张倬元，王士天，王兰生等. 2009. 工程地质分析原理. 北京：地质出版社

赵知军，刘秀景. 1990. 宁夏及其邻区地震活动带与小区域构造应力场. 地震地质，12（1）：31～46

郑文俊，张培震，袁道阳等. 2009. 甘肃高台合黎山南缘发现地震地表破裂带. 地震地质，31（2）：247～255

郑文俊，张竹琪，张培震等. 2013. 1954 年山丹 7 1/4 级地震的孕震构造和发震机制探讨. 地球物理学报，56（3）：916～928

中国地质调查局. 2015. 活动断裂与区域地壳稳定性调查评价规范（1：50000～1：250000）-DD2015-02

周立发，赵重远，郭忠铭. 1995. 阿拉善及邻区沉积盆地的形成与演化. 西安：西北大学出版社. 1～170

左国朝，刘义科，刘春燕. 2003. 甘新蒙北山地区构造格局及演化. 甘肃地质学报，12（1）：1～15

Cunningham D，Dijkstra A，Howard J，Quarles A，Badarch G. 2003. Active interpolate strike-slip faulting and transpressional uplift in the Mongolian Altai. In：Intraplate strike-slip deformation belts. In：Storti F，Holdsworth R E，Salvini F（eds）. Geological Society Special Publication 210：63～87

Ratschbacher L，*et al*. 1991a. Lateral extrusion in the Eastern Alps，1：Boundary conditions and experiments scaled for gravity. Tectonics，10（2）：245～256

Ratschbacher L，*et al*. 1991b. Lateral extrusion in the Eastern Alps，2：Structural analysis. Tectonics，10（2）：257～271

Webb L E，Johnson C L . 2006. Tertiary strike-slip faulting in southeastern Mongolia and implications for Asian tectonics. EPSL，241：323～335

第 3 章 阿拉善区域工程地质稳定性分区与适宜性评价

与区域地壳稳定性评价相比，区域工程地质稳定性评价还需考虑更多的工程要求和工程效应，前者是后者的理论基础和优选前提。广泛地说，区域工程地质稳定性评价需要考虑的因素可分为 3 个方面：以活动断裂、地震、构造应力场和火山作用为代表的控制因素（地壳稳定性）；以地形地貌、工程地质岩组、地质结构和地质灾害发育强度为代表的影响因素；以水库诱发地震、采矿与抽注水诱发地震、区域地面沉降等为代表的工程作用因素。

3.1 研 究 现 状

通过半个多世纪的研究，我国区域工程地质稳定性评价理论趋于系统化和完善化，评价方法从定性评价发展到定量化评价，其中包括单要素判别法、模糊综合评价法、信息量法、多要素栅格叠加法、标准区监督分类法等（姚鑫，2014）。近年来，遥感、GIS 等新技术和新方法也逐渐在区域工程地质稳定性评价中得到应用和完善。

采用定量化评价技术进行区域工程地质稳定性评价时，首先应通过基础地质调查、精密水准测量、GPS、数值模拟、GIS 等技术获取地壳稳定性评价定量化指标；然后确定综合评价指标体系，建立稳定性定量化评价模型，进行稳定性的分级分区（谭成轩等，2009）。一般都是把区域稳定性按四级标准划分，即稳定区、较稳定区、较不稳定区和不稳定区（李兴唐等，1987）。

基于模糊数学理论，模糊综合评价法把定性评价转化为定量评价，其数学原理主要是依据模糊数学中的模糊矩阵、模糊矩阵运算法则和最大隶属度原则。该模型在区域稳定性评价及废物管理的选址等问题中得到了广泛应用，具体操作过程可归纳为如下几个步骤（徐国庆等，1999）：①选择评价指标；②求取相应的隶属度；③确定分级评价和权值；④进行分区评价。

对于评价指标的综合分析，确定它们的权值（重）十分重要。权值的定性分析法包括专家打分法、调查统计法、序列综合法，定量分析法包括数理统计法、公式法、层次分析法、复杂度分析法（蔡鹤生、周爱国，1998）。其中，专家打分法是应用较多的定性分析法。层次分析法是一种较合理、可行的定量化定权方法（Şener Ş et al.，2011）。层次分析法（Analytic Hierarchy Process，AHP）的基本原理是把复杂的问题分解为各个组成因素，将这些因素按支配关系分组形成有序的递阶层次结构，通过两两比较的方式确定层次中诸因素的相对重要性，然后综合专家的判断以决定诸因素相对重要性的顺序，具有思路清晰、方法简便、系统性强的特点（张吉军，2000；井文君等，2012）。但是，层次分析法需要人为给出判断矩阵，最终确定的权值大小。结果的合理性主要取决于这一判断矩阵。因此，可以结合专家打分法定性分析的优点与层次分析法定量分析的优点，弥补两者的不足之处，即利用专家打分法来确定层次分析法所需要的判断矩阵。

层次分析模糊综合评价法在区域稳定性评价及优化选址问题中得到了广泛的应用。聂洪峰等（2002）对重庆市进行区域稳定性评价时就采用该方法，通过研究选出了 8 个评价指标：断裂活动性、断裂规模、地震烈度、构造应力场、布格重力异常、地壳结构、岩组特性、地形地貌。在对固体废弃物填埋场选址的研究中，年廷凯等（2004）发展了模糊模式识别模型和模糊综合评判模型相结合的多层次多目标复杂系统模糊集评价，并利用该方法对某城市固体废物卫生填埋场地的适宜性进行了综合评价。这说明该方法可拓广应用于其他岩土工程领域的场地、场址评价和优选。井文君等（2012）在对盐穴储气库选址评价的研究中，利用层次分析法结合专家经验法来确定权值，评价结果与专家论证意见一致。国外许多学者也利用了模糊多准则评价法对各类问题的选址优化问题进行了研究，如 Nazari（2012）、Gorsevski（2012）、Ekmekçioglu（2010）都基于模糊的多准则决策分析法，利用层次分析法定权并研究了固体废弃物的优化选址问题。

在我国的核废料选址工作中，陈伟明和王驹（2000）对甘肃北山及其邻区地壳稳定性评价采用了模糊综合评价模型。评价中选取地壳结构、地震、活动断裂和现代构造应力场作为四项主要指标，把研究区划分为 8 个不同稳定性的区域。为确定北山地区为我国核废料地质处置的预选区提供了参考。

随着地理信息系统（GIS）的广泛应用，其采集、存贮、管理、检索和综合分析等多方面的空间数据处理能力已成为区域地壳稳定性评价的有力工具（刘传正，1997）。李萍与相建华（2004）基于 GIS 采用加权信息量模型对中国进行了区域地壳稳定性评价。评价中选取了大陆活动断裂、地震活动、地壳形变、莫霍面起伏状况作为四项主要指标。

在我国东天山高放废物地质处置库选址中，高阳（2011）利用 GIS 将岩体、断裂和断裂等密度图、区域地壳稳定性图等选址因素有效地存储、组织起来，筛选出待选及备选岩体。在加拿大安大略省的核废料选址中，利用 GIS 分别为各个评价指标建立专题图层。然后赋予各指标层权重最后计算优选出适宜地区（刘政荣，2005）。Sumathi 等（2008）基于 GIS 的空间叠置功能研究了城市固体废弃物填埋的选址问题，利用专家调查法确定主要控制指标，利用层次分析法确定各个指标的权重，最后筛选出合适场址。Gorsevski（2012）、Hakan（2013）、Badrib（2001）基于 GIS 也做了类似的研究，证明了 GIS 在优化选址问题中的方便与实用性。

近二十多年来，围绕重大工程场区新构造与活动断裂的潜在危害和安全评价，定量勘测评价技术和仿真模拟技术得到了迅速发展，相应的专项定量调查研究技术也越来越受到重视（谭成轩等，2009）。例如，典型活动断裂开挖揭示、高精度遥感技术、地球物理探测技术及活动断裂的监测技术等方面在国外得到迅速发展。美国、日本等发达国家分别建立了覆盖全国的新构造活动 GPS 监测网络，在数据自动采集、传输、处理、查询、共享和管理等方面取得突破性进展（姚鑫，2014）。另外，工程场区活动断裂分段、分带调查评估方法逐渐成熟，活动断裂分形分维的应用和分段评价技术日趋完善。其中，分形理论在活动断裂的分析以及岩体质量分级中得到了广泛的应用。分形理论最早是由美国数学家 Mandelbrot（1982）创立，后来迅速发展起来，部分原因是由于核废料地质处置的发展（Chilès，1988）。所有的分形对象都具有一个重要的特征，即可以通过分形维数去测定其不平整程度或复杂度。

断裂作为自然界中的一种非常普遍的地质现象，具有明显的分形结构特征。越来越多的研究表明，断裂破碎过程具有随机自相似性，断裂的分布和几何形态具有明显的分形结构。分维与断裂的复杂性、构造活动性及地震活动性成正相关关系。因此，将分形理论应用于断裂系统的研究，有助于了解断裂区地壳的稳定性。例如，2004 年 Kazuyoshi 分析了日本境内 14 个活动断层及其余震分布情况，发现活动断层及其余震的空间分布具有明显的分形特征，二者的分维值之间存在正相关关系。2014 年 Gulcan 在对土耳其东部的 Anatolian 断层系统研究中首先采用了分形理论，通过计算 7 个断层带的分维值，发现断层的分段性与较高的分维值有关，因此可通过分维值的高低判断构造活动性的强弱。

然而，关于区域工程地质稳定性的评价指标及评价方法尚需深入研究。目前评价中存在所选用的评价模型参与了太多的人为主观因素，使得因子及指标的分级值和权重值等的确定因人而异。如何有效地筛选指标，厘清各指标的相关关系，准确衡量指标对整体稳定的贡献度，以及各指标的综合分析手段一直是区域工程地质稳定性评价的难点。

区域工程地质稳定性评价涉及的要素较多，不同的区域地质构造背景不同，评价指标和权值不能一概而论。评价指标的选取应该基于大量的现场地质调查，但场址预选阶段又很难取得详尽的数据，指标分级标准还需深入论证。通过对评价结果的预测检验，可修正和调整所选取的因子、指标和方法，从而优化评价方法。

即使如此，在现有资料基础上开展区域工程地质稳定性评价对于场址地段的比选仍有着重要的指导意义。随着选址阶段的逐步深入，相关的评价方法和结果将会不断得到丰富、完善和验证，并服务于场址适宜性的最终判断。

3.2　区域工程地质稳定性评价因子的比选

区域工程地质稳定性评价中需要考虑的因素基本可以分为 3 个方面：以活动断裂、地震、构造应力场和火山作用为代表的控制因素（地壳稳定性）；以地形地貌、工程地质岩组、地质结构和地质灾害发育强度为代表的影响因素；以水库诱发地震、采矿与抽注水诱发地震、区域地面沉降等为代表的工程作用因素。

3.2.1　评价因子的比选原则

对于评价模型的构建，需要首先确定相应的评价因子。评价因子的选取不仅要考虑区域工程地质稳定性的影响因素，同时还要考虑因子的可获取性、独立性等特点。在评价因子的比选和确定过程中，本书主要参照如下的选取原则：①充分考虑地球内外动力作用对区域工程地质稳定性的影响；②充分把握主次因素的选取，尽可能剔除那些对评价目标影响较小的因素及指标；③评价因子的获取要有较强的可操作性；④评价指标之间应尽可能相互独立。

　　由于核废料选址的目的和要求特殊，使得针对核废料选址的区域工程地质稳定性评价及评价因子的比选有一些特殊性，例如，需面向地下洞室岩体的工程地质稳定性，着重考虑构造作用等对深部岩体稳定性破坏的因素，弱化对地形地貌、降雨等影响地表岩体稳定性等因素的考虑。基于上述原则和考虑，初步选定岩性、断裂构造、地震、构造应力和地形变等作为阿拉善地区工程地质稳定性的评价因子。

3.2.2　评价因子比选

1. 岩性因子

　　岩性和岩体结构是直接影响区域工程地质稳定性的物质基础。阿拉善地区地层发育较为齐全，从太古宇到第四系均有出露，但出露及发育程度差异都很大，其中主要出露中新生界，其次是古生界，前古生界露头在区内出露较少。该地区从新生代以来隆起遭受剥蚀，发生夷平作用，古近纪-新近纪湖泊沉积广泛发育，导致大面积区域被覆盖。同时由于阿拉善地区所处的特殊大地构造位置，多期次构造运动导致区内岩浆活动强烈，不同期次岩浆侵入、喷发活动频繁。

　　由于核废料处置库的选址对地质体岩性的要求较高，所以项目组首先选择岩性因子进行了单因子评价图的制作。基于目前可用的地质资料，从全国1：20万地质图数据库（图3.1）中对阿拉善地区的岩性分布进行了提取和归并。从岩性分布图（图3.2）可以看出，阿拉善地区超过一半的面积被以砂为主的第四纪堆积物覆盖。

　　由于本次任务是花岗岩体的场址比选，所以对阿拉善地区的岩浆岩特征进行着重分析。由于阿拉善地区所处的特殊构造背景，多期次构造运动导致区内岩浆活动强烈，不同期次岩浆侵入、喷发活动频繁，包括了加里东期、海西期、印支期、燕山期等不同时

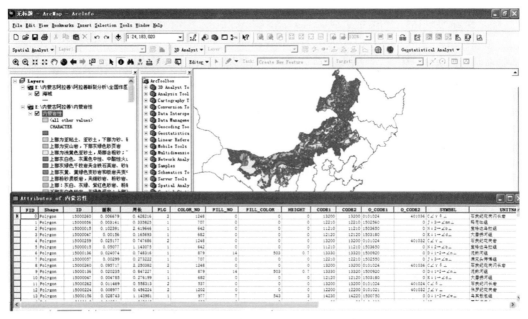

图3.1　基于GIS平台的内蒙古自治区1：20万岩性分布图

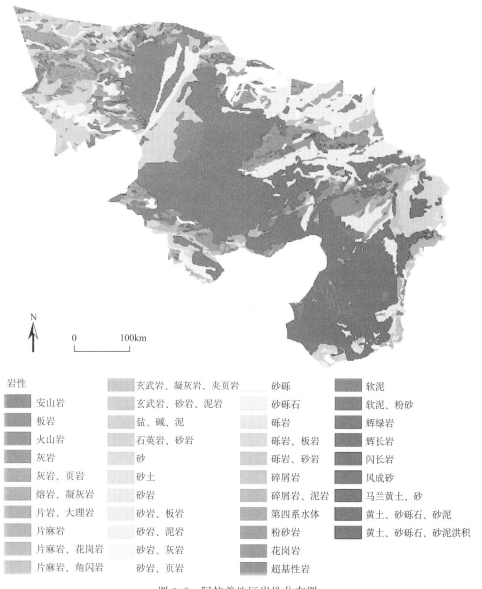

岩性			
安山岩	玄武岩、凝灰岩、夹页岩	砂砾	软泥
板岩	玄武岩、砂岩、泥岩	砂砾石	软泥、粉砂
火山岩	盐、碱、泥	砾岩	辉绿岩
灰岩	石英岩、砂岩	砾岩、板岩	辉长岩
灰岩、页岩	砂	砾岩、砂岩	闪长岩
熔岩、凝灰岩	砂土	碎屑岩	风成砂
片岩、大理岩	砂岩	碎屑岩、泥岩	马兰黄土、砂
片麻岩	砂岩、板岩	第四系水体	黄土、砂砾石、砂泥
片麻岩、花岗岩	砂岩、泥岩	粉砂岩	黄土、砂砾石、砂泥洪积
片麻岩、角闪岩	砂岩、灰岩	花岗岩	
	砂岩、页岩	超基性岩	

图 3.2　阿拉善地区岩性分布图

期的岩浆岩，超基性、基性、中性、中酸性和酸性岩类均有发育，但发育程度有一定差异。从侵入岩的出露面积来看，海西中晚期（石炭纪—二叠纪）侵入岩分布最为广泛。

2. 断裂构造因子

在断裂构造因子信息提取过程中发现，从全国 1∶20 万和 1∶50 万地质图中所提取的断裂分布不仅存在精度上的差异，部分断裂的分布位置也存在局部不一致。为保证信息的尽量完整，从两个数据库中分别提取了断裂进行叠加处理（图 3.3），并用叠加后的断裂数据进行后续的分析和评价。

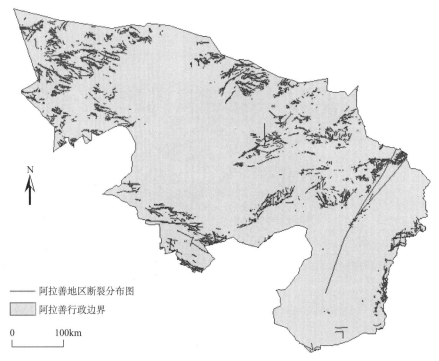

图 3.3　两个数据库叠加后的阿拉善地区断裂构造分布图

3. 现代构造应力因子

本书收集了阿拉善周边 870 个构造应力数据，并对其来源进行了归类分析，其数据获取的方法主要包括：平面压磁法、三维压磁法、平面应变片法、三维应变片法、三孔交汇法、空芯包体法、平面水压致裂法、三维水压致裂法、油井压裂法、钻孔崩落法、震源机制解法等。另外，还收集到了周边部分工程区（如甘肃金川、宁夏青铜峡大坝、陕西安康火石崖和青海拉西瓦水电站等）的地应力数据。这些数据将为阿拉善地区地应力的幅值求解和力学机制分析提供依据（图 3.4、图 3.5）。

如第二章所述，本书基于阿拉善地区的地质构造背景建立了地质力学模型，利用光弹物理模拟试验和数值模拟试验进行了区内地应力场和变形场的正反演分析。考虑到上述模拟结果中的绝对量值与实际会有所出入，以及场址适宜性的差异可以用场地条件的相对值来表征，所以采用了水平地应力的归一化值（即水平地应力系数）进行后续的工程地质稳定性评价（图 3.6）。

4. 地震因子

对于重要的岩体工程来说，常常借助地震烈度区划图来预测分析地震对区域工程地质稳定性的影响。不同的地震烈度区，工程岩体受到地震力的扰动程度不同，失稳破坏的可能性也不同。然而，由于工作区地震烈度资料的精度较低，在提取地震烈度资料

编号	日期	地点	与边坡距离/米	测量深度/米	最大主应力			中间主应力			最小主应力			最大水平主应力		最小水平主应力值/MPa	方向/(°)	实施单位	资料来源
					值/MPa	方向/(°)	倾角/(°)	值/MPa	方向/(°)	倾角/(°)	值/MPa	方向/(°)	倾角/(°)	值/MPa	方向/(°)				
1	1986.10	甘肃金川二矿区		530	20.56	274	−47	9.19	7	−3	3.99	280	43					瑞典吕律欧大学岩石力学系等	中瑞关于中国金川二矿区采矿技术合作岩石学研究最终报告
2	1986.10	甘肃金川二矿区		530	18.45	328	22	9.4	275	−57	6.8	48	−24					瑞典吕律欧大学岩石力学系等	中瑞关于中国金川二矿区采矿技术合作岩石学研究最终报告
3	1986.10	甘肃金川二矿区		530	22.13	306	−12	11.44	28	34	9.7	53	−54					瑞典吕律欧大学岩石力学系等	中瑞关于中国金川二矿区采矿技术合作岩石学研究最终报告
4	1979	甘肃金川镍矿		120	16.8	332	57	12.1	35	−16	5.8	117	28					地科院地质力学研究所	金川矿区应力测量与构造应力场（廖椿庭等）
5	1977	甘肃金川镍矿		240	34.4	318	−39	21.1	48		2.6	139	−51					地科院地质力学研究所	金川矿区应力测量与构造应力场（廖椿庭等）
6	1978	甘肃金川镍矿		480	32	32	6	21.4	137	67	20.6	300	22					地科院地质力学研究所	金川矿区应力测量与构造应力场（廖椿庭等）

图 3.4　阿拉善及邻区的地应力测试地点

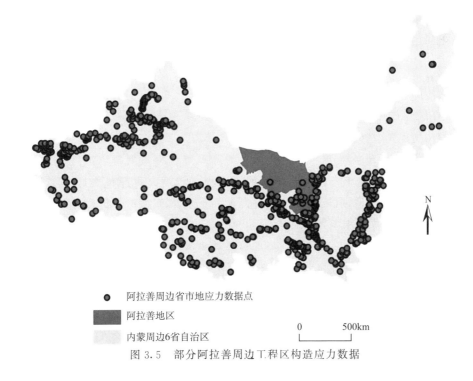

● 阿拉善周边省市地应力数据点

■ 阿拉善地区

　阿拉善周边6省自治区

0　　　500km

图 3.5　部分阿拉善周边工程区构造应力数据

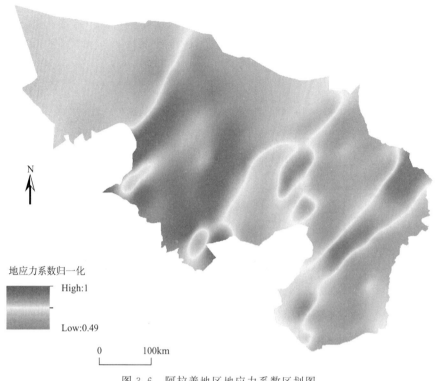

图 3.6　阿拉善地区地应力系数区划图

后，发现所划定的烈度分区过于粗略。2001 年，国家发布《中国地震动参数区划图》，同时建议不再采用地震烈度区划，而采用地震动参数进行相关工作。因此，本书拟采用地震动峰值加速度区划图来考虑地震对区域工程地质稳定性的影响（图 3.7）。所谓地震动峰值加速度，即与地震动加速度反应谱最大值相对应的水平加速度。地震加速度包括以下 6 个档：0.05g、0.10g、0.15g、0.20g、0.30g 和 0.40g。在研究区主要包括 0.05g、0.10g、0.15g、0.20g 4 个档。

5. 地形变因子

大地形变在很大程度上反映了该地区的地壳稳定程度，而近期的 GPS 监测数据和 InSAR 解译数据表明了近期的构造活动水平。鉴于核废料地质处置工程的深埋特点和长期安全性要求，作者采用离散元数值模拟进行了阿拉善地区的应力和变形分析，并结合相应的变形场信息、GPS 监测信息和 InSAR 解译数据进行相应的地形变因子的提取和评价。

"中国地壳运动观测网络"是我国"九五"期间投资建设的一项重大科学工程，其中 GPS 观测由 27 个连续观测的基准站、55 个年复测的基本站和近 1000 个不定期复测的区域站组成。GPS 观测点密度越高越能准确地反映现今地壳运动的总貌和细部特征，但是阿拉善地块周缘 GPS 观测点虽然相对密集，但地块内部的 GPS 观测点却非常少（图 2.22）。因此，只能利用有限的现今地壳运动速度场数据作为离散元数值模拟结果

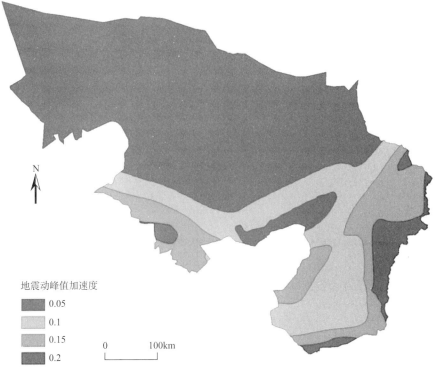

图 3.7　阿拉善地区地震动峰值加速度区划图

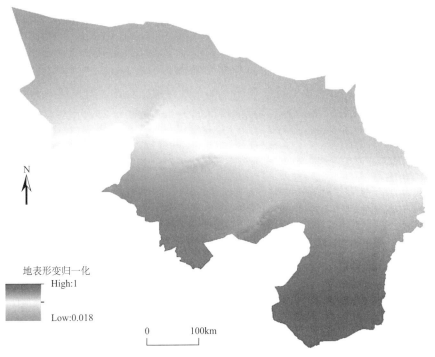

图 3.8　阿拉善地区地应变系数区划图

的校核基础。

阿拉善及邻区离散元数值模拟位移场结果显示（图 2.27），位移大小自南西侧向北西侧逐渐减小，最大为 3.5mm，最小为 0.70mm；位移方向从南西侧的 NE35°左右，向 NW 方向逐渐变化为 NEE 方向，在临河—银川—固原一线，位移方向变化为近 EW 向，整个运动场具有顺时针向东旋转的迹象。上述离散元数值模拟的位移场与前述 GPS 定量观测的变形趋势基本一致。同样采用大地形变的归一化处理（图 3.8），以地应变系数作为后续评价中的指标。

3.3　区域工程地质稳定性评价模型

3.3.1　评价指标

在进行区域工程地质稳定性评价时，需要确定评价因子的表征指标。基于上述评价因子的分析和确定，拟选择岩性分类、断裂线密度、地震动峰值加速度、水平地应力系数和地形变系数等作为评价指标（图 3.9～图 3.13）。

3.3.2　评价指标分级

上述指标具有不同的数据形式和范围，难以直接进行叠加运算。为了在后续分析中对各指标进行叠加分析，需要先对各指标的数值范围按照一定的分级界限进行归类。确定指标级差的方法可分为自定义分级法和模式分级法。

1. 自定义分级

所谓自定义分级，是指根据应用目的来设定各个级别的数值范围，进而实现对一个数据集进行分级的方法。该方法在很大程度上依赖于专家经验，要求专家对数据集比较了解，能够找到合适的分级临界点。本书对非连续量值指标图（即岩性及地震烈度）的分级采用了自定义分级方法，分级及赋值情况如表 3.1、表 3.2 所示。

表 3.1　岩性数据的分级

岩性归类	包含的岩石类型	选址适宜性代表值	备注
岩浆岩	花岗岩、闪长岩、安山岩、辉长岩、辉绿岩、熔岩、凝灰岩等	5	较高的适宜性数值代表该类岩石具有较高的选址适宜性，前人未进行第四纪沉积物下伏地层进行岩性调查（尤其是沙漠区），相应区域当前仅作最低值处理
沉积岩（岩体强度较低）	碎屑岩、泥岩、页岩	4	
变质岩	片麻岩、片岩、板岩等	3	
沉积岩（岩体强度较高）	粉砂岩、砂岩、灰岩、砾岩	2	
第四纪沉积物	冰碛砾石、黄土、砂、砂土、软泥等	1	

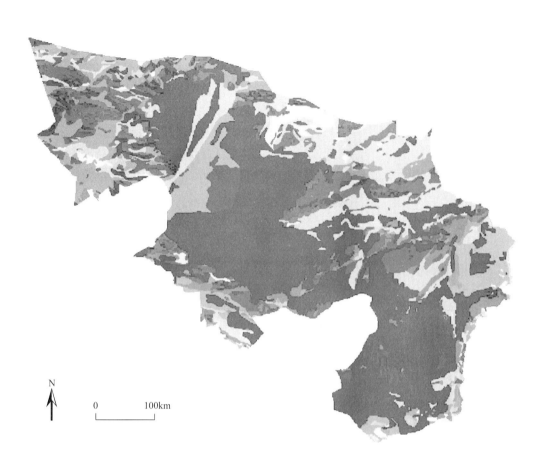

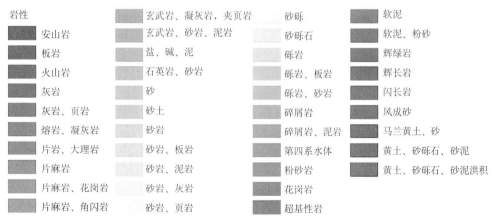

岩性		玄武岩、凝灰岩、夹页岩	砂砾		软泥
	安山岩	玄武岩、砂岩、泥岩	砂砾石		软泥、粉砂
	板岩	盐、碱、泥	砾岩		辉绿岩
	火山岩	石英岩、砂岩	砾岩、板岩		辉长岩
	灰岩	砂	砾岩、砂岩		闪长岩
	灰岩、页岩	砂土	碎屑岩		风成砂
	熔岩、凝灰岩	砂岩	碎屑岩、泥岩		马兰黄土、砂
	片岩、大理岩	砂岩、板岩	第四系水体		黄土、砂砾石、砂泥
	片麻岩	砂岩、泥岩	粉砂岩		黄土、砂砾石、砂泥洪积
	片麻岩、花岗岩	砂岩、灰岩	花岗岩		
	片麻岩、角闪岩	砂岩、页岩	超基性岩		

图 3.9　岩性分类指标图

2. 模式分级

所谓模式分级，是指按固定模式进行分级。其中，固定模式的级差由特定的算法自

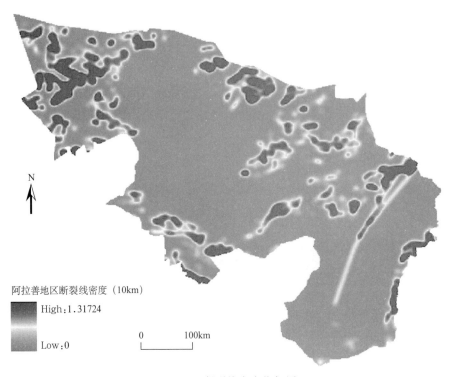

阿拉善地区断裂线密度（10km）

High：1.31724

Low：0

0　　　100km

图 3.10　断裂线密度指标图

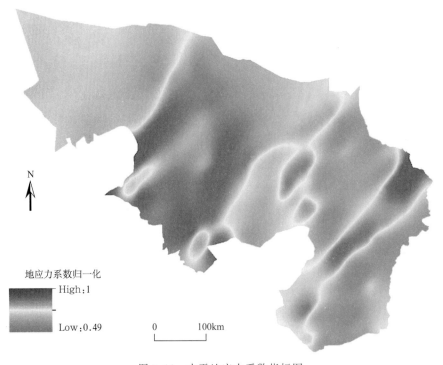

地应力系数归一化

High：1

Low：0.49

0　　　100km

图 3.11　水平地应力系数指标图

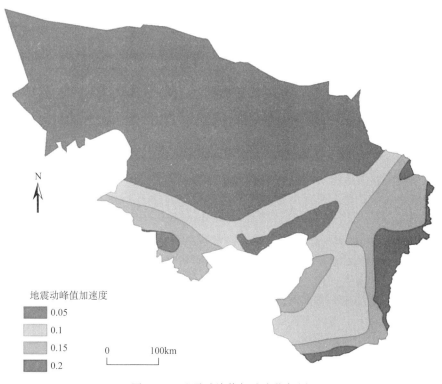

地震动峰值加速度

- 0.05
- 0.1
- 0.15
- 0.2

0　　　100km

图 3.12　地震动峰值加速度指标图

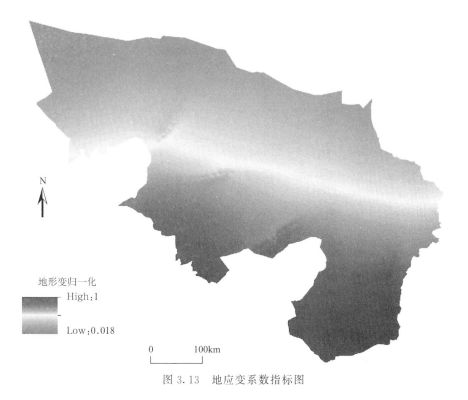

地形变归一化

High：1

Low：0.018

0　　　100km

图 3.13　地应变系数指标图

动设定。模式分级可分为等间距分级、分位数分级、等面积分级、标准差分级、自然裂点法分级等。

表 3.2　阿拉善地区地震动峰值加速度及其分级

名称	量值			
地震动峰值加速度	0.05	0.1	0.15	0.2
选址适宜性代表值	4	3	2	1

除岩性和地震动峰值加速度外，断裂线密度、水平地应力系数、地形变系数等均属于连续量值的定量数据。对于定量数据，ArcGIS 提供了 Equal Interval、Defined Interval、Quantile、Natural Breaks、Geometrical Interval、Standard Deviation 等多种分级方法。其中，Natural Breaks 分级方法是在分级数确定的情况下，通过聚类分析将相似性最大的数据划分为同一级，差异性最大的数据划分为不同级。模式分级方法可以较好地保持数据的统计特性，但分级界限往往具有任意性，不能很好地满足常规制图的需要。因此，作者在对单个因子进行分级时，首先借助 Natural Breaks 进行初步分级，再对分级界限值进行手工微调，以便使分级结果既能较好地保持数据的统计特性，也可满足常规制图的需要（表 3.3）。

表 3.3　连续量值指标的数值及其分级

指标名称	量值					备注
断裂线密度 /(km/km²)	0～0.01	0.01～0.08	0.08～0.17	0.17～0.37	0.37～1.32	计算过程的搜索半径为 10km
水平地应力系数	0～0.55	0.55～0.65	0.65～0.7	0.7～0.75	0.75～1.0	地应力幅值与区内最大值之比
地形变系数	0～0.15	0.15～0.25	0.25～0.50	0.50～0.75	0.75～1.0	地形变幅值与区内最大值之比
选址适宜性代表值	5	4	3	2	1	

注：在计算水平地应力系数和地形变系数时，还可分别参考边界荷载和地形变监测数据。

3.3.3　指标权重

指标权重的确定方法很多，如公式法、数理统计法、专家打分法、层次分析法、相互关系矩阵法、复杂度分析法等。由于地质环境系统的复杂性及模糊性，用精确的数学模型来求取区域评价因素的权值难度很大。在对地质环境系统认识不足时，过分相信确定权重的数学模型往往会导致权值不尽合理。在充分了解地质背景的基础上，专家经验判断有时却更为可靠。

在进行区域工程地质稳定性评价中，可以采用层次分析法进行评价指标权重的确定。层次分析法是美国著名的运筹学专家 Saaty T. L. 于 20 世纪 70 年代提出的，其基本思路是将某一问题的各个影响因素按照支配关系分组，形成有层次的结构，通过两两

比较的方式确定层次中诸要素的相对重要性，然后综合人的判断以决定诸因素相对重要
性的总顺序，并通过计算得到各因素的权重。运用层次分析法计算权重的步骤如下：

（1）建立层次结构。

对评价指标体系进行综合分析，确定各因素之间的关系，根据指标的隶属关系及重
要性级别进行上下分层排列，形成综合评价体系的递阶层次结构。

（2）构造判断矩阵。

判断矩阵元素的值反映了人们对各因素相对重要性的认识，一般采用 1～9 及其倒
数的标度方法，各标度的含义见表 3.4。

表 3.4　判断矩阵所用标度及涵义

标度	程度	说明
1	相同	两者对目标的重要程度相同
3	适度	经验和判断轻微到适度倾向于该因素重要
5	强烈	经验和判断强烈到本质上倾向于该因素重要
7	非常强烈	该因素在活动力上强于被对比因素，而且其优势在实践中已显现
9	极其强烈	具有最为明显的证据表明该因素比另一因素的重要
2，4，6，8	中间值	介于 1，3，5，7，9 判断中选择
倒数	相反	因素 i 与 j 比较得到判断 b_{ij}，则因素 j 与 i 比较得到的判断 $b_{ji}=1/b_{ij}$

（3）计算特征向量和特征根。

求特征向量即找出同一层次中每个元素的重度，可采用方根法或和积法计算。借助
Matlab 的 eig 函数求出比较矩阵的最大特征根 $\lambda_{\max}$ 及其对应的特征向量。

（4）一致性检验。

衡量判断矩阵一致程度的数量指标为一致性指标 CI 和随机一致性比率 CR，分别
可表示为

$$CI=\frac{\lambda_{\max}-n}{n-1} \tag{3.1}$$

$$CR=\frac{CI}{RI} \tag{3.2}$$

式中，$\lambda_{\max}$ 为判断矩阵的最大特征值；n 为评价因子的个数；RI 为判断矩阵的平均随机
一致性指标，可通过表 3.5 来获得。

表 3.5　RI 取值

n	1	2	3	4	5	6	7	8	9	10	11
RI	0	0	0.58	0.9	1.12	1.24	1.32	1.41	1.45	1.49	1.51

若 $CR<0.10$，判断矩阵具有满意的一致性，所获得的权重值比较合理；否则不具
有满意的一致性，应参照比较矩阵一致性调整方法进行修改。

（5）评价因子权重。

基于上述方法，本书分别确定了各因子的权重，具体如表 3.6 所示。

表 3.6　区域工程地质稳定性评价的指标权重

评价指标	岩性	断裂线密度	地震加速度	地应力幅值	地形变幅值
权重	0.4	0.26	0.14	0.12	0.08

3.3.4　评价模型

区域工程地质稳定性评价模型的选择取决于研究目的、研究尺度、已有数据的类型和精度、所采用的分析工具等诸多因素。在区域尺度下，工程地质条件调查程度的不同、精确数据的不完备等因素将会对评价结果带来很大的不确定性。因此，本书在综合考虑各种评价模型优劣的基础上，认为式（3.3）所示的综合指数模型更适合区域尺度下的工程地质稳定性评价。

$$EGSI = \sum_{1}^{5} Weight \times S \qquad (3.3)$$

式中，$EGSI$ 为工程地质稳定性综合指数；$Weight$ 为因子权重；S 为指标某级别的分值。

基于式（3.3）所示的评价模型，区域工程地质稳定性的评价过程为：首先，确定工程地质稳定性评价因子及指标，建立各指标的分级图；其次，利用层次分析法和专家经验来确定工程地质稳定性评价指标的权重；然后，借助 ArcGIS 平台，对各评价指标分级图进行加权叠加，获得区域工程地质稳定性分布图；最后，利用 ArcGIS 的 Natural breaks 分级法来获得评价结果分级图。

3.4　区域工程地质稳定性评价及选址适宜性分区

3.4.1　区域工程地质稳定性与选址适宜性

从阿拉善区域选出适宜的备选场址区段是本书的重要任务之一，所以最终的分区评价结果将以不同的适宜性级别来体现。利用第 3.3 节中的评价因子、指标、模型和步骤，对阿拉善区域工程地质稳定性进行了评价。最终的评价结果分为 5 级，其中稳定性好区（最高级别为 5 级）为选址最适宜性区，稳定性差区（最低级别为 1 级）为选址最不适宜区，而 4 级、3 级和 2 级分别对应于较适宜区、中等适宜区和较不适宜区。

3.4.2　单因素评价及选址适宜性分区

单因素评价及分区是在考虑单一指标分级图基础上进行的工程地质稳定性分析，有助于认识单一因子对工程地质稳定性的影响规律。根据各主要指标的分级图，分别进行了单因素的工程地质稳定性分区。由于难以获得沙漠区下伏的岩性和断裂构造信息，本次评价基本避开了沙漠区。

从岩性单因素分区结果来看（图 3.14），沙漠区处于了最不宜选址的红色区，花岗岩等岩浆岩区则属于工程适宜的选址区（绿色区）。为了充分考虑断裂影响带及其伴生的构造裂隙，生成断裂线密度分布图过程中，不仅考虑了单一断裂，而且搜索了周边 10km 范围内的其他断裂。从断裂线密度单因素分区图来看（图 3.15），高值线密度区（级别 1 区）属于工程不适宜区。图 3.16 是根据水平地应力的分区结果，高水平应力不利于地下洞室的开挖和长期稳定性。因此，计算得到的高应力区（级别 1 区）不适宜作为选址区。图 3.17 为不同地震峰值加速度下的分区结果，其值越高越不利于岩体的稳定，因此高值区（级别 1 区）不适宜作为优先选址区。图 3.18 显示地形变作用下的选址适宜性分区结果，其值越大表明地壳稳定性越差，越不利于作为场址区。

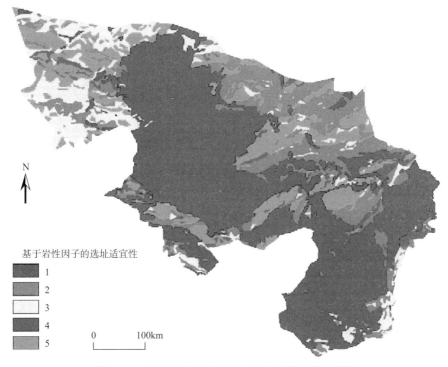

图 3.14　基于岩性单因素的工程地质稳定性分区图

3.4.3　多因素评价及选址适宜性分区

基于上述综合评价方法和式（3.3），可以得到多个因素作用下的工程地质适宜性评价结果（图 3.19），其中的绿色地带（4 级区和 5 级区）可考虑作为场址适宜区。

从上述分区结果可以看出，塔木素和诺日公区段有较大范围 5 级和 4 级适宜区，在阿拉善地区属于适宜性很好的两个区段。对于两个已开展钻探工作的备选场址来说（图 4.6），诺日公场址（适宜性为 5 级，临近 4 级区）适宜性比塔木素场址（适宜性为 3 级）级别高。需要注意的是，诺日公场址周边的不适宜选址区（1 级区）范围较大，而塔木素场址周边的不适宜选址区（1 级区）范围较小，其适宜性选址的 4 级区和 5 级区范围较大。

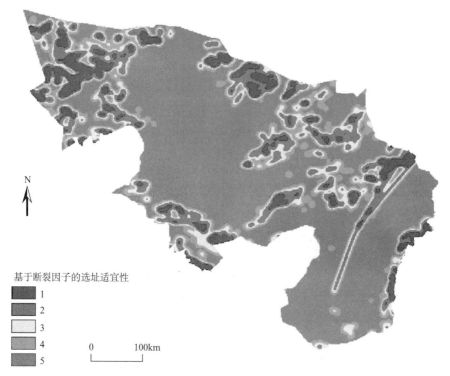

图 3.15　基于断裂线密度单因素的工程地质稳定性分区图

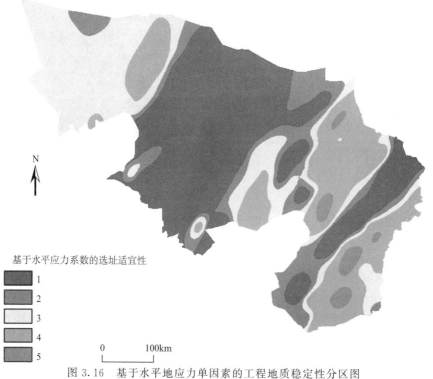

图 3.16　基于水平地应力单因素的工程地质稳定性分区图

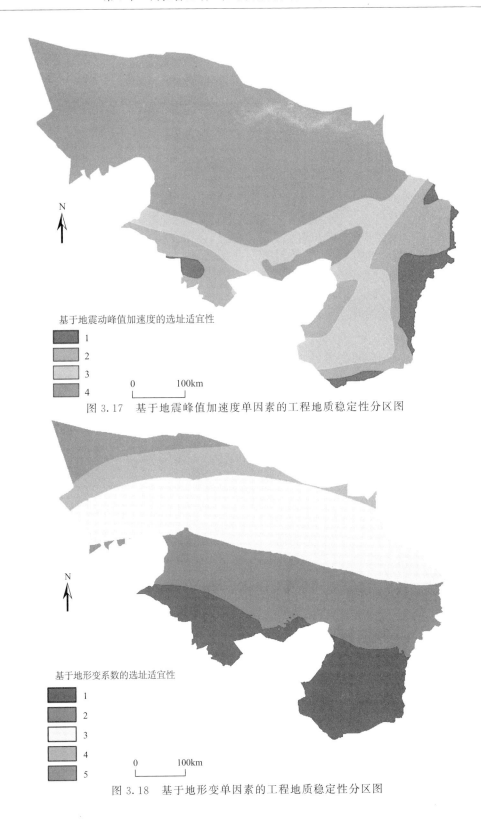

基于地震动峰值加速度的选址适宜性

1
2
3
4

0　　　　100km

图 3.17　基于地震峰值加速度单因素的工程地质稳定性分区图

基于地形变系数的选址适宜性

1
2
3
4
5

0　　　　100km

图 3.18　基于地形变单因素的工程地质稳定性分区图

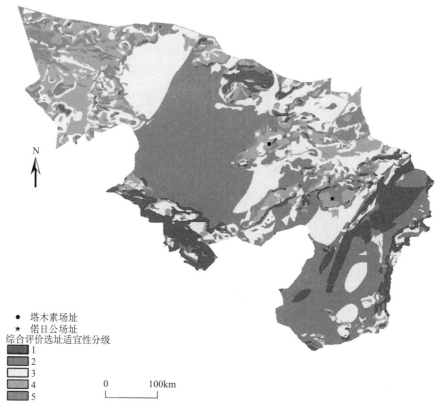

● 塔木素场址
★ 偌日公场址
综合评价选址适宜性分级
　■ 1
　■ 2
　□ 3
　■ 4
　■ 5

0　　　　100km

图 3.19　基于多因素综合作用的阿拉善工程地质稳定性分区

3.5　小结与建议

3.5.1　小结

系统搜集阿拉善及邻区的区域地质、地球物理、内外动力灾害等资料的基础上，结合野外调查和区域地壳稳定性分析，综合确定了阿拉善区域工程地质稳定性评价因子、指标和模型。基于 GIS 平台，进行了区域工程地质稳定性评价和核废料选址适宜性分区，为我国高放废物地质处置库场址比选提供了初步依据。主要认识如下：

（1）区域工程地质稳定性研究与区域地壳稳定性研究密切相关，又有所不同。作为工程建设的环境因素，本项研究主要侧重于工程与地质环境之间的相互作用以及地质环境变化对工程安全的影响，同时在工程稳定评价过程中还需要考虑工程岩体质量、开挖响应等。

（2）由于核废料选址特殊的目的和要求，使得针对核废料选址的区域工程地质稳定性评价因子比选不同于地表区域工程地质稳定性评价因子的比选（例如，前者不考虑地形地貌、降雨等因素）。通过比选确定了岩性、断裂构造、地震、构造应力、地形变等作为阿拉善地区区域工程地质稳定性评价的因子。

（3）区域工程地质稳定性评价模型的选择取决于研究目的、研究尺度、已有数据的类型和精度、所采用的分析工具等诸多因素。在区域尺度下，工程地质条件调查程度的不同、精确数据的不完备等因素将会对评价结果带来很大的不确定性。因此，在综合考虑各种评价模型优劣的基础上，提出了适用于本项研究的综合指数模型。

（4）区域尺度工作地质稳定性受多个因素的影响，要进行合理的选址，需要综合考虑多个因素的相互作用。基于模型评价和分区结果，认为分区评价图中的 4 级区和 5 级区可考虑作为适宜性选址区，其中的塔木素和诺日公区段是适宜性良好的两个区段。对于已开展钻探工作的具体场址部位来说，诺日公场址（适宜性为 5 级，临近 4 级区）适宜性比塔木素场址（适宜性为 3 级）级别高。需要注意的是，诺日公场址周边的不适宜选址区（1 级区）范围较大，而塔木素场址周边的不适宜选址区（1 级区）范围较小，其适宜性选址的 4 级区和 5 级区范围较大。

3.5.2　建议

在开展阿拉善区域工程地质稳定性评价中，由于阿拉善地区地质研究程度的限制、目前所获取数据资料精度的限制以及研究者认识的不足，只是开展了比较粗略的工作。建议在后续研究中，重点开展以下工作：

（1）由于掌握资料、数据更新等方面的限制，如 1∶20 万和 1∶50 万地质图中断裂分布数据的精准性和翔实性存在不确定因素，地震峰值加速度数据未进行实时更新等，导致评价指标和评价结果中存在一定的不确定性。在进行数据更新获得精准数据的情况下，可以实施分区和适宜性的更精细评价。

（2）由于阿拉善及邻区评估范围太大，内部各种不同类型断裂较多，在印度板块向青藏块体持续碰撞挤压条件下，光弹物理模拟和初步的数值模拟很难获得与实际相符的阿拉善边界和内部变形特征，建议充分利用计算机模拟技术，结合可能的 GPS 位移数据，开展边界条件和参数条件更为准确合理情况下的大型数值模拟，获得现今阿拉善的构造应力场和大地变形特征。

（3）由于 1∶20 万和 1∶50 万断裂数据原始数据中，未对断裂的规模、性质和活动性等进行定义，在本次评价中未考虑不同规模和活动性断裂对区域工程地质稳定性评价的影响，这将对评价结果产生一定影响。在后续选址判断中，应充分结合区域地壳活动性和构造分析等其他课题的研究成果，综合确定适宜性选址区。

参 考 文 献

蔡鹤生，周爱国.1998.地质环境质量评价中的专家——层次分析定权法.中国地质大学学报，地球科学，23（3）：299～302

柴建峰，朱时杰，伍法权等.2005.区域地壳稳定性研究现状与趋势.工程地质学报，12（4）：401～407

陈伟明，王驹.2000.甘肃北山及其邻区地壳稳定性模糊综合评价.铀矿地质，16（3）：157～163

杜冬菊.1994.中国区域稳定工程地质学产生与发展.工程地质学报，2（3）：21～26

冯希杰，刘玉海，张骏.1986.区域稳定性评价定量化与模糊评判.地球科学与环境学报，04：89～95

高阳.2011.MapGIS 在东天山高放废物地质处置库选址中的应用.世界核地质科学，28（1）：42～44

谷德振.1979.岩体工程地质力学基础.北京：科学出版社

胡海涛，殷跃平. 1996. 区域地壳稳定性评价"安全岛"理论及方法. 地学前缘，3（1）：57～68

井文君，杨春和，李银平等. 2012. 基于层次分析法的盐穴储气库选址评价方法研究. 岩土力学，33（9）：2683～2690

李萍，相建华. 2004. 基于 GIS 的中国区域地壳稳定性评价. 吉林大学学报，地球科学版，34（B10）：113～117

李兴唐等. 1987. 区域地壳稳定性研究理论与方法. 北京：地质出版社

刘传正. 1997. 区域地壳稳定性评价和核电站选址核废料处置的工程地质及环境地质. 水文地质工程地质，24（2）：32～34

刘国昌. 1965. 中国区域工程地质学. 北京：中国工业出版社

刘政荣. 2005. PPGIS 及其在加拿大安大略省核废料处理选址项目中的应用. 武汉大学学报（信息科学版），01：82～87

罗国煜，刘松玉等. 1992. 区域稳定性优势面分析理论与方法. 岩土工程学报，14（6）：10～18

年廷凯，郑德凤，栾茂田. 2004. 城市固体废弃物卫生填埋场选址评价的模糊集方法. 岩土力学，25（4）：574～578

聂洪峰，祁生文，孙进忠等. 2002. 重庆市区域稳定性层次分析模糊综合评价. 工程地质学报，10（4）：408～414

苏锐，程琦等. 2011. 我国高放废物地质处置库场址筛选总体技术思路探讨. 世界核地质科学，01：45～51

谭成轩，孙叶等. 2009. "7.12"汶川 M_S8.0 大地震后关于我国区域地壳稳定性评价的思考. 地质力学学报，15（2）：142～149

王驹，陈伟明，苏锐等. 2006. 高放废物地质处置及其若干关键科学问题. 岩石力学与工程学报，25（4）：801～812

吴树仁，孙叶. 1995. 我国区域地壳稳定性研究的新进展. 地质力学学报，1（1）：31～37

谢富仁，舒塞兵，窦素芹等. 2000. 海原、六盘山断裂带至银川断陷第四纪构造应力场分析，22（2）：139～146

徐国庆，金远新，陈伟明等. 1999. 我国高放废物处置库甘肃北山预选区地壳稳定性研究. 原子能出版社

薛宏运，鄢家全. 1984. 鄂尔多斯地块周围的现代地壳应力场. 地球物理学报，27（2）：144～152

姚鑫. 2014. 区域地壳稳定性评价研究进展与问题，兼谈规范编制. 地质论评，60（1）：22～30

张吉军. 2000. 模糊层次分析法（FAHP）. 模糊系统与数学，02：80～88

Basnet B B, Apan A A, Raine S R. 2001. Selecting suitable sites for animal waste application using a raster GIS. Environmental Management, 28（04）：519～531

Chilès J P. 1988. Fractal and geostatistical methods for modeling of a fracture network. Mathematical Geology, 20（6）：631～654

Ekmekçioĝlu M, Kaya T, Kahraman C. 2010. Fuzzy multicriteria disposal method and site selection for municipal solid waste. Waste Management, 30（8）：1729～1736

Gorsevski P V, Donevska K R, Mitrovski C D, et al. 2012. Integrating multi-criteria evaluation techniques with geographic information systems for landfill site selection: a case study using ordered weighted average. Waste Management, 32（2）：287～296

Hakan E, Fikri B, Mehmet B. 2013. Landfill site requirements on the rock environment: A case study. Engineering Geology. 154（28）：20～37

Mandelbort B B. 1982. The fractal geometry of nature. NewYork: W H Feemanm

Nanjo K，Nagahama H. 2004. Fractal properties of spatial distributions of aftershocks and active faults. Chaos，Solitons& Fractals，19（2）：387~397

Nazari A，Salarirad M M，Bazzazi A A. 2012. Landfill site selection by decision-making tools based on fuzzy multi-attribute decision making method. Environmental Earth Sciences，65（6）：1631~1642

Sarp G. 2014. Evolution of neotectonic activity of East Anatolian Fault System（EAFS）in Bingöl pull-apart basin，based on fractal dimension and morphometric indices . Journal of Asian Earth Sciences，88：168~177

SumathiV R，Natesan U，Sarker C. 2008. GIS-based approach for optimized siting of municipal solid waste landfill. Waste Management，28（11）：2146~2160

Şener Ş，Sener E，Karagüzel R. 2011. Solid waste disposal site selection with GIS and AHP methodology：a case study in Senirkent-Uluborlu（Isparta）Basin，Turkey. Environmental Monitoring and Assessment，173（1-4）：533~554

第4章 场址区地表变形 ASAR（ERS）干涉雷达（InSAR）数据解译分析

4.1 研究概况

"地表变形 ASAR（ERS）干涉雷达（InSAR）数据解译分析"为某工程场址比选构造稳定性论证工作的一部分，采用 1991～2010 年某时间段多景历史存档的 ASAR（ERS）数据，通过 InSAR 计算处理，获取比选场址区域在该期间发生的微小地表变形，结合地层岩性、活动断裂、地震、GPS 监测资料分析构造稳定性，为工程场址比选论证提供地质信息支撑。

4.1.1 InSAR 观测研究的优势

采用 InSAR 研究场址区域构造稳定性的优势如下：

（1）以历史存档卫星 SAR 数据为分析数据源，可以追索历史变形，弥补历史监测数据空白或缺失的情况，及时满足获取长期变形的需求。

（2）观测精度高，相对变形速率精度可达毫米每年，满足构造稳定性分析需求。

（3）覆盖范围广，一景 SAR 数据面积可达 $3600km^2$ 以上。

（4）获取变形监测值密度大（大于 3 个/km^2）。

（5）适宜在交通不便、环境恶劣地区开展工作，弥补地面工作不足。

4.1.2 工作区范围

工作区位于我国内蒙古自治区阿拉善地区的戈壁荒漠地区，距离银川市 NW 向约 300～400km，有两个比选工作场址区，分别位于塔木素乡附近（简称场址一），和巴音诺日公镇附近（简称场址二），目前相关地质工作，如区域地质调查、钻探等工作已经实施，InSAR 观测范围覆盖钻孔位置，并兼顾活动构造和地表覆盖物类型确定，特别考虑了与前期 PALSAR 降轨观测数据配合，每个区域面积约 $10000km^2$，具体范围信息如图 4.1 所示。

4.2 地质背景

4.2.1 地形地貌与地表覆盖物

工作区范围内地貌以低山丘陵、戈壁、沙丘为主，在局部发育季节性河流、湖泊，部分湖泊退化为季节性湖或干涸湖盆。场址一地表以西北部的沙丘、中部的裸露基岩丘陵、中南和南部的戈壁荒漠、南部的沙丘为主，地表水系和地下浅层水相对于场址二弱

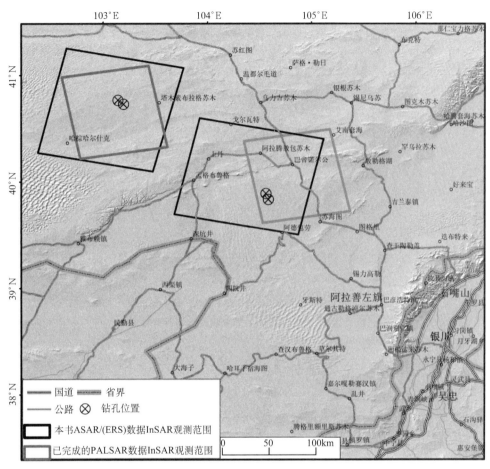

图 4.1　工作区位置

发育。场址二的 InSAR 覆盖范围总体以裸露基岩的低山和缓丘为主，约占 70％面积，在横亘中部的雅布赖断裂南侧、西北部和图幅南部边缘发育戈壁沙漠（图 4.2、图 4.3）。

4.2.2　区域地层岩性

InSAR 覆盖区的基岩以晚古生代—三叠纪的侵入岩，侏罗系、白垩系的沉积岩为主，兼有少量的早古生界变质岩。松散覆盖物地层岩性主要为第四系的戈壁、沙丘，在地势低洼和断裂带附近发育少量季节性河流和湖泊。侵入岩区因相对抗风化能力强，所以残余地势高、沙砾覆盖少、不生植被，成为稳定的 SAR 信息反射区，利于干涉测量（图 4.4）。

4.2.3　主要断层和地震

断层空间展布控制了工作区主要地貌格局和地层岩性展布。根据构造地貌特征、已

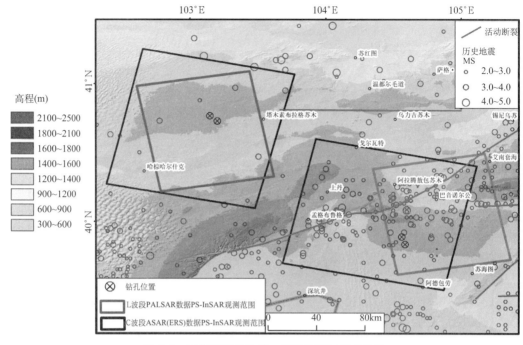

图 4.2 工作区构造地貌、活动断裂与历史地震

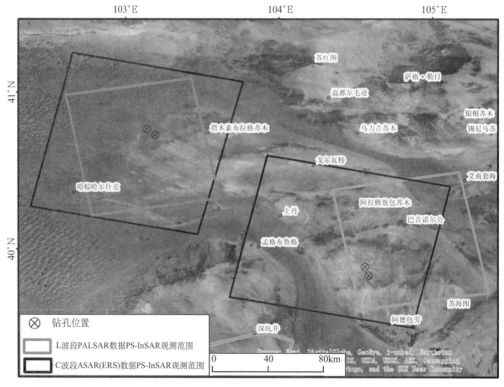

图 4.3 工作区光学遥感影像

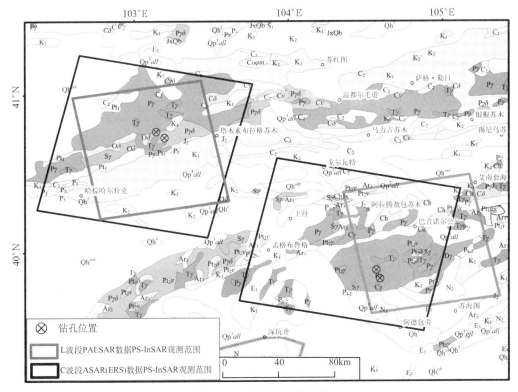

图 4.4　工作区地层岩性图

有的活动断裂调查成果和历史地震记录分析，场址一数据覆盖范围内存在活动性断裂的可能性较小，但不排除北部侵入岩与南部沉积岩交界带附近存在活动断层的可能。场址二附近发育中更新世活动断裂——雅布赖山正断层，NEE-SWW 走向，SE 倾向，60°倾角，该断裂带附近是小震、微震的多发区，据中国地震台网记录 1970～2008 年，SAR数据覆盖范围内共发生 2.0～4.0 级地震 52 次。此外，根据地层展布和地貌分析，在场址二工作区中部可能存在一条 NW-SE 走向断层，在南部边缘存在 NEE 走向的断层（图 4.2～图 4.4）。

4.2.4　人类生产生活情况

　　场址一区域地处偏远，交通不便，地下水资源匮乏，矿产资源开发程度低，人类活动性弱。场址二区域人类活动较活跃，有多条公路、高压电力线路和通讯线路敷设，巴音诺日公镇是区内最主要居民聚居区，是重要的交通、电力和通讯枢纽。工作区内沿水系和地下水丰富地区有农牧活动，主要分布在雅布赖山断裂附近、巴音诺日公镇西北侧沙漠边缘和南部花岗岩体边缘；采掘侵入岩体石材是当地一项重要的生产活动，有几十至上百家采场分布在中部二叠系花岗岩区；巴音诺日公镇西部约 15km 的石炭系砂岩地层的断裂带附近中分布有几十家有色金属露天矿。

4.3　InSAR 原理及在活动构造研究中的应用

4.3.1　两轨雷达数据差分干涉测量（D-InSAR）原理

　　InSAR 指利用同一地区获取的 SAR 数据中的相位信息进行干涉处理，根据雷达参数反演地形及地表形变信息的空间大地测量技术。InSAR 至少需要对同一区域进行两次重复的雷达数据获取以获取变形信息，称为 D-InSAR（Differential Interferomatic Synthetic Appurture Radar），如图 4.5 所示，雷达传感器的回波信号携带了地物后向散射体的相位和强度信息，计算同一区域不同时间获取的两景（或两景以上）单视复数雷达影像（φ_m，φ_s）的相位差生成干涉图 φ_{int}，该干涉图中既包含了两次成像期间地表相对运动的相位信息（φ_{def}），也含有成像区域的地形信息（φ_{topo}）、观测向斜距信息（φ_{flat}），还有地形误差（$\Delta\varphi_{dem}$）、传感器轨道误差（$\Delta\varphi_{orbit}$）、大气效应误差（$\Delta\varphi_{atmos}$）和其他随机误差（$\Delta\varphi_{noise}$）值，公式表示为

$$\varphi_{int} = \varphi_m - \varphi_s = \varphi_{def} + \varphi_{topo} + \varphi_{flat} + \Delta\varphi_{dem} + \Delta\varphi_{atm} + \Delta\varphi_{orbit} + \Delta\varphi_{noise} \qquad (4.1)$$

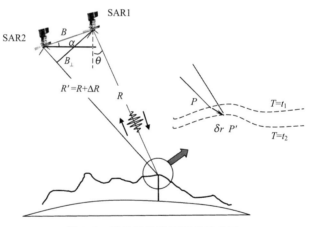

图 4.5　干涉雷达测量原理示意图

　　差分干涉的基本任务就是从干涉图中提取有用的 φ_{def} 信息，式（4.1）中的地形相位 φ_{topo} 可以采用数字高程模型或多轨观测方法去除，观测向斜距 φ_{flat} 属于系统观测常量，通过卫星姿态参数校正去除，其他相位误差信息是影响 D-InSAR 测量精度的重要原因，需要采用一定的方法去除。处理后的地形变干涉相位信息（φ_{def}）与沿传感器视线向（Line of Sight，LOS）地表变形 ΔR 的关系为

$$\varphi_{def} = \frac{4\pi}{\lambda}\Delta R \qquad (4.2)$$

式中，λ 为雷达波波长；ΔR 是雷达视线向变形量。利用两轨或三轨的 D-InSAR 测量在同震地表变形、采空区塌陷、冰川流动等大变形地质过程中形取得了瞩目的成绩，但数字高程模型（Digital Elevation Model，DEM）误差（$\Delta\varphi_{dem}$）、大气误差（$\Delta\varphi_{atm}$）、轨道误差（$\Delta\varphi_{orbit}$）和噪音（$\Delta\varphi_{noise}$）极大影响了精度，D-InSAR 测量精度一般只能达到分

米级，地物变化造成的雷达相位失相干甚至导致干涉无法进行。

4.3.2　多时相雷达数据差分干涉测量原理

为了提高精度，前人提出多种改进技术，利用对一个地区重复拍摄的多时相 SAR 数据进行 PS-InSAR 测量、小基线集干涉测量（Small Baseline Subset InSAR，SBAS-InSAR）是其中两种最成功的方法，测量变形精度最高可达毫米级，一般条件下也可以达到厘米级。相干永久目标分析干涉测量（Interferometic Persistent Target Analysis InSAR，IPTA-InSAR）吸收了二者的优点，更加拓展了 InSAR 的适用性。

1. PS-InSAR 技术

PS-InSAR 指在一定时间间隔内保持稳定后向散射特性的雷达目标，即在干涉图上表现为相干性良好的像元，即 PS 点。利用长时间序列 SAR 影像集进行时序形变量分析，以提取 PS 点形变信息的 InSAR 分析技术（Ferretti *et al.*，2000）。

PS-InSAR 技术不追求整幅影像的干涉质量，而是通过 SAR 图像中后向散射特性稳定的高相干 PS 点来计算变形量。该算法在处理时首先从 $N+1$ 幅 SAR 时间序列图像中选取一幅作为公共主图像，其余的作为副图像；将副图像分别和主图像配准、重采样、干涉形成 N 幅干涉图，并利用已知的 DEM 和 N 幅干涉图进行差分处理；然后同时结合幅度和相位信息设定阈值选择 PS 点，并将这些点单独提取出来进行相位分析。PS-InSAR 处理方法采用多种技术消除误差影响：①利用多组干涉像对基线长度与 DEM 高程间的关系去除 DEM 误差；②根据干涉相位分量在空域和时域的频谱特性（表 4.1），通过方向性滤波、高低通滤波及其组合滤波去除轨道误差、大气误差和热噪音。PS-InSAR 监测的高精度变形结果在地表沉降、断裂活动、火山观测、滑坡蠕变等多个领域已有成功的研究性应用，证明其实用可信。

表 4.1　PS 点相位特征

符号	相位含义	空域特征	时域特征
φ_{defo}	形变	低频	低频
$\Delta\varphi_{\varepsilon}$	DEM 残差	高频	与基线相关
$\Delta\varphi_{atm}$	大气影响	低频	高频
$\Delta\varphi_{orbit}$	轨道误差	低频	高频
$\Delta\varphi_{noise}$	热噪音	高频	高频

2. SBAS-InSAR

SBAS-InSAR 技术（Berardino *et al.*，2002）利用时间和空间基线均小于给定阈值的干涉像对构成多个差分干涉图集，对多空间上邻近的多个象元取平均值，加强干涉稳定性，从而实现对相干像元的差分相位序列进行时序分析，获取形变量序列。算法的相位定义为

$$\Delta\varphi\,(x,\ r) \approx 4\pi/\lambda \times \Delta d\,(x,\ r) + 4\pi/\lambda \times B_{\perp}\,/(r\sin\theta)$$
$$\times \Delta z(x,\ r) + \Delta\varphi_{atm}(x,\ r) + \Delta\varphi_n(x,\ r) \tag{4.3}$$

式中，x 和 r 为像元坐标；λ 为雷达波长；Δd 为雷达视线方向地表形变；$B_{\perp}$ 为垂直基线；θ 为 SAR 视角；Δz 为地形残差；$\Delta\varphi_{atm}$ 为大气延迟相位；$\Delta\varphi_n$ 为其他噪声相位。显然，SBAS-InSAR 算法将差分干涉相位分为地表形变相位、地形残差相位、大气延迟相位以及其他噪声相位 4 个部分。

SBAS-InSAR 算法由于在 SAR 数据自由组合干涉时限制了时间基线和空间基线，保证了每幅干涉图的高相干性，又利用奇异值分解（SVD）的方法将多个干涉图子集联合进行最小二乘求解，增加了时间采样；SBAS-InSAR 算法将外部 DEM 误差产生的相位分离出来，降低了使用外部 DEM 所引入的误差；充分考虑到大气延迟相位对形变结果的影响，SBAS-InSAR 法通过时空域滤波的方法削弱了大气延迟相位。相对于 PS-InSAR 技术，小基线集技术更充分地利用了数据源，获取到的形变序列在空间上更为连续。

3. IPTA-InSAR

Werner 等（2003）和 Wegmüller（2004）吸收了 PS-InSAR 永久散射点和 SBAS-InSAR 小基线的优点，模糊了 PS-InSAR 与 SBAS-InSAR 的界线，建立了相干永久目标点分析干涉测量方法。其基本思路是从多景 SAR 数据中提取稳定的 PS 点，将这些点建立适合的时空基线数据集，进行多组数据的点干涉，利用相位与时间和地形的几何和物理相关性，分离每个点的轨道误差、地形误差、大气误差和变形速率，通过 SVD 将这些误差和速率再转换为单一参考景为基准的 PS 点干涉，求取按时间序列的变形和各种误差，即保障了长时间序列观测目标的相干性，也充分利用了数据集形成多组干涉。其通过分块解缠、多视线解缠、快速滤波、速率的时间相关性阈值、稳定点纠正轨道误差、大小点集在不同应用阶段自适应点稀疏、时空频域差分离大气变形与非线性变形等技术使干涉测量成功率、成果精度和计算效率都得到大幅提升，有效增强了 InSAR 技术的适用性。

以上 3 种 InSAR 技术方法在地表沉降、断裂活动、火山、斜坡地质灾害观测等多个领域已有研究性应用，结果证明其实用可信，主流的 InSAR 软件，如 Gamma、StaMPS、SARscape 等，也包含了相关的技术方法。但由于 InSAR 观测的复杂性，在实际应用上还需要一定的处理经验，结合工作区条件和数据进行一些实验摸索才能取得良好的效果。

4.3.3　构造运动 InSAR 观测研究进展

D-InSAR 技术始于对地质体变形问题的研究。1988 年，Gabriel 等（1989）利用 Seasat 卫星提供的 3 次观察数据进行了实验，产生了差分干涉图，图上清楚的显示了由于岩土体吸水膨胀后引起的相位变化。该方法理论上可检测到微波波长量级（即厘米量级）的变化，但当时并没有受到重视。直到 1993 年 Massonnet 等利用 ERS-1 SAR 数据获取了 1992 年的 Landers 地震的形变场，并将 D-InSAR 的测量结果与其他类型的测量数据进行了比较，结果相当的吻合，并将其研究成果发表在《Nature》杂志上，自此引起了国际地震界的震惊（Massonnet et al.，1993）。人们也开始认识到 D-InSAR 在监测地表形变方面的优势，世界各国都开始了这方面的研究。与本书相关的进展情况主要体现在以下 4 个方面：

（1）监测地震同震形变，以此为基础进行发震断裂的空间展布与位错分析。

国内外学者已应用差分干涉测量技术对 1992 年 Landers 地震（Massonnet et al.，1993）、1995 年希腊 Grevena 地震（Meyer et al.，1996）、1999 年土耳其地震（Michel and Avouac，2002）、1997 年西藏玛尼地震（Peltzer et al.，1999；单新建等，2002）、1998 年张北地震（王超等，2000）、2001 年昆仑山口西 8.1 级地震（单新建等，2001；马超，2005）进行了同震形变研究，获取了地表破裂带空间分布特征及破裂长度、断层分段及各段形变差异等重要断层活动参数。

（2）定位发震断层，探测隐伏活动断裂。

对于没有地表破裂的地震，其震源和发震断层的参数不易精确确定，通过分析 D-InSAR 变形场和采用数值反演，可以精确定位震源，揭示隐伏发震断层。意大利学者通过 D-InSAR 技术探测出 2003 年 12 月 26 日的伊朗 Bam M_w6.5 地震是由一条未知隐伏断裂诱发的，而非震源机制解给出的邻近 Bam 断裂（Stramondo et al.，2005）。台湾 1996 年 Chi-Chi 地震的 D-InSAR 同震形变场显示出了震源附近的隐伏断层和老断层复活的迹象（Pathier et al.，2003）。Gareth 等（2005）学者通过分析 1998 年的玻利维亚 Aiquile M_w6.6 地震的同震变形场，确定了该次地震的最大地表变形带，以此为约束条件采用弹性位错模型反演出发震的断层的参数，结果表明该地震是由一条未知的隐伏断层走滑引发。

（3）采用多期 D-InSAR 进行活动异常区监测，分析地下动力过程。

2001 年 4 月美国西海岸喀斯喀特山脉的"三姊妹"火山的微小地形变是由 D-InSAR 首先探测到，随后的 GPS 观测与微重力测量、水准测量等也验证了该地区岩浆活动趋于剧烈，有孕育火山活动和地震的可能，2004 年的微震群也验证了前期的 D-InSAR 监测结果的准确性，体现了 D-InSAR 对大范围的地质体活动异常进行快速监测的能力（Dzurisin，2006）。Baer 等（2008）采用多期 D-InSAR 数据监测到东非大裂谷 Gelai 地区内动力诱发的地应变，解释了该地区岩浆房压力增加—岩墙侧向侵入地壳（频繁地震）—地表断层破裂（并诱发新断层）—火山喷发的这一地质动力过程。

（4）采用 D-InSAR 技术反演构造应力场和岩体力学参数的探索。

随着 D-InSAR 应用的深入，一些学者开始探索其在构造应力研究中的作用。陶玮等（2007）利用 2001 年 M_w7.8 可可西里强震 D-InSAR 同震测量结果结合数值模拟分析，得出青藏高原北部东昆仑断裂两侧弹性介质性质存在明显差异，与前人利用地震层析成像和大地电磁测深等手段推断的结论一致。陈祖安等（2008）将 D-InSAR 监测的地表形变场作为数值模拟的检验标准，为反演 1997 年玛尼地震的动力过程提供了变形约束。针对冰岛 2000 年的两次 6.5 级地震，一些学者基于 D-InSAR 观测值开展了地震与构造应力场关系的探索。Jónsson 等（2003）通过 D-InSAR 监测的地表变形分析冰岛

2000 年 6.5 级地震诱发的孔隙水压力的变化，发现在余震发生深度存在较长时间的孔隙压力瞬态变化控制着震后几个月的地表弹性回调过程。Dubois 等（2008）通过震前、震中及震后的一系列 GPS、InSAR 观测辅助弹性有限元数值模拟，分析了冰岛 2000 年 6 月 17 日与 21 日两次 $6.5M_w$ 地震的构造应力积累、迁移与释放过程，解释两次大地震相互影响关系及余震的发展趋势。Pedersen 等（2003）基于 D-InSAR 地形变反演的构造应力趋势与余震的分布具有高度吻合，根据空间形变计算得到的能量积累相当于该地区过去几个世纪的地块构造应力积累量，但仅是至 1912 年大地震以来的一小部分，预示着该地在近十几到几十年仍然是潜在不稳定区。

4.4 InSAR 数据与处理过程

4.4.1 数据选取

进行 D-InSAR 数据处理的 SAR 影像，应满足一些基本要求，这包括：

（1）SAR 数据选取的时间和空间范围，应略大于任务要求的时间与空间范围；

（2）SAR 数据成像模式、极化方式和视角均应相同；

（3）L 波段数据空间基线宜小于 2000m；C 波段宜小于 500m；X 波段宜小于 300m；

（4）时间基线不宜超过 3 年；

（5）顺轨数据如果按照单幅定制，相邻两景影像应有超过 15% 的重叠度；

（6）跨轨数据，相邻两景影像间应有超过 15% 的重叠度；

（7）顺轨方向超过两个标准景 SAR 数据覆盖范围时，宜选择长条带数据；

（8）目前可用于 InSAR 研究，具有较长时间存档数据的雷达卫星资源如表 4.2 所示。

表 4.2 目前可使用的星载 SAR 数据

星载 SAR 系统	ERS-1/2	JERS-1	RADARSAT-1/2	ENVISAT - ASAR	ALOS-PALSAR	TerraSAR-X/TanDEM-X	COSMO-SkyMed
所属国家、机构	欧洲太空局	日本	加拿大	欧洲太空局	日本	德国	意大利
运行时间/年	1991～2000，1995～2012	1992～1998	1995～，2007～	2002～2012	2006～2011	2007～	2007～
轨道高度/km	790	568	790	800	691	514	620
波段/cm	C (5.6)	L (23.5)	C (5.6)	C (5.6)	L (23.5)	X (3.1)	X (3.1)
极化方式	VV	HH	全极化	HH/VV	全极化	全极化	HH/VV
侧视角/(°)	23	35	23～65	15～45	8～50.8	20～55	19.7～45.5
轨道倾角/(°)	98.49	98.16	98.6	98.55	98.16	97.44	97.86
重复周期/天	35	44	24	35	46	11	16

续表

星载 SAR 系统	ERS-1/2	JERS-1	RADARSAT-1/2	ENVISAT-ASAR	ALOS-PALSAR	TerraSAR-X/TanDEM-X	COSMO-SkyMed
像元大小/m	25	25	3~30	25~100	7~100	1~16	1~100
影像幅宽/km	100	80	50~500	100~400	30~350	15~100	15~200
可否编程定制	否	否	是	是	否	是	是
备注	—	—	多侧视角	多侧视多极化	多侧视多极化	多侧视多极化	多侧视多极化

注：所有数据以 2012 年度为准。

考虑工作区地质环境和工作目的的 3 个方面的特征：

（1）根据前期 InSAR 探测结果，工作区位于构造相对稳定区，也没有人类活动影响的大范围显著地表变形，初步判断长期线性变形速率值不超过 5mm/a；

（2）基岩出露好，地表地物变化小，能形成长期稳定干涉；

（3）本书研究目的是分析构造变形，这需要大范围的 SAR 数据覆盖。

因此，据表 4.2 所列数据源，选用历史存档数据时间长，单景覆盖范围大（大于 6000km²），对变形较敏感的 ASAR（ERS）合成孔径雷达数据（波长 5.6cm）作为数据源。

4.4.2　数据处理方法

本书采用 D-InSAR 和 IPTA-InSAR 两种干涉观测模式，分别用于短周期非线性大变形探测和长期线性微小变形提取，具体处理流程分述如下。

1. D-InSAR 数据处理探测短周期非线性大变形

根据基线组合配对进行 D-InSAR 干涉处理，需两次循环递进完成，第一次：原始基线差分→滤波→解缠→优化基线；第二次：用优化的基线差分→滤波→解缠→去除二次项相位。对上述处理结果进行目视解译或（和）图像自动识别，判断存在的短周期非线性大变形。基本流程如图 4.6 所示。

1）主影像选择和影像组合

在满足空间基线和时间基线要求的前提下，SAR 主影像的选择及影像组合生成像对的步骤如下：

（1）计算所有影像像对的时间和空间基线，生成时间和空间基线分布图。根据干涉数据类型和数据量确定基线组合，一般宜采用基线长度控制，ASAR（ERS）数据宜小于 500m，PALSAR 数据宜小于 1500m。

（2）选择设计工作周期内空间基线尽量短的像对，并选择像对中时空位置居中者作为主影像。

2）影像配准和裁剪

已组合好的像对，根据主影像进行配准，并将所有影像裁剪成范围一致区域，具体

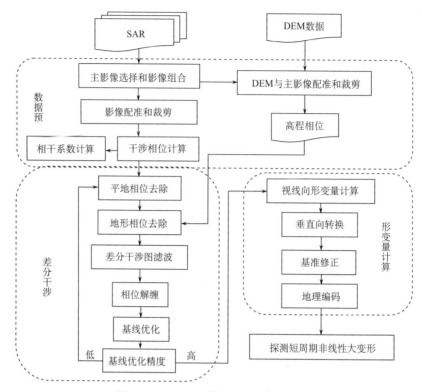

图 4.6　D-InSAR 数据处理工作流程图

步骤如下：

（1）选择配准算法，设置配准参数，对每个像对进行配准计算。

（2）主辅影像配准时要求方位向和距离向误差均小于 1/8 个像元，且计算配准多项式的同名点应在整景影像上均匀分布。

（3）所有配准影像裁剪后的公共区域应大于或等于设计的监测工作范围。如有缺失应及时补充数据。

（4）选择配准影像中的公共区域作为 InSAR 处理范围，将所有影像裁剪成相同范围的区域。

3）DEM 与 SAR 影像配准和裁剪

将 DEM 与选好的主影像进行配准，并将 DEM 范围裁剪成与主影像范围一致，具体步骤如下：

（1）应对 DEM 采样成与主影像一致的分辨率；

（2）将 DEM 与主影像进行配准，配准精度应优于 1/2 个像元；

（3）依据配准关系式，计算生成 DEM 坐标系到 SAR 影像坐标系的转换查找表；

（4）依据转换查找表，利用多项式拟合算法，将 DEM 转换到 SAR 影像坐标系，生成影像坐标系下的 DEM。

4）干涉相位计算

对已配准主辅影像进行前置滤波，并计算生成干涉图，具体步骤如下：

（1）前置滤波。

在频率域，截取主、辅影像的公共频率带宽进行前置滤波，生成滤波后的主、辅影像。

（2）干涉相位计算。

对已经过前置滤波的主辅影像像元对进行共轭相乘，生成干涉相位值，逐像元计算生成干涉图。

5）相干系数计算

依据相干系数计算公式，对经过滤波的主辅影像对应像元，选择窗体大小，逐像元计算相干系数，生成相干图。

6）差分干涉计算

（1）平地与地形相位去除。

依据空间基线参数和地球椭球体参数，计算平地相位；利用配准后 DEM，计算地形相位。从干涉相位中去除平地和地形相位，生成差分干涉相位，逐像元计算生成差分干涉图。

（2）差分干涉图滤波。

选用自适应滤波方法，如 Goldstein 法，对干涉图差分相位滤波，得到相位缠绕的差分干涉图。

（3）相位解缠。

对相位缠绕的差分干涉图进行解缠，具体步骤如下：

①宜采用空间域二维相位解缠方法，主要包括枝切法、最小费用流法等。

②干涉图整体相干性较低时，宜采用基于不规则格网的最小费用流法依据相干图，对相干系数大于 0.4 的像元进行相位解缠。

③干涉图整体相干性较高时，宜采用枝切法进行相位解缠。对于不连续的“孤岛”区域，可采用手动连接方式设定枝切线，连接解缠区域。

④目视检查解缠结果质量：解缠后相位图的幅度值是否连续、有无跳变存在；无解缠结果区域是否为低相干区域，水体、阴影区、叠掩区等不合理地区是否在计算差分干涉步骤中被掩膜，且不被计算。

7）优化基线

根据解缠结果优化干涉像对的基线，用优化后的基线重复 4）～6）步骤。

8）形变量计算

依据雷达波长参数，将解缠相位换算为 LOS 形变量 Δr。

依据雷达入射角，将 LOS 形变量 Δr 转换为垂直向形变量。

$$d = \frac{\Delta r}{\cos\theta} \tag{4.3}$$

式中，θ 为雷达波入射角，（°）。

9）地理编码

地理编码需利用 DEM 产品进行地理编码，依据 DEM 由地理坐标向雷达坐标变换时建立的坐标系查找表，完成变形量成果由 SAR 影像坐标系到大地坐标系的反变换。

10）短周期非线性大变形解译

对上述处理结果进行目视解译或（和）图像自动识别，判断存在的短周期非线性大变形。

2. IPTA-InSAR 数据处理流程

IPTA InSAR 方法数据处理的基本流程如图 4.7 所示。

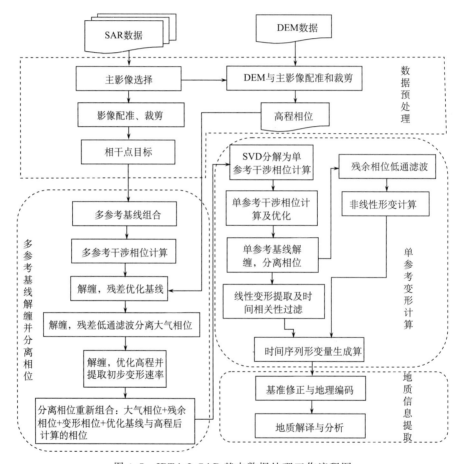

图 4.7　IPTA-InSAR 基本数据处理工作流程图

1）数据预处理

SAR 数据配准与裁剪、DEM 配准可参照 D-InSAR 数据处理中的 1）～3）步骤。

2）相干点目标选取

为了保障观测长时期的微小变形，需要对时间序列干涉图集的像元进行相干点目标（PS）的筛选，PS 点目标的识别宜采用幅度离散指数法、信噪比法等方法，结合监测区地物类型，宜选择一种或多种方法，以提高 PS 点目标识别的准确性。

3）多参考基线解缠并分离相位

（1）根据时空基线阈值建立多参考的 PS 点干涉相对组。

（2）相邻点间参数估计。将 PS 点目标相连接构成 DTIN（冗余网），依据点间连接关系求解相邻点差分相位之差。

（3）基于残余相位改正基线。依据空间基线、时间基线关系，建立 PS 点目标的二维周期图，以此为目标函数使模型相关系数最大化，估算相邻点间的线性形变速率、高程差值，从差分干涉相位中减去二者获得残余相位，用残余相位校正基线。

（4）残差低通滤波分离大气相位。基于优化后的基线，依据空间基线、时间基线关系，建立 PS 点目标的二维周期图，以此为目标函数使模型相关系数最大化，估算相邻点间的线性形变速率、高程差值，从差分干涉相位中减去二者获得残余相位，对残余相位进行大窗口低通滤波分离大气相位。

（5）线性形变相位和残余高程计算。基于优化后的基线和获取的大气相位，依据空间基线、时间基线关系，建立 PS 点目标的二维周期图，以此为目标函数使模型相关系数最大化，计算最终的相邻点间的线性形变速率、残余高程值，剩余相位为残差相位。

（6）分离相位重新组合。用优化基线和高程重新计算的相位差，变形速率对应的相位，大气相位和残差相位重新组合为干涉相位，与原始干涉相位相比，去除了基线和高程误差。

4）单参考变形估算

（1）奇异值分解处理。根据多参考基线像对组合关系，对步骤 3）得到的重新组合相位进行奇异值分解（SVD）处理，求解每个影像对应时刻的优化相位。

（2）单参考相位计算及优化。建立单参考的 PS 点干涉像对组，计算单参考相位，减去奇异值分解对应的每景相位。

（3）单参考基线解缠并分离相位。采用 3）中（2）～（5）对上步中的结果相位进行解缠，优化单参考基线，分离高程相位、变形相位、大气相位和残差相位。

（4）线性变形提取及时间相关性过滤。根据变形相位和时间相关性计算线性变形速率。

（5）非线性变形信息提取。对残差相位进行小窗口低通滤波，平滑处理，获取非线性变形信息。

（6）时间序列形变量生成。将（4）中的线性变形相位与（5）中的非线性变形相位相加，结合时间基线参数，得到每个 PS 点目标的时间序列形变量。

5）地质信息提取。

（1）地理编码与基准校正。对 PS 点进行地理编码，然后根据基准点附近的外部测量信息对所有 PS 点进行校正。

（2）地质解译与分析。结合背景地质信息、地貌信息、遥感影像等先验信息对 In-SAR 观测的变形进行地质解译与分析，一方面提取微小变形所表征的地质运动；另一方面也反分析 IPTA-InSAR 数据处理的准确性。

4.5 塔木素地区 InSAR 数据处理过程

4.5.1 塔木素地区 ERS 数据

因 ASAR 数据在塔木素地区覆盖只有 8 景，而且拍摄时间跨度大，经试验效果不佳。本区选取欧空局的 ERS-1 和 ERS-2 卫星的 15 景 SAR 雷达数据，条带号（path）376，C 波段，波长 5.6cm，VV 极化，降轨，垂直入射角度 23.1137°，雷达视线水平方位 282.1481°，range 向分辨率 7.904889m，azimuth 向分辨率 3.982269m，多视线处理按 range 方位 1 像素，azimuth 方位 5 像素设置。拍摄时间为 1993.8.26 ～ 2008.7.27，时间跨度为 14 年 326 天，共 15 景（表 4.3）。影像中心坐标 103°5′E，北纬 40°40′N，覆盖范围为 NNE 向长 96km，NEE 向宽约 110km 的矩形，面积 10560km² （图 4.8）。图 4.9 为 15 幅 SAR 数据的平均强度图，可见高程起伏度较低，总体属于平缓丘陵地貌，北部雷达波反射强度高、范围广，中部低、但有个别线性高反射物，南部局部发育高反射区。根据地质背景分析，高反射区为裸露基岩和戈壁，低反射区为沙漠，线性反射物推测为人类工程设施，如道路、管线、成排的电线杆等（图 4.8）。通过光学遥感影像对比可以验证上述分析。时空基线分布任意组合，最大垂直基线距约 2400m，以 1997.9.28 为单参考形成的最优组合垂直基线长度为 35～1900m（图 4.9），平均长度 375m，剔除超长基线景（2007.11.25）后 14 景 ERS1-2 数据的垂直基线（图 4.10）有所改善，但对于 C 波段 SAR 数据而言，长度总体偏差较大，时空分布不均，质量不好。

表 4.3　覆盖塔木素场址区的 ERS1-2 存档数据

序号	卫星	拍摄时间	轨道	条带号	升降轨	中心坐标
1	ERS-1	1993.08.26	35255	376	D	40°74′N，103°13′E
2	ERS-2	1996.06.30	6242	376	D	40°74′N，103°13′E
3	ERS-2	1997.03.02	9749	376	D	40°74′N，103°13′E
4	ERS-2	1997.05.11	10751	376	D	40°74′N，103°13′E
5	ERS-2	1997.06.15	11252	376	D	40°74′N，103°13′E
6	ERS-2	1997.09.28	12755	376	D	40°74′N，103°12′E
7	ERS-2	1997.12.07	13757	376	D	40°74′N，103°12′E
8	ERS-2	1998.03.22	15260	376	D	40°74′N，103°12′E
9	ERS-2	1998.05.31	16262	376	D	40°74′N，103°13′E
10	ERS-2	1998.07.05	16763	376	D	40°74′N，103°12′E
11	ERS-1	1998.08.08	36937	376	D	40°75′N，103°11′E

续表

序号	卫星	拍摄时间	轨道	条带号	升降轨	中心坐标
12	ERS-2	1999.12.12	24278	376	D	40°74′N，103°12′E
13	ERS-2	2002.08.18	38306	376	D	40°74′N，103°13′E
14	ERS-2	2007.11.25	65861	376	D	40°74′N，103°13′E
15	ERS-2	2008.07.27	69368	376	D	40°74′N，103°13′E

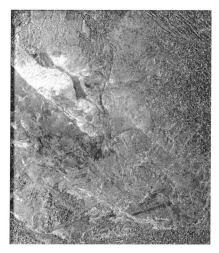

(a) 数据处理过程中采用的雷达坐标系统　　　　(b) 结果显示采用的UTM地图投影坐标系统

图 4.8　选用 SAR 数据的强度图像

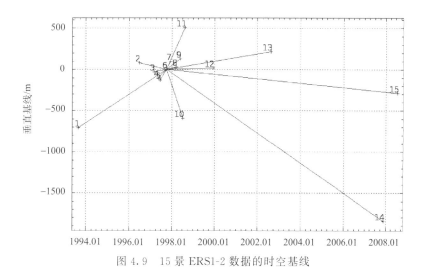

图 4.9　15 景 ERS1-2 数据的时空基线

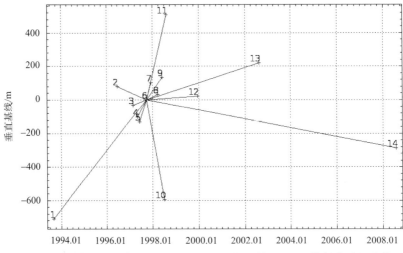

图 4.10　剥除超长基线景（2007.11.25）后 14 景 ERS1-2 数据的时空基线

4.5.2　数据处理过程

1. 数据预处理

1）DEM 配准

去除地形影响的 DEM 采用 NASA 的 90m 分辨率 SRTM（航天飞机雷达地形测绘）数据，首先由地理坐标转换到雷达坐标之下，在 1024（Range 32 × Azimuth 32）个窗口点中选取了 369 个配准点，用于 SRTM 与参考景的配准，配准的 Range 向和 Azimuth 向误差分别为 0.3980 和 0.402。DEM 配准标准差值质量不理想，但通过图像观测及后续差分质量比较，配准结果满足干涉需要。

2）SLC 配准

以 1997.09.28 的单视复数图像（Single Look Complex，SLC）的 SAR 数据（SLC-SAR）为基准进行图像配准，各数据对（名称以拍摄时间表示）误差如表 4.4 所示。

表 4.4　以 1997.09.28 SLC-SAR 数据为基准进行图像配准的结果

序号	数据对	Range 向误差	Azimuth 向误差
1	1997.09.28 与 1993.08.26	0.1928	0.3857
2	1997.09.28 与 1996.06.30	0.0525	0.1757
3	1997.09.28 与 1997.03.02	0.0632	0.1917
4	1997.09.28 与 1997.05.11	0.0259	0.0830
5	1997.09.28 与 1997.06.15	0.0221	0.0842
6	1997.09.28 与 1997.12.07	0.0176	0.0754
7	1997.09.28 与 1998.03.22	0.0369	0.1111

续表

序号	数据对	Range 向误差	Azimuth 向误差
8	1997.09.28 与 1998.05.13	0.1008	0.1912
9	1997.09.28 与 1998.07.05	0.1207	0.2748
10	1997.09.28 与 1998.08.08	0.1357	0.2751
11	1997.09.28 与 1999.12.12	0.1793	0.1902
12	1997.09.28 与 2002.08.18	0.3680	0.6777
13	1997.09.28 与 2008.07.27	0.3310	0.3314

　　按时间序列，时间跨度较大的前期和后期的配准精度质量低，中段的数据配准精度满足干涉要求。通过 D-InSAR 差分测试实验的干涉像对分析（图 4.11），发现共 6 景数据存在质量问题，其参与形成的干涉像对质量均较差，予以剔除，最终剩余 9 景数据用于后续的数据处理，时间跨度为 1996.6.30 至 1999.12.12（表 4.5）。

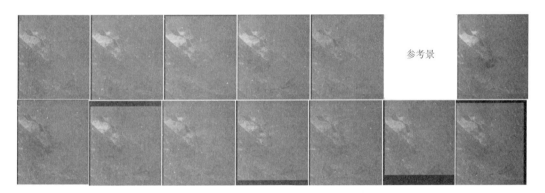

-2π ⬛ | | | | | | | | | | | ⬛ 2π

图 4.11　配准后干涉结果质量检验

表 4.5　进行 PS 干涉处理的像对

序号	卫星	拍摄时间	轨道	条带号	升降轨	中心坐标
1	ERS-2	1996.06.30	6242	376	D	40°74′N，103°13′E
2	ERS-2	1997.03.02	9749	376	D	40°74′N，103°13′E
3	ERS-2	1997.05.11	10751	376	D	40°74′N，103°13′E
4	ERS-2	1997.06.15	11252	376	D	40°74′N，103°13′E
5	ERS-2	1997.09.28	12755	376	D	40°74′N，103°12′E
6	ERS-2	1997.12.07	13757	376	D	40°74′N，103°12′E
7	ERS-2	1998.03.22	15260	376	D	40°74′N，103°12′E
8	ERS-2	1998.05.31	16262	376	D	40°74′N，103°13′E
9	ERS-2	1999.12.12	24278	376	D	40°74′N，103°12′E

　　3）短基线集构建

　　为避免数据景数少，基线长度大对后续处理照程度不利影响，对选用的 9 幅 SAR 图像采用 300m 最大基线长度，不限制时间基线长度构成短基线干涉数据集，共形成 36 个干涉相对，垂直基线平均长度为 106.572m（图 4.12）。

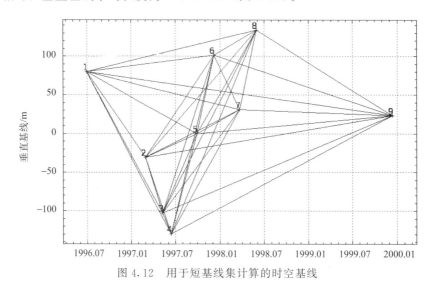

图 4.12　用于短基线集计算的时空基线

2. D-InSAR 数据处理与有效数据对选取

　　D-InSAR 数据处理虽然受大气误差、高程误差和其他残差的影响，变形观测精度在厘米至分米级，但结合人工交互判读，可以总体预估干涉质量、探测时间域非线性变形、局部大变形、非稳定干涉区的短期变形，弥补 PS-InSAR 观测手段上的不足，采用图 4.12 所示的短基线集时空基线，进行诺日公地区 D-InSAR 差分处理，通过条纹特征可以较好地去除轨道基线误差和二次项误差。

　　对 36 个短基线像对进行差分、滤波解缠、基线改正、去除二次项（图 4.13～图 4.17）、目视判断大气误差，选取可以用于提取 PS 点、进行 IPTA-InSAR 数据处理的像对，并对大气误差影响小的像对进行非线性变形、短周期相干变形和季节性变形解译。

　　由原始轨道参数下的差分结果图可见，大多数像对整体呈现出纵向密集平直干涉条纹，虽然单景可以较好的解缠，但在较长基线条件下进行 IPTA-InSAR 联合解缠难以解开，需要预先在 D-InSAR 条件下进行基线误差校正。

　　通过 D-InSAR 处理结果图与遥感和地形数据综合对比分析可见：在戈壁、丘陵、干涸的湖盆、村镇等地物变化小的地区形成了有效干涉，干涉成功率约占全幅面的 60％；在沙漠、农田、滩涂和河流等地物变化大的地区没有形成干涉的区域，约有 28％；在山脉、沟谷等地形起伏度大的地区干涉图像有叠掩或阴影产生的区域，约有 4％。

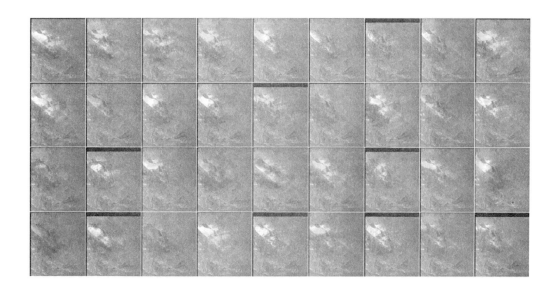

-2π ||||||||||||||| 2π

图 4.13　36 个干涉像对 D-InSAR 干涉差分结果

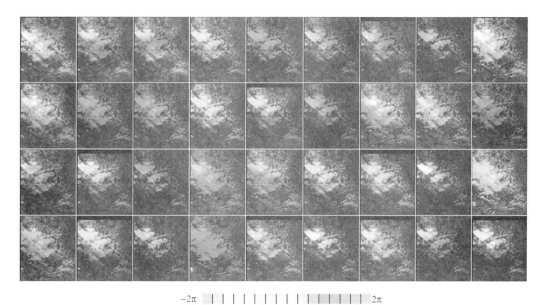

-2π ||||||||||||||| 2π

图 4.14　36 个干涉像对 D-InSAR 差分干涉解缠结果

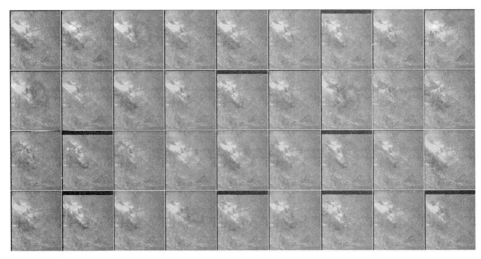

图 4.15 36 个干涉像对基线误差纠正后的 D-InSAR 差分干涉结果

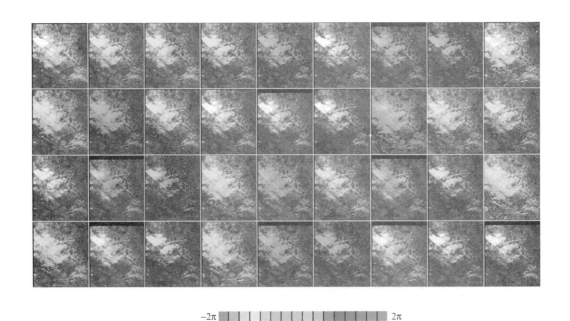

-2π ▮▯▮▯▮▯▮▯▮▯▮▯▮▯ 2π

图 4.16 36 个干涉像对基线误差纠正和 D-InSAR 差分干涉解缠结果

3. IPTA-InSAR 数据处理

对 36 个有效干涉像对可提取高质量 PS 点 47708 个，进行 IPTA-InSAR，构成计算的 Delauney 三角网如图 4.18（a）所示，提取线性变形后的变形残差、高程残差和大气误差分别如图 4.18（b）、（c）和图 4.19 所示。SVD 分解后的单参考时空基线和大气误差如图 4.20 和图 4.21 所示。

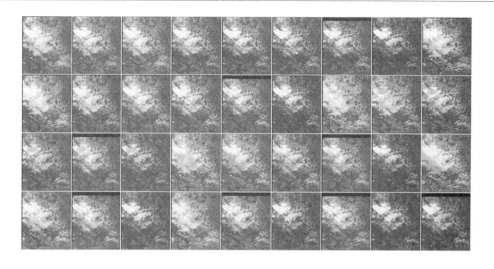

-2π ▮▮▮▮▮▮▮▮▮▮▮▮ 2π

图 4.17　36 个干涉像对基线误差纠正和去除二次项误差后的 D-InSAR 干涉差分解缠结果

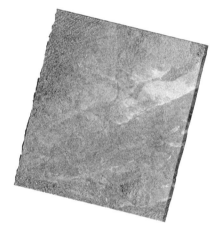

(a) 最终保留的47708个PS点构成的三角网

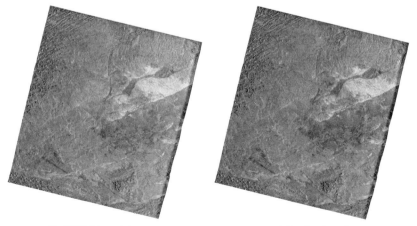

(b) 变形误差(4mm/π)　　　　　　　　　　　(c) 高程误差图(3m/π)

图 4.18　IPTA-InSAR 处理中间质量控制过程文件

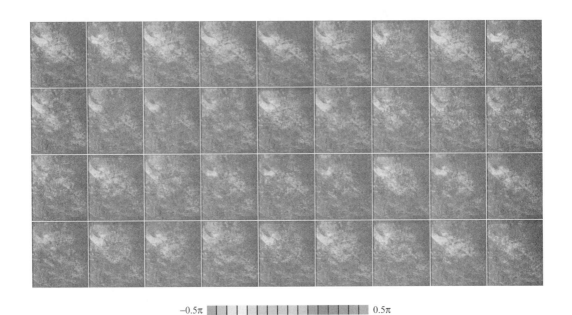

-0.5π ▮▮▮▮▮▮▮▮▮▮▮▮▮▮ 0.5π

图 4.19 短基线条件下 36 个干涉像对大气误差

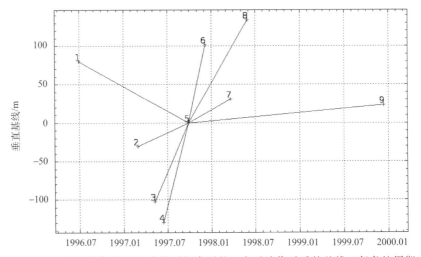

图 4.20 由 36 个干涉像对 SVD 为按时间序列的 9 个干涉像对后的基线（每条纹周期 1π）

4.5.3 变形特征

1. D-InSAR 监测非线性变形结果

分析对比基线误差纠正和去除二次项误差后的 D-InSAR 差分干涉解缠结果发现 5 个像对都有同一局部变形显著的非线性变形，分别是 1997.05.11 与 1997.06.15、1997.06.15 与 1997.09.28、1997.09.28 与 1997.12.07、1997.09.28 与 1998.03.22、

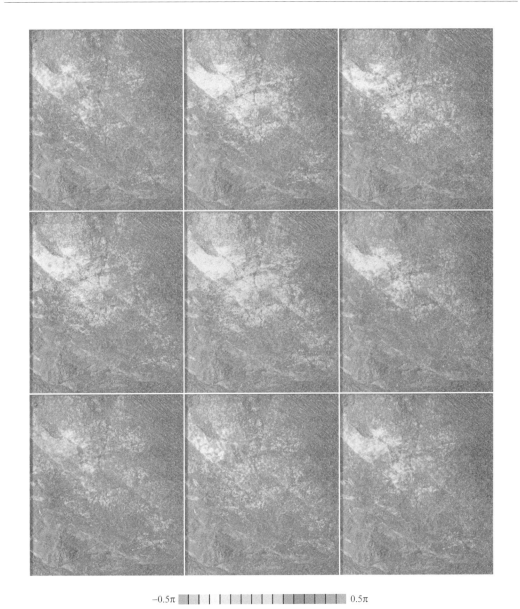

-0.5π ▮▮▮ | | | | | | | | ▮▮▮▮ 0.5π

图 4.21　由 36 个干涉像对 SVD 为按时间序列的 9 个干涉像对后的大气误差

1997.12.07 与 1998.03.22。以 1997.09.28 与 1997.12.07 为例（图 4.22），在观测区域南部为成串线性分布的干涸湖泊或古河道，推测为地下水汇集区，季节性浅表层地下水位波动或是冻胀引发的地表非线性变形。根据这种变形大规模的线性展布、地下水系汇集和区域构造线展布方向分析，推测该地区为岩性界限或是断层所在区域（图 4.23、图 4.24）。

图 4.23 为 1997.09.28 至 1997.12.07 D-InSAR 观测干涸湖泊的地下水引起的地表变形，其中变形最大为 $-8.6\mathrm{rad}$，根据式（4.2）$\varphi_{\mathrm{def}}=\dfrac{4\pi}{\lambda}\Delta R$，转化为 LOS 向距离，负

图 4.22　1997.09.28 至 1997.12.07D-InSAR 观测的变形结果

图 4.23　1997.09.28 至 1997.12.07 D-InSAR 观测干涸湖泊的地下水引起的地表变形

值代表靠近视线向；根据季节应该是地表冻胀变形结果，根据 $d = \dfrac{\Delta r}{\cos\theta}$ 计算，最终垂直变形为升高 4.6 cm。

图 4.24　1997.06.15 至 1997.09.28 D-InSAR 干涉测量的干涸湖泊地下水引起的地表变形

图 4.24 为 1997.6.15 至 1997.09.28 D-InSAR 干涉测量的干涸湖泊地下水引起的地表变形，其中最大变形为 −3.8rad，根据季节是地下水位抬升结果，转化为垂直变形为升高 1.8cm。

2. IPTA-InSAR 监测线性变形结果

根据 4.3 节 IPTA-InSAR 处理流程获得的 47708 个有效线性变形 PS 点，主要分布在雷达信号反射效果好的基岩区和戈壁区，沙丘、地表植被变化大地区 PS 点稀少（图 4.25）。与地层岩性的叠加分析显示，在坚硬的侵入岩区相对参考基点，无明显的变形，但局部分布负向变形和正向变形异常的"点簇"，这与高程误差有关，也可能是局部斜坡地表变形，但无关整体构造变形。在基岩区外围存在零散 PS 点，地表覆盖物为戈壁和浅层沙丘，推测应为沙层变化，雷达波透射路径变化产生的变形。

图 4.26 显示，其变形速率为正态分布，峰值位于 0 值附近，采用组内差别最小，组间差别最大的"Natural breaks"方法 7 分值，拐点分别位于 −6.5mm/a 和 4.2mm/a 位置，该区间内应为主要区域变形值范围，该区间外的值为解缠误差，当然也会包括极其少量的局部高变形值点。

以时间最早的 1996.06.30 数据为 0 值参考，按时间序列分解的场址—变形过程如图 4.27 所示。

图 4.25　PS-InSAR 监测获得的 1996.06.30 至 1999.12.12 区域线性变形速率

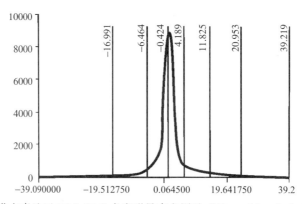

图 4.26　塔木素地区 PS-InSAR 点变形量直方图及"Natural breaks"方法 7 分值

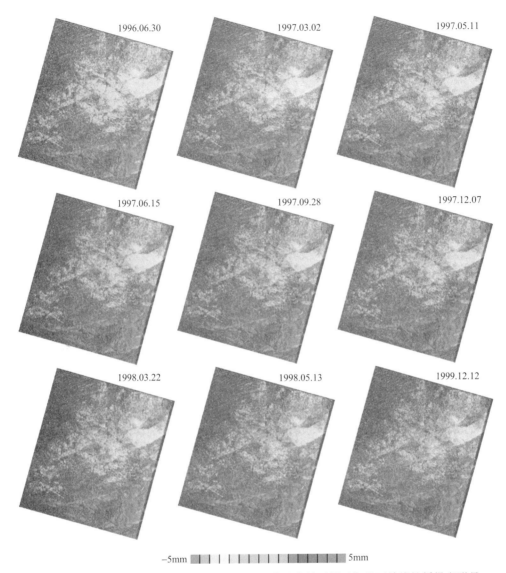

图 4.27　PS-InSAR 监测获得的以 1996.06.30 为基准的不同时期的区域线性缓慢变形量

4.6　诺日公地区 InSAR 数据处理过程

4.6.1　诺日公地区 ASAR 数据

选取的 SAR 数据为欧空局 EnviSAT 卫星的 ASAR 雷达数据，轨道号（path）333，幅号（frame）2799，C 波段，波长 5.6cm，VV 极化，升轨，垂直入射角度 21.0149°，雷达视线水平方向 285.7013°，Range 向分辨率 7.805421m，Aazimuth 向分辨率 4.045764m，多视线处理按 Range 向 1 像素，Azimuth 向 5 像素设置，拍摄时间

为 2003.06.26 至 2010.09.02，时间跨度为 7 年 3 个月，共 30 景（表 4.6）。影像中心坐标 40°05′N，104°45′E，覆盖范围为 NNE 向长 105km，NEE 向宽约 102km 的矩形，面积 10710km² （图 4.28）。

表 4.6　覆盖诺日公场址区的 PALSAR 存档数据

序号	卫星	获取时间	总轨道号	条带号	景号	入射条带	升降轨	中心坐标
1	ENVISAT-1	2003.06.26	6900	333	2799	I2	D	40°05′N，104°45′E
2	ENVISAT-1	2003.07.31	7401	333	2799	I2	D	40°05′N，104°45′E
3	ENVISAT-1	2003.11.13	8904	333	2799	I2	D	40°05′N，104°45′E
4	ENVISAT-1	2003.12.18	9405	333	2799	I2	D	40°05′N，104°45′E
5	ENVISAT-1	2004.01.22	9906	333	2799	I2	D	40°05′N，104°45′E
6	ENVISAT-1	2004.02.26	10407	333	2799	I2	D	40°05′N，104°45′E
7	ENVISAT-1	2004.04.01	10908	333	2799	I2	D	40°05′N，104°45′E
8	ENVISAT-1	2004.06.10	11910	333	2799	I2	D	40°05′N，104°45′E
9	ENVISAT-1	2004.10.28	13914	333	2799	I2	D	40°05′N，104°45′E
10	ENVISAT-1	2004.12.02	14415	333	2799	I2	D	40°05′N，104°45′E
11	ENVISAT-1	2005.02.10	15417	333	2799	I2	D	40°05′N，104°45′E
12	ENVISAT-1	2005.04.21	16419	333	2799	I2	D	40°05′N，104°45′E
13	ENVISAT-1	2007.01.11	25437	333	2799	I2	D	40°05′N，104°45′E
14	ENVISAT-1	2007.02.15	25938	333	2799	I2	D	40°05′N，104°45′E
15	ENVISAT-1	2007.03.22	26439	333	2799	I2	D	40°05′N，104°45′E
16	ENVISAT-1	2007.11.22	29946	333	2799	I2	D	40°05′N，104°45′E
17	ENVISAT-1	2008.08.28	33954	333	2799	I2	D	40°05′N，104°45′E
18	ENVISAT-1	2008.11.06	34956	333	2799	I2	D	40°05′N，104°45′E
19	ENVISAT-1	2008.12.11	35457	333	2799	I2	D	40°05′N，104°45′E
20	ENVISAT-1	2009.01.15	35958	333	2799	I2	D	40°05′N，104°45′E
21	ENVISAT-1	2009.02.19	36459	333	2799	I2	D	40°05′N，104°45′E
22	ENVISAT-1	2009.03.26	36960	333	2799	I2	D	40°05′N，104°45′E
23	ENVISAT-1	2009.06.04	37962	333	2799	I2	D	40°05′N，104°45′E
24	ENVISAT-1	2009.09.17	39465	333	2799	I2	D	40°05′N，104°45′E
25	ENVISAT-1	2009.10.22	39966	333	2799	I2	D	40°05′N，104°45′E
26	ENVISAT-1	2010.03.11	41970	333	2799	I2	D	40°05′N，104°45′E
27	ENVISAT-1	2010.05.20	42972	333	2799	I2	D	40°05′N，104°45′E
28	ENVISAT-1	2010.06.24	43473	333	2799	I2	D	40°05′N，104°45′E
29	ENVISAT-1	2010.07.29	43974	333	2799	I2	D	40°05′N，104°45′E
30	ENVISAT-1	2010.09.02	44475	333	2799	I2	D	40°05′N，104°45′E

注：ASA-IMS-1P 级别。

图 4.28 为 30 幅 SAR 数据的平均强度图，可见地形具有中等起伏度，总体属于低山丘陵，中东部和横贯中部的雅布赖山断裂共占全境约 60% 的区域雷达波反射强度高，北部及南部地区反射强度低，南西部和北东部的沙漠地区雷达波反射强度杂乱，此外区域广布线性高反射物。根据地质背景分析，高反射区为裸露基岩、戈壁和居民区，低反射物为沙漠、滩涂、农田、水体和季节性水系，线性反射物为人类工程设施，如道路、管线、成排的高压电塔、电线杆等（图 4.28）。

(a) 雷达坐标系统   (b) UTM地图投影坐标系统

图 4.28　选用 ASAR 数据的强度图像

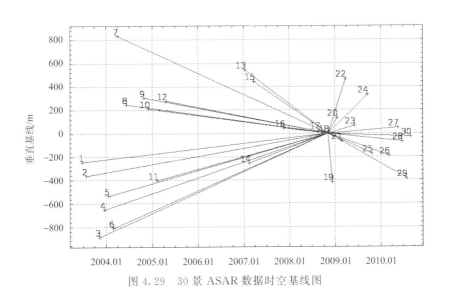

图 4.29　30 景 ASAR 数据时空基线图

时空基线分布（图 4.29）显示，任意组合最大垂直基线距约 1700m，基于时间和空间基线的长度及数据质量的考虑，选择垂直基线位置居中的 2009.02.19ASAR 数据作为后续处理步骤中的参考景，形成的最优组合垂直基线长度为 20～850m，平均长度为 249m，基线条件较好。

4.6.2 数据处理过程

1. 数据预处理

1）DEM 纠正精度

去除地形影响的 DEM 采用 NASA 90m 分辨率 SRTM 数据，首先由地理坐标转换到雷达坐标之下，两次递进纠正，第一次粗窗口以 Range 32 × Azimuth 32 个窗口选点，在 1024 个窗口点中选取了 467 个配准点，第二次细窗口以 Range 64 × Azimuth 64 个窗口选点，在 4096 个窗口点中选取了 545 个配准点。最终配准的 Range 向和 Azimuth 向标准差分别为 0.1481 和 0.1080，精度较高。

2）SLC 纠正精度

以 2009.02.19 的 SLC-SAR 数据为基准进行图像配准，各数据对（名称以拍摄时间表示）误差如表 4.7 所示。

表 4.7　以 2009.02.19 SLC-SAR 数据为基准进行图像配准的结果

序号	数据对	Range 向误差	Azimuth 向误差
1	2009.02.19 与 2003.06.26	0.0925	0.9443
2	2009.02.19 与 2003.07.31	0.0673	0.8427
3	2009.02.19 与 2003.11.13	0.0820	0.7958
4	2009.02.19 与 2003.12.18	0.0878	0.7938
5	2009.02.19 与 2004.01.22	0.0714	0.7475
6	2009.02.19 与 2004.02.26	0.0821	0.7935
7	2009.02.19 与 2004.04.01	0.0637	0.7507
8	2009.02.19 与 2004.06.10	0.0443	0.5211
9	2009.02.19 与 2004.10.28	0.0761	0.6993
10	2009.02.19 与 2004.12.02	0.0635	0.6856
11	2009.02.19 与 2005.02.10	0.0614	0.6409
12	2009.02.19 与 2005.04.21	0.0628	0.5873
13	2009.02.19 与 2007.01.11	0.0561	0.4230
14	2009.02.19 与 2007.02.15	0.0318	0.3507
15	2009.02.19 与 2007.03.22	0.0425	0.3609
16	2009.02.19 与 2007.11.22	0.0173	0.2004
17	2009.02.19 与 2008.08.28	0.0050	0.0098
18	2009.02.19 与 2008.12.11	0.0499	0.0255
19	2009.02.19 与 2009.01.15	0.0131	0.0444
20	2009.02.19 与 2009.02.19	0.0063	0.0085

续表

序号	数据对	Range 向误差	Azimuth 向误差
21	2009. 02. 19 与 2009. 03. 26	0.0405	0.1132
22	2009. 02. 19 与 2009. 06. 04	0.0211	0.1249
23	2009. 02. 19 与 2009. 09. 17	0.0284	0.1932
24	2009. 02. 19 与 2009. 10. 22	0.0372	0.1790
25	2009. 02. 19 与 2010. 03. 11	0.0500	0.2910
26	2009. 02. 19 与 2010. 05. 20	0.0799	0.3975
27	2009. 02. 19 与 2010. 06. 24	0.0580	0.3994
28	2009. 02. 19 与 2010. 07. 29	0.0654	0.2973
29	2009. 02. 19 与 2010. 09. 02	0.0466	0.2998

　　纠正配准标准差发现 6 景数据的 azimuth 误差大于 0.2，多次测试发现是由于成像原因导致的几何畸变，目前采用的处理手段无法纠正，予以剔除。

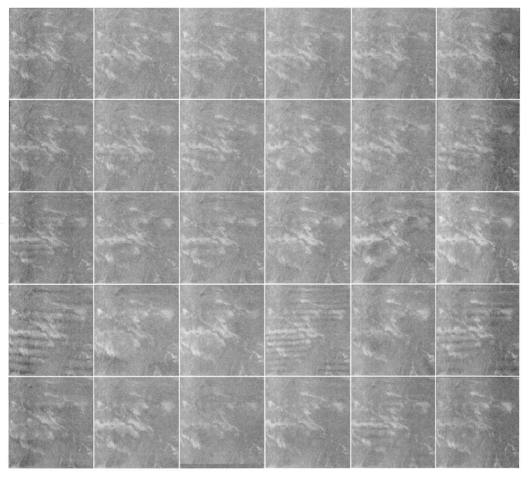

图 4.30　30 景 D-InSAR 差分测试实验结果

通过多次 D-InSAR 差分测试实验（图 4.30），发现 14 景数据存在质量问题，时空基线过程配准精度低，相关性差，其参与形成的干涉像对质量均较差，予以剔除，最终剩余 16 景数据用于后续最终的处理（表 4.8）

表 4.8　覆盖诺日公场址区的高质量 16 景 ASAR 存档数据

序号	卫星	获取时间	总轨道号	条带号	景号	入射条带	升降轨	中心坐标
1	ENVISAT-1	2007.01.11	25437	333	2799	I2	D	40°05′N, 104°45′E
2	ENVISAT-1	2007.02.15	25938	333	2799	I2	D	40°05′N, 104°45′E
3	ENVISAT-1	2007.03.22	26439	333	2799	I2	D	40°05′N, 104°45′E
4	ENVISAT-1	2007.11.22	29946	333	2799	I2	D	40°05′N, 104°45′E
5	ENVISAT-1	2008.08.28	33954	333	2799	I2	D	40°05′N, 104°45′E
6	ENVISAT-1	2008.11.06	34956	333	2799	I2	D	40°05′N, 104°45′E
7	ENVISAT-1	2008.12.11	35457	333	2799	I2	D	40°05′N, 104°45′E
8	ENVISAT-1	2009.01.15	35958	333	2799	I2	D	40°05′N, 104°45′E
9	ENVISAT-1	2009.02.19	36459	333	2799	I2	D	40°05′N, 104°45′E
10	ENVISAT-1	2009.03.26	36960	333	2799	I2	D	40°05′N, 104°45′E
11	ENVISAT-1	2009.06.04	37962	333	2799	I2	D	40°05′N, 104°45′E
12	ENVISAT-1	2009.09.17	39465	333	2799	I2	D	40°05′N, 104°45′E
13	ENVISAT-1	2009.10.22	39966	333	2799	I2	D	40°05′N, 104°45′E
14	ENVISAT-1	2010.05.20	42972	333	2799	I2	D	40°05′N, 104°45′E
15	ENVISAT-1	2010.07.29	43974	333	2799	I2	D	40°05′N, 104°45′E
16	ENVISAT-1	2010.09.02	44475	333	2799	I2	D	40°05′N, 104°45′E

3）短基集构建

为了减小数据景数少和基线长度大对后续处理的不利影响，选用 290m 最大基线长度，不限制时间基线长度构成短基线干涉数据集，共形成 55 个短基线干涉相对，垂直基线平均长度为 125m（图 4.31）。以 2009.02.19 为参考景，在单参考的模式下构成的垂直基线平均长度为 251m（图 4.32）。

2. D-InSAR 数据处理与有效数据对选取

D-InSAR 数据处理虽然受大气误差、高程误差和其他残差的影响，变形观测精度在厘米至分米级，但结合人工交互判读，可以总体预估干涉质量、探测时间域非线性变形、局部大变形、非稳定干涉区的短期变形，弥补 PS-InSAR 观测手段上的不足，采用图 4.32 所示的短基线集时空基线，进行诺日公地区 D-InSAR 差分处理，通过条纹特征去除轨道基线误差和二次项误差。

根据已有研究，大气延迟变形和轨道误差变形具有低频和趋势性。根据 InSAR 解译经验和该区的构造背景（特别是四年中的地震情况）分析，充斥整幅影像的大范围趋势性条纹为大气延迟变形和轨道误差变形，在解译地质变形时应排除该变形影响。在条

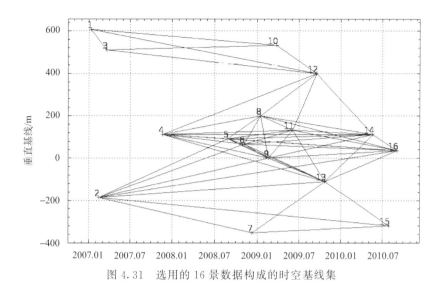

图 4.31　选用的 16 景数据构成的时空基线集

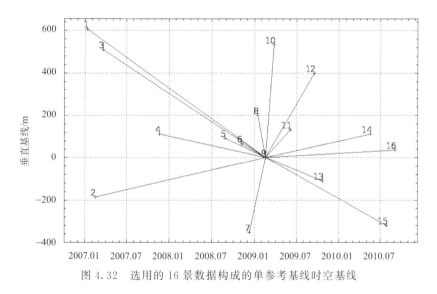

图 4.32　选用的 16 景数据构成的单参考基线时空基线

纹整体趋势下的局部变形，并与地质情况有成因联系的，可以判定为地质因素变形。

　　通过对 55 个短基线干涉像对进行差分、滤波解缠、基线改正、去除二次项（图 4.33～图 4.37）、目视浏览判断大气误差，发现 D-InSAR 整景差分结果（图 4.37）无明显轨道误差与二次项误差，可用于后续影像 D-InSAR 结果分析。

　　3. IPTA-InSAR 数据处理

　　兼顾数据质量与计算效率，从 16 景 SLC 数据中共提取 89099 个 PS 点，其分布较均匀，除在裸露基岩区密集分布外，在戈壁荒漠、人工构建筑物、水系边缘都有一定分布，基本实现了整景全覆盖，而且在雅布赖山断裂带上、断裂两侧各有一定数量的分

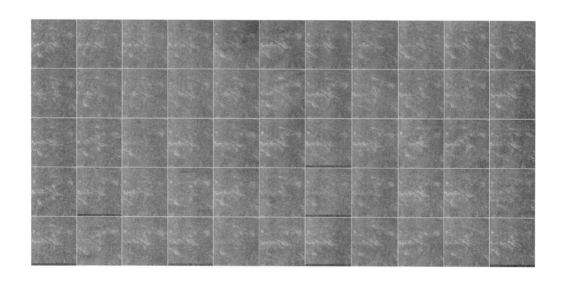

$-\pi$ ▮▮▮▮▮ | | | | | | | | | | | | | ▮▮ π

图 4.33　55 个干涉像对的 D-InSAR 差分干涉结果

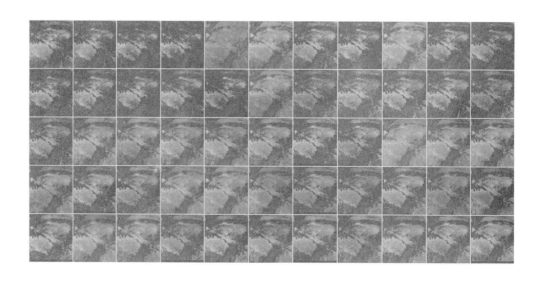

$-\pi$ ▮▮▮▮ | | | | | | | | | | | | | | ▮▮ π

图 4.34　55 个干涉像对的 D-InSAR 差分解缠干涉结果

布，便于分析其现今构造变形。对 55 对干涉像对进行 IPTA-InSAR 计算，用按图 4.34 的基线进行 SVD 计算，最终有效的 54674 个线性变形 PS 点构成的 Delaunay 三角网如图 4.38（a）所示，提取线性变形后的变形残差平均值约 2mm ［图 4.38（b）］、高程残差值约 0.8m ［图 4.38（c）］，大气误差去除明显，并显示出修正了二次项误差（图 4.39）。

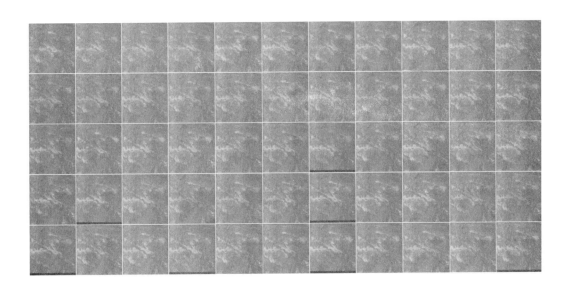

$-\pi$ ▮▮ | | | | | | | | | ▮▮ | | π

图 4.35　55 个干涉像对基线误差纠正后的 D-InSAR 差分干涉结果

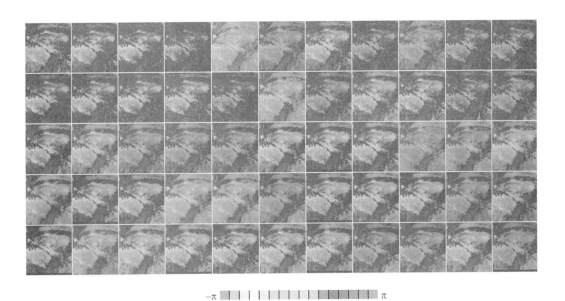

$-\pi$ ▮ | | | | | | | | | ▮ π

图 4.36　55 个干涉像对基线误差纠正后的 D-InSAR 差分干涉解缠结果

4.6.3　变形特征

1. D-InSAR 监测结果

分析对比基线误差纠正和去除二次项误差后的 D-InSAR 差分干涉解缠结果，发现

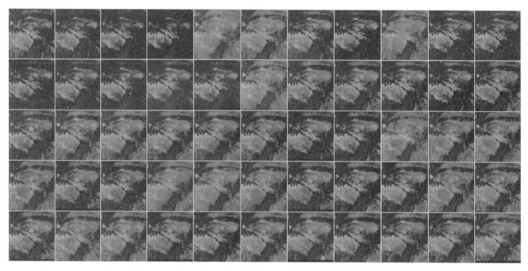

图 4.37　55 个干涉像对基线误差纠正和去除二次项误差后的 D-InSAR 差分干涉解缠结果

多对同一地区局部变形显著的非线性变形像对，其中以 2004.10.28 与 2004.12.02 干涉像对和 2008.11.06 与 2009.01.15 干涉像对质量最高。其中的变形包括干涸湖盆区变形、地下暗河区变形、季节河河道变形、构造建筑物地基沉降变形、采矿塌陷区变形、露天矿边坡变形等。以 2008.12.13 与 2009.01.28 干涉像对为例（图 4.40），在雅布赖山断裂诺日公镇附近密集发育了多处多类型的变形区。但这些变形主要是地下水汇集区，为季节性浅表层地下水水位波动、或是冻胀引发的地表变形。分析是因为地下水水位较浅或具有季节性地表汇流，湖盆边缘有农业种植，根据该地自然条件分析，农田用水为汲取浅表层地下水。InSAR 图像在该区域表现出的颜色变化与地物范围相匹配，符合浅表层地下水水位波动和人工汲取地下水易于在地表产生变形的规律，这是工作区地表非线性变形的一种重要模式。另一类变形则是人类构建筑物和露天矿的边坡变形（图 4.41～图 4.44）。

2004.10.28 与 2004.12.02 干涉变形结果显示，在诺日公附近的变形为 −3.7rad，农田为 −4.3rad，沙漠边缘为 −1.9rad，根据式（4.2）$\varphi_{\mathrm{def}} = \dfrac{4\pi}{\lambda}\Delta R$，波长 0.056m，转化为 LOS 向距离，计算诺日公、农田、沙漠边缘三处的 LOS 变形分别为 0.016m、0.019m、0.008m。根据季节分析应该是岩土体冻胀变形结果，是垂直变形贡献结果，弧度为负值代表靠近视线向，也印证这种推测，根据 LOS 向变形向垂直变形转换公式，垂直入射角取 21°，根据 $d = \dfrac{\Delta r}{\cos\theta}$，可得最终垂直升高变形分别为 0.018m、0.021m、0.009m。

南部基岩与隔壁过渡带的干涸河床区，最大变形为 −2.8rad，LOS 变形为 0.012m，垂直升高变形为 0.013m。

2008.11.06 与 2009.01.15 干涉变形结果测量的沙漠边缘为 −3.9rad，诺日公为

(a) 最终保留的PS三角网误差

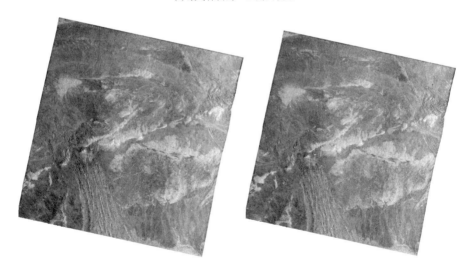

(b) 高程误差图(3m/π)　　　　　　　　　　(c) 变形误差(4mm/π)

图 4.38　IPTA-InSAR 数据处理质量控制文件

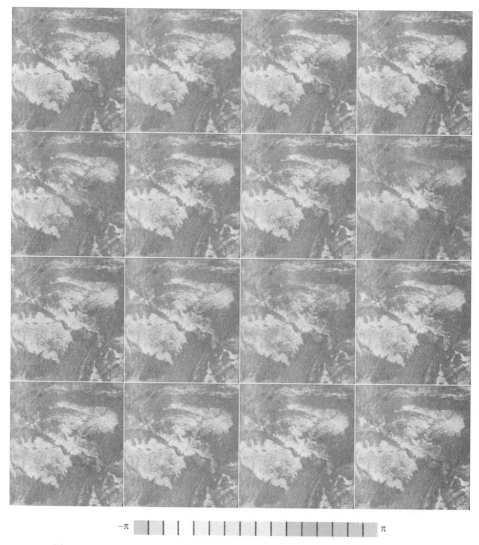

图 4.39　以 2009.02.19 为参考景的单参考 16 景数据的干涉测量大气误差

－4.8rad，农田附近为－1.8rad，换算为 LOS 变形量分别为 0.017m、0.021m、0.008m，垂直升高变形 0.018m、0.023m、0.0085m。

2008.11.06 与 2009.01.15 干涉变形结果测量南部基岩与隔壁过渡带的干涸河床区，最大变形为－1.5rad，LOS 变形为 0.0066m，垂直升高变形为 0.0072m。

2. IPTA-InSAR 监测结果

根据 4.3 节 IPTA-InSAR 处理流程，从 89099 个 PS 起算点开始，最终获得 41443 个有效线性变形 PS 点，主要分布在雷达信号反射效果好的基岩区和戈壁滩区，沙丘、地表植被变化大的地区没有获得有效的线性变形 PS 点分布（图 4.45）。

与场址一不同，场址二观测范围内形变差异较明显，东南部基准点附近与雅布赖山

图 4.40 2004.10.28 至 2004.12.02 干涉变形结果

图 4.41 诺日公附近 2004.10.28 至 2004.12.02 干涉变形结果

图 4.42　出水点附近 2004.10.28 至 2004.12.02 干涉变形结果

图 4.43　诺日公附近 2008.11.06 至 2009.01.15 干涉变形结果

断裂西北部两块区域变形特征一致，其他地区处于负向或正向变形量值。在基岩区外围存在零散 PS 点，地表覆盖物为戈壁和浅层沙丘，推测应为沙层变化，雷达波透射路径变化产生的变形。

　　直方图显示，其变形速率为正态分布，峰值位于 0 值附近，采用组内差别最小，组间差别最大的"Natural breaks"方法 7 分值（图 4.46），拐点分别位于 -7.2mm/a 和 4.9mm/a 位置，该区间内应为主要区域变形值范围，该区间外的值为解缠误差，当然也会包括极其少量的局部高变形值点。

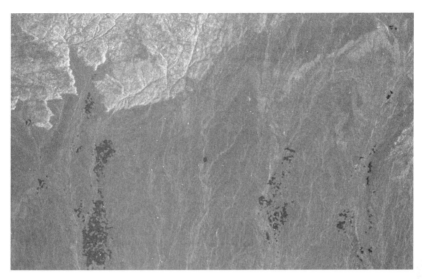

图 4.44　出水点附近 2008.11.06 至 2009.01.15 干涉变形结果

−5mm ▨▨ | | | | | | | | | | | | | ▨▨ +5mm

图 4.45　PS-InSAR 监测获得的 2007.01.11 至 2010.09.02 间区域线性变形速率

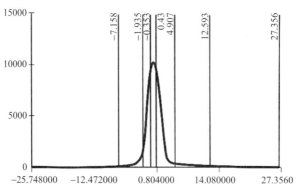

图 4.46　PS 点直方图及"Natural breaks"方法 7 分值

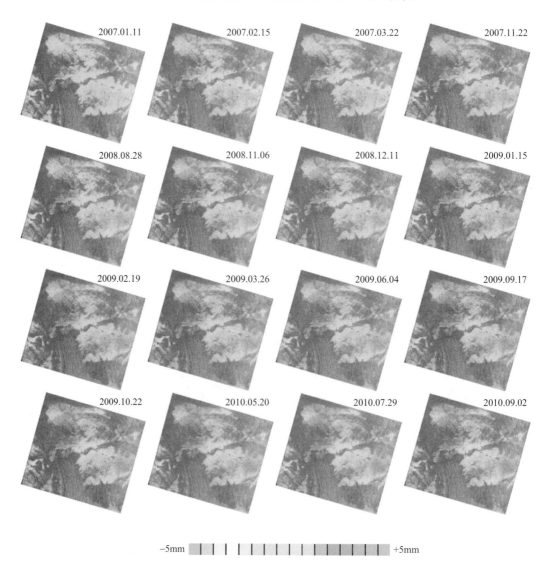

图 4.47　PS-InSAR 监测获得的诺日公地区以 2007.01.11 为基准的不同时期的区域线性缓慢变形量

结合地表覆盖物、地貌特征和地层岩性分析，雅布赖山断裂南侧存在一条 NW 走向的无名断裂断层，其附近变形差异较显著。该断裂具有明显的空间线性特征，有 6 个宽度大于 1km，长度大于 3km 的狭长盆线性展布；盆地中部覆盖第四系松散地层，推测以流沙为主；多个盆地 NE 侧边缘呈现笔直的线性地貌特征，且空间上线性关系良好。此外该断裂的走向与区域节理总体走向一致。

与地层岩性的叠加分析显示，无论是坚硬的侵入岩区，较软弱的沉积岩区，还是松散的戈壁区荒漠都存在"稳定区"、"下沉区"和"上升区"，这表示变形与岩性没有明显的相关性。

拟选场址区虽然位于坚硬的二叠系花岗岩区，但处于沉降区域内，距离推测可能是引发沉降的无名活动断裂垂直距离约 20km，此外，D-InSAR 显示周边区域地下水运移活跃，而且工程处于地下水补给区，人类工程活动也较密集，环境污染风险比场址一区域严重。

以时间最早的 1996.06.30 数据为 0 值参考，按时间序列分解的场址一变形过程如图 4.47 所示。

4.7　比选场址 InSAR 观测结果地质分析

本书研究目的之一是为场址比选提供实测地质依据，4.5、4.6 节详细分析了塔木素与诺日公两块场址的 InSAR 观测变形结果以及其所反映的地质活动内容情况，本节就二者相比的优劣在地质灾害变形、区域活动构造变形和场址区变形进行进一步分析。

4.7.1　L 波段数据与 C 波段数据观测结果比较

前期 L 波段 PALSAR 数据 InSAR 观测结果与本次 C 波段 ASAR（ERS）数据观测结果具有不同的空间几何成像（图 4.48），根据入射角二者主要获得的都是垂直方向的变形，但 ASAR 数据入射角更小（23°），对垂直变形信息更敏感，入射方向二者近似相对，因此在最终成像时，二者反映的变形图像相似，但又有所区别。结合表覆盖物和地层岩性信息分析，可以使我们更清晰的认识这种异同（图 4.49～图 4.52）。

对比可见 C 波段 SAR 数据 InSAR 观测变形在空间覆盖范围、时空基线、PS 点分布、变形速率等方面要优于 L 波段数据。其所反映的变形信息相对更丰富、更可靠。因此后续分析主要采用 C 波段观测的变形结果，对两块场址的变形进行低通滤波后，按 1mm/a 间距生成变形等值线，可清晰的反映出宏观的变形规律（图 4.53）。

4.7.2　地质灾害变形分析

1. 斜坡地质灾害

InSAR 技术通过获取灾害体的微小变形从而探测灾害地质体的存在，这方面应用于地质灾害研究已经有许多成功的案例，尤其在蠕滑型滑坡、地表沉降、采矿塌陷领域应用成效非常显著。研究区地处我国北部阿拉善地区，干旱少雨，地貌以丘陵、戈壁和

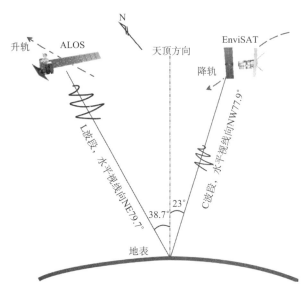

图 4.48　L 波段数据与 C 波段数据观测的几何参数

沙漠为主，基岩出露区主要为坚硬的花岗岩体，半径 100km 范围内无强震记录，地质环境和地质灾害诱发条件决定了两块拟选场址的自然斜坡地质灾害不发育，D-InSAR 和 PS-InSAR 的观测结果也未识别到自然因素诱发的崩塌、滑坡、泥石流等斜坡地质灾害。

2. 地下水波动地表变形

近年来因地表径流减少和农业灌溉汲取地下水，地下水水位变化较快，诱发的地表变形灾害成为地表灾害的主要类型，主要发生在基岩裂隙水向戈壁沙漠浅层滞水的转换带，汇流的干涸湖盆区、居民集聚区、农业开垦区。这类灾害体一般处于低洼、平坦地带，地表植被变化和流沙覆盖往往造成 InSAR 失相干，在地表覆盖物变化不大的短期内进行 D-InSAR 干涉测量可以获取其变形信息，但不能获得稳定 PS 点，IPTA-InSAR 技术不能实施。

塔木素场址中部为坚硬岩体、外围逐步过渡到软弱岩体和松散岩体，对应的地貌形态单一，中部高四周低，松散地层区沙丘覆盖厚，地下水埋藏深；运移规律单一，对地表变形影响小，D-InSAR 仅在南侧边缘观测到一处干涸湖盆变形。

相比而言，诺日公场址区地貌和岩性条件复杂，横亘中部的雅布赖山断裂活动，影响地貌和破碎宽度达到几千米，而且将工作区切割为南北两个地块单元；东西部又分别是反差显著的基岩与松散地层，SN 向盆岭交替；NE 和 NW 两组断层（节理）交错。这些条件决定了场址二发育有利于地表沉降的次松散地层，为地下水的运移活动提供了有利的通道，相对场址一，成为地表沉降灾害的多发区。D-InSAR 共发现这类变形体 15 处，通过其他卫星的加密观测，有望识别到更多的地下水波动引发的沉降灾害。

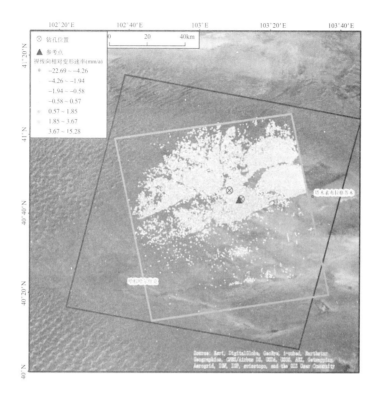

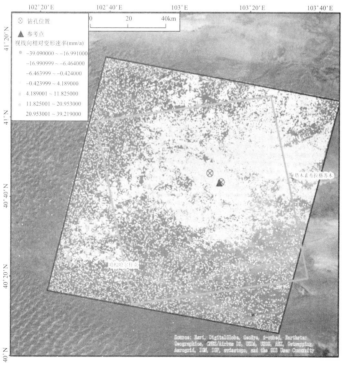

图 4.49　塔木素地区以遥感图像为背景的 L 波段数据与 C 波段数据观测结果对比

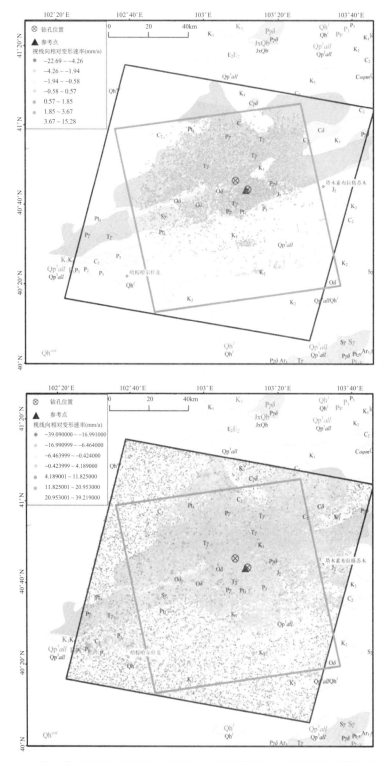

图 4.50　塔木素地区以地层岩性为背景的 L 波段数据与 C 波段数据观测结果对比

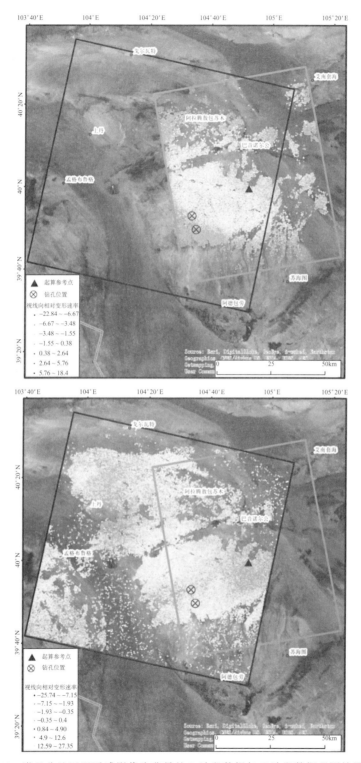

图 4.51　诺日公地区以遥感影像为背景的 L 波段数据与 C 波段数据观测结果对比

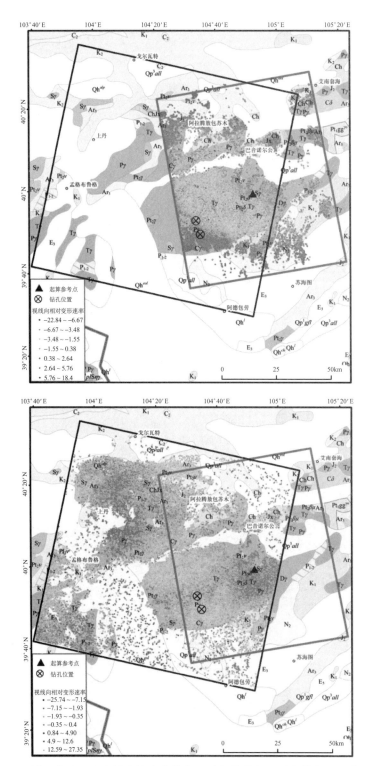

图 4.52 诺日公地区以地层岩性为背景的 L 波段数据与 C 波段数据观测结果对比

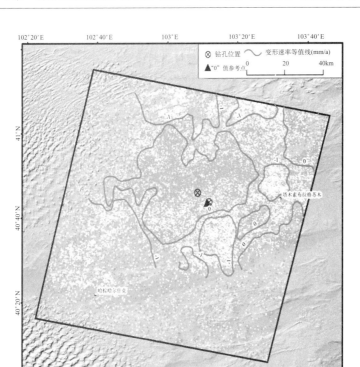

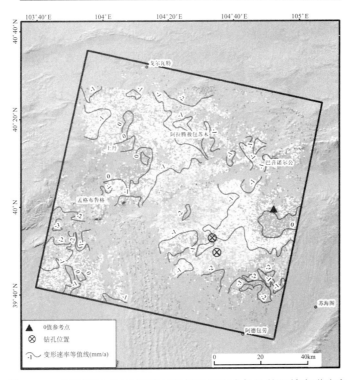

图 4.53　根据 PS-InSAR 观测结果提取的两个场址的区域变形速率

3. 人类活动地质灾害

露天采矿活动是工作区的一项重要人类活动。在平缓地形区硬质岩体开凿的浅层露天矿没有变形现象，但在软弱岩体区形成的高边坡露天矿变形信息显著。

塔木素场址区坚硬岩体以新元古代至早中生代的各期次花岗岩侵入岩体为主，因各期次相互穿插，挤压应力和热液效应使岩体节理裂隙发育，完整性较差，不具备建筑石材的采掘价值。而沉积岩地层主要为白垩系碎屑砂岩、泥页岩，缺乏能够进行露天开采的矿物。因此场址一区域采矿活动不活跃。

相比而言诺日公场址区采矿活跃，占区内面积约 40% 的大面积二叠系花岗岩是优良的建筑石材矿藏，地表采石活跃；诺日公镇西部约 15km 的石炭系砂岩、灰岩地层受雅布赖山断裂活动的热液影响，蕴藏有丰富的有色金属资源，露天采矿活动活跃，加之低山地貌，往往形成露天人工高边坡，重力作用产生蠕变变形。

因为采矿活动持续改造地貌，露天边坡时空变化较快，无法获得 PS 点，不能采用 IPTA-InSAR 技术进行分析。在场址一，未发现高边坡露天矿及其变形现象；在场址二，D-InSAR 探测到了在冬季歇业期密集的有色金属高边坡变形，花岗岩采场未发现变形。

线性工程稳定的反射特征，成为良好的 PS 干涉点，尤其是金属高压电塔，反射信号清晰稳定，其线性变形在 IPTA-InSAR 观测结果上有明显的反映，在场址二区域发现多处浅层地下水丰富地区存在电力塔架下沉问题。

综上所述，两个场址相比而言，场址一 InSAR 数据覆盖区域范围内地质灾害不发育，变形不显著；场址二 InSAR 数据覆盖区域范围内地质灾害变形类型多、发育密集，规模大，但其都位于软弱或是松散岩层区，断距硬质岩区的场址较远，对工程不构成直接的威胁。

4.7.3　区域活动构造变形分析

1. 构造变形量值的比较

从我国大地构造单元上划分，两块比选场址均位于阿拉善地块的内部，目前处于中等应力水平、在整体稳定的条件下略带拉张变形。其半径 100km 范围内没有中强地震记录。在欧亚大地坐标框架下，地壳运动 GPS 监测结果显示工作区以整体的东向运动为主，300km 范围内方向和量值上总体一致，是我国西部地区地表变形量较小的区域（图 4.54）。与国内外构造活动区观测的构造变形（图 4.55）比较，研究的两块场址变形微小。

但是，这种稳定属于相对稳定，阿拉善地块内部具有一定的构造变形差异，可以进一步细化为多个分区，只是因地质条件差距小，常规技术难以判断。而且通过历史地震、地质调查等方法确定的区域构造活动性，一般都是千年甚至万年的时间尺度，对现今设计建造的几十年甚至几百年使用寿命的工程建设影响有多大，很难严格界定。基于 GPS 观测、地震解算等方法获取的构造稳定性受现场工作环境、数据离散、观测数据

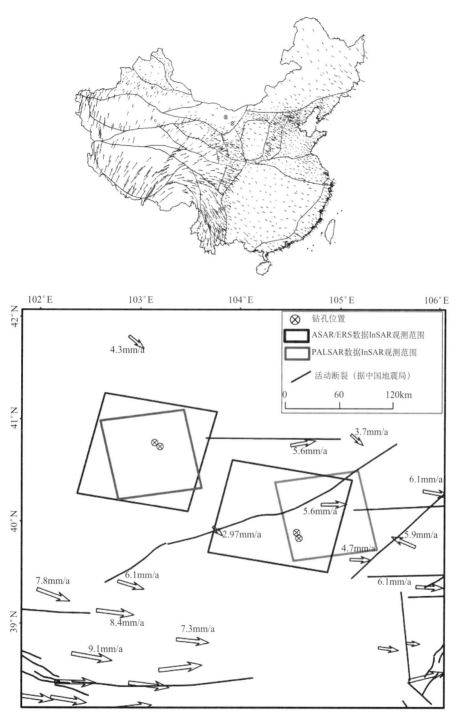

图 4.54　工作区所处的阿拉善地块及欧亚参考坐标系下的地表 GPS 变形速率

(a) 鲜水河断裂带附近的地质灾害

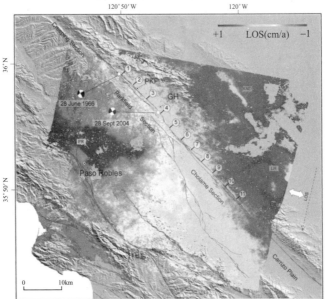

(b) 美国断裂两侧明显的蠕滑差异变形(10mm/a)

图 4.55　InSAR 观测的地质灾害与构造活跃区变形图形

数量、时段等条件限制无法系统全面的评价。

将观测的两个场址变形结果与地震、现场调查活动断裂、本次 InSAR 观测及遥感解译的活动断裂叠加显示（图 4.56、图 4.57），可以对该区域的构造变形有进一步深入认识。

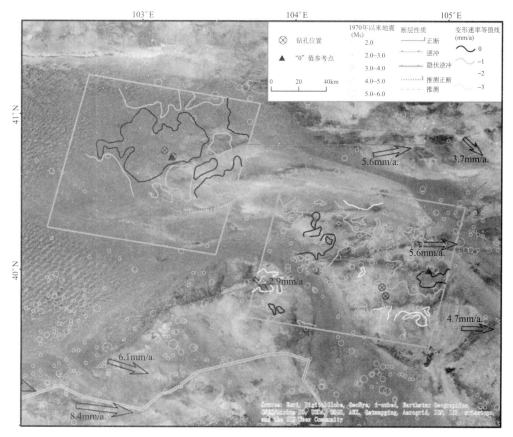

图 4.56　变形值与断层、地震、GPS 变形等信息叠加对比

2. 构造变形 GPS 验证与分析

场址一区域无 GPS 监测点分布，以往研究表明无活动断裂，现今地貌和地层岩性也显示无断裂活动，InSAR 观测也未发现明显的区域性变形。

场址二有雅布赖山活动断裂 NEE 向穿越，附近微小地震多，观测区内有两个 GPS 点，标量速度差 3.63mm/a，向四周各扩张 100 km 半径，覆盖八个 GPS 点，速度差在 3mm/a 左右，这与本次 InSAR 观测场址二获得的最大 3mm/a 视线向速度差量值相当（图 4.54）（虽然二者测量的变形方向有差异），印证了 InSAR 观测构造变形结果的可靠性。

场址二范围内的雅布赖山断裂两侧整体呈现出升降差异，但局部有变化，可能反映了雅布赖山断裂现今具有一定活动性，并且存在分段差异。但缺乏水准测量、GPS 监

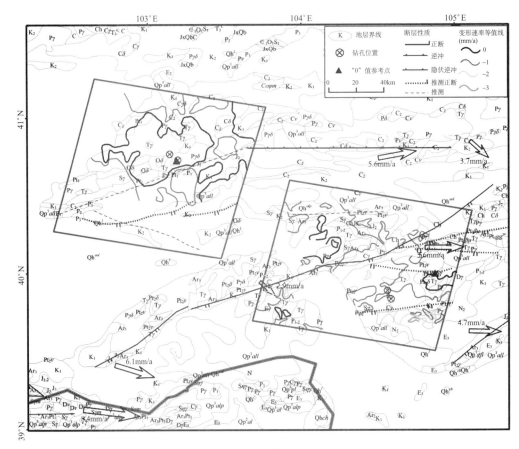

图 4.57　变形值与地层岩性、断层、GPS 变形等信息叠加对比

测等直接的测量证据。在无法搜集历史监测资料的情况下，为了在短期内以实现对 InSAR观测结果的验证核实，建议继续开展相关工作，实现对该区域的构造变形的深入认识：①补充加强对雅布赖山活动断裂的地质调查，看是否存在现今活动变形的地质证据；②在有条件的情况下补充开展物探测试工作。

综上，两个场址都构造运动微弱区。但二者相比，具有一定差别，场址一 InSAR 数据覆盖区域范围内区域变形特征不显著；场址二 InSAR 数据覆盖区域范围内存在疑似活动构造变形，但需要进一步验证。

3. 场址区变形分析

相对于单景 InSAR 观测覆盖几千平方千米的尺度，拟选场址区仅有几平方千米的尺度，且都预先选择在坚硬的花岗岩区，因此场址附近的局部变形并不显著。D-InSAR 短周期、非线性变形观测并未发现变形异常。在 PS 长周期观测过程中，场址一附近变形量小且稳定，场址一两个钻孔附近的变形时程曲线平直（图 4.58），虽然略有"上升"变形，但量值非常微小速率在 0.1～0.01mm/a，小于观察误差，可以说明是无变形信息。而场址二位于"下沉区"与西南缘稳定区的过渡带，北侧钻孔附近的时程曲线平直略有"上升"变形［图 4.59（a）］，南侧钻孔变形时程曲线明显的"下降"变形速率达－1.292mm/a［图 4.59（b）］，根据中国地质调查局"区域地壳稳定性调查评价规范"，地形变高梯度带往往是构造不稳定区，需要引起注意。

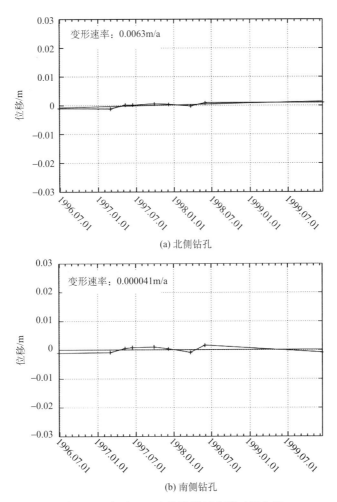

（a）北侧钻孔

（b）南侧钻孔

图 4.58　场址一 2 个钻孔附近变形时程曲线

4. 对观测区构造变形的认识

基于对上述 InSAR 变形的分析，在此强调对观测区构造变形的几点认识：

（1）整个地球表面时时刻刻都有微小的变形，如受固体潮影响、月球引力影响、板块漂移、小区域构造运动影响等，没有绝对不变形的地球表面。

（2）变形具有时段性、周期性和反复性，并不代表沿一个方向一直发展下去。

（3）本研究观察到的变形量值换算成相对量值为每千米范围内 0.002mm/a，这一量值非常微小，仅仅是我国华南稳定地区的 1/2～2/3，青藏高原区地区的 1/5～2/10 左右。

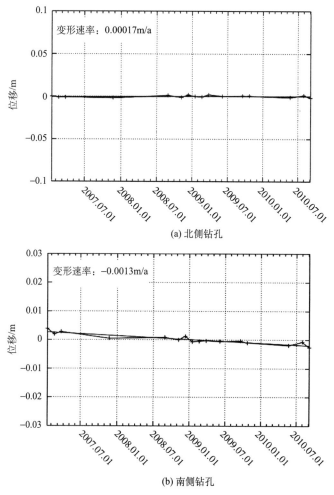

(a) 北侧钻孔

(b) 南侧钻孔

图 4.59　场址二 2 个钻孔附近变形时程曲线

（4）区域变形值表明，两块场地区域构造线性微小运动微弱，无明显构造运动变形和地震地表变形，塔木素场址尤其如此。

4.7.4　问题与建议

1. 需要关注的问题

（1）速率值问题。已有研究证明，PS 点的 LOS 变形量与地面测量相比具有一定的系统偏差，这主要是因为不同测量方式的坐标参考系统不同造成的，但 PS 所覆盖区域内的相对变形趋势是准确的，在应用过程中要注意相对变形所反映的地质信息，而不是刻意追求 PS 变形量与地面测量相比较的准确性。

（2）速率值所反映的信息问题。本次观测值与邻近区域的 GPS 观测值相比波动较大，这可能是因为一方面本测值为 1996～2010 年的变形量，前人可能缺乏这个时间段的工作成果。更重要的是 GPS 和水准测量的变形点都是位于稳定基岩上的构造点，反映区域上稳定的构造变形。而 PS 点在各种地质体表面都有分布，反映出不同地质体运动量，因此 PS 变形量值范围也更大，包含了丰富的地质信息，可以发现一些新的地质运动现象，尤其是表层地质体的运动现象。

（3）单一方向观测问题。InSAR 测量的是一维空间变形速率，主要反映垂直变形及少量近 EW 向变形的合成结果，对 SN 向变形不敏感。

（4）卫星特性问题。L 波段的波长保证了干涉成图质量，受大气影响小，但轨道误差大，导致趋势性变形误差大，不利于构造变形分析。

（5）数据源问题。该地区 ASAR 和 ERS 卫星存档数据相对其他地区偏少，场址一和场址二分别是 15 景和 30 景数据，剔除质量误差后只分别剩余 9 景和 15 景用于干涉测量，在工作区较稳定的条件下，采用 PS-InSAR 技术进行微小地表变形而言时间跨度和观测数量不够充足。

（6）校核样本问题。工作区地表测量工作开展精度低，无明显的变形区域样本，如水准监测、GPS 大地测量点检验。

（7）结果适用问题。InSAR 用于场址构造稳定性评价目前处于实验研究阶段，数据处理质量与处理者的知识背景和操作经验直接相关，可供参考的研究案例有限，更无标准规范可依赖，获取的结论仅在 InSAR 技术假设条件成立的环境下有效，在具体应用时需结合其他数据综合分析，验证后使用。

2. 建议

（1）补充加强对诺日公场址雅布赖山断裂的现场地质调查，看是否存在现今活动变形的地质证据。

（2）对 InSAR 观测和地质分析存在疑问的地区开展野外地质调查验证和补充物探测试工作。

（3）对于存储核废料后地表微小变形进行 InSAR 监测，获取因核废料释热导致的岩体膨胀变形，从而为反分析存储的废料状态、周边岩体物理力学条件和地质环境安全提供数据支撑。

4.8　结　　论

本章利用 C 波段合成孔径雷达数据（SAR）对塔木素和诺日公两个高放废物处置库场址分别开展了 D-InSAR 短周期非线性大变形探测和 IPTA-InSAR 长期线性变形监测研究，弥补了工作区变形监测工作的不足，结合地质背景的分析，在斜坡地质灾害变形、地下水波动地表变形、区域活动构造变形、场址区变形方面取得了一定的认识：

（1）斜坡地质灾害变形。研究区地处我国北部阿拉善地区，干旱少雨，地貌以丘陵、戈壁和沙漠为主，基岩出露区主要为坚硬的花岗岩体，半径 100km 范围内无强震记录，地质环境和地质灾害诱发条件决定了两块拟选场址的自然斜坡地质灾害不发育，D-InSAR 和 PS-InSAR 的观测结果也未识别到这类灾害。

（2）地下水波动地表变形。因地下水水位变化诱发的地表变形灾害成为灾害的主要类型，主要发生在基岩裂隙水向戈壁沙漠浅层滞水的转换带，汇流的干涸湖盆区、居民集聚区、农业开垦区。两个场址相比而言，塔木素场址 InSAR 数据覆盖区域范围内地质灾害不发育、变形不显著；诺日公场址 InSAR 数据覆盖区域范围内地质灾害变形类型多、发育密集、规模大。InSAR 监测和解译结果也显示诺日公周边区域地下水运移活跃，而且工程处于地下水补给区，人类工程活动也较密集，环境污染风险比场址一区域严重。

（3）区域活动构造变形。①根据两块场址地表变形量值可以确定：观测期内两个场址无中等（5级）以上浅源地震发生，区域内断裂活动处于微弱水平，未发现断裂的变形活动；②两块场址比较，塔木素场址区变形相对较统一，雷达视线向变形量值在 1mm/a 左右，诺日公拟选场址区在一定范围内存在差异，雷达视线向变形量值 1～2mm/a，换算成相对量值为每千米范围内 0.002mm/a，这一量值非常微小，仅仅是我国华南稳定地区的 1/2～2/3，青藏高原地区的 1/5～1/10 左右。

（4）场址区变形。两个场址附近变形量微小，塔木素场址附近变形量小且稳定，两个钻孔附近的变形时程曲线平直，年速率小于 0.1mm/a；诺日公场址位于地形变梯度带，北侧钻孔附近的变形时程曲线平直略有上升，南侧钻孔时程曲线略有下降，速率为 −1.3mm/a，变形梯度略逊于场址一。

综上所述，从 InSAR 观测的地表变形，及其分析得到的地下水波动、人类工程活动和构造稳定性的技术角度，两块场址都是构造稳定区域。相比而言，塔木素场址区比诺日公场址区略为优良。

参 考 文 献

宝梁芳，沈正康，徐锡伟. 2008. 汶川 M_s8.0 地震 InSAR 形变观测及初步分析. 地震地质，30（3）：96～103

陈祖安，林邦慧，白武明. 2008. 1997 年玛尼地震对青藏川滇地区构造块体系统稳定性影响的三维 DDA＋FEM 方法数值模拟. 地球物理学报，51（5）：1422～1430

国家重大科学工程"中国地壳运动观测网络"项目组. 2008. GPS 测定的 2008 年汶川 M_s8.0 级地震的同震位移场. 中国科学（D 辑）：地球科学，38（10）：1195～1206

蒋弥，丁晓利，李志伟，朱建军，尹宏杰，王永哲. 2009. 用 L 波段和 C 波段 SAR 数据研究汶川地震的同震形变. 大地测量与地球动力学，29（1）：22～26

马超. 2005. 基于星载 D-INSAR 技术的地表同震形变及震源特征参数数值模拟研究——以青藏高原昆仑山口西 M_s8.1 地震为例. 北京：中国地震局地质研究所

单新建，柳稼航，马超. 2001. 昆仑山口西 8.1 级地震同震形变场特征的初步分析. 地震学报，27（4）：474～480

单新建，马瑾，王长林等. 2002. 利用星载 D-InSAR 技术获取的地表形变场提取玛尼地震震源断层参数. 中国科学（D 辑）：地球科学. 32（10）：837～844

孙建宝，梁芳，沈正康，徐锡伟. 2008. 汶川 M_s8.0 地震 InSAR 形变观测及初步分析. 地震地质，30（3）：96～103

陶玮，沈正康，万永革，单新建，马超. 2007. 根据 2001 年 M_w7.8 可可西里强震 InSAR 同震测量结

果反演东昆仑断裂两侧地壳弹性介质差异. 地球物理学报, 50 (3)：744～751

王超，刘智，张红. 2000. 张北 2 尚义地震同震形变场雷达差分干涉测量. 科学通报, 45 (23)：
　　2550～2553

徐锡伟，闻学泽，于慎鄂等. 2008. 汶川 M 8.0 地震地表破裂的发现及其发震构造讨论. 地震地质, 30
　　(3)：576～595

袁金荣，徐菊生，高士钧. 1999. 基于观测资料的华北地区现今构造应力场反演分析. 地质科技情报, 18
　　(3)：99～103

张培震，徐锡伟，闻学泽等. 2008. 2008 年汶川 8.0 级地震发震断裂的滑动速率、复发周期和构造成
　　因. 地球物理学报, 51 (4)：1066～1073

朱艾斓，徐锡伟，刁桂苓. 2008. 汶川 M_s8.0 地震部分余震重新定位及地震构造初步分析. 地震地质,
　　30 (3)：759～767

Baer G, Hamiel Y, Shamir G, Nof R. 2008. Evolution of a magma-driven earthquake swarm and trigge-
　　ring of the nearby Oldoinyo Lengai eruption, as resolved by InSAR, ground observations and elastic
　　modeling, East African Rift, 2007. Earth and Planetary Science Letters, 272：339～352

Banerjee P, Pollitz F, Bürgmann R. 2005. Implications of far-field static displacements for the size and
　　duration of the Great 2004 Sumatra-Andaman earthquake. Science, 308, doi：10. 1126/science.
　　1113746 Rhie J D S, Dreger R, Bürgmann Romanowicz B. Slip of the 2004

Berardino P, Fornaro G, Lanari R, et al. 2002. A new algorithm for surface de formation monitoring
　　based on small base line differential SAR interferograms. IEEE Trans Geosci Remote Sensing, 40
　　(11)：2375～2380

Dubois L, Feigl K L, Komatitsch D, Árnadóttir T, Sigmundsson F. 2008. Three-dimensional mechanical
　　models for the June 2000 earthquake sequence in the south Iceland seismic zone. Tectonophysics,
　　457：12～29

Dubois L, Kurt L F, Dimitri K, Thóra Á, Freysteinn S. 2008. Three-dimensional mechanical models for
　　the June 2000 earthquake sequence in the south Iceland seismic zone. Tectonophysics, 457：12～29

Dzurisin D, Lisowski M, Wicks W C, Poland M P, Endo E T . 2006. Geodetic observations and model-
　　ing of magmatic inflation at the Three Sisters volcanic center, central Oregon Cascade Range, USA.
　　Journal of Volcanology and Geothermal Research, (150)：35～54

Ferretti A, Prati C, et al. 2000. Nonlinear subsidence rate estimation using permanent scatters in differ-
　　ential SAR interferometry. IEEE Transactions on Geoscience and Remote Sensing, 38 (5)：
　　2202～2212

Ferretti A, Prati C, et al. 2001. Permanent scatterers in SAR interferometry. IEEE Transactions on
　　Geoscience and Remote Sensing, 39 (1)：8～20

Funning G J, Barke R, Lamb S H, Minayab E, Parsons B, Wright T J. 2005. The 1998 Aiquile, Bolivia
　　earthquake：A seismically active fault revealed with InSAR. Earth and Planetary Science Letters.
　　232：39～49

Gabriel A K, Goldstein R, Mand Zebker H A. 1989. Mapping small elevation changes over large areas：
　　Differential radar interferometry. Geophys Res , 94 (B7)：9183～9191

Gan W, Zhang P Z, Shen Z K. 2007. Present-day crustal motion within the Tibetan Plateau inferred from
　　GPS measurements. J Geophys Res, 112：B08416

Geodesy and Earth Observation Systems (Group). 2008. The 2008 Sichuan Earthquake in China as
　　Mapped by Satellite Radar Interferometry. http：//www. gmat. unsw. edu. au/LinlinGe/Earth-

quake/

Hooper A, Zebker H, Segall P, Kampes B. 2004. A new method for measuring deformation on volcanoes and other natural terrains using InSAR persistent scatterers. Geophys Res Lett, 31 (23): 611

Kampes B M. 2005. Displacement parameter estimation using permanent scatterer interferometry. Ph D Dissertation, Delft Univ Technol, Delft, The Netherlands

Lanari R, Mora O, Manunta M, Mallorqui J J, Berardino P, Sansosti E. 2004. A small-baseline approach for investigating deformations on full-resolution differential SAR interferograms. IEEE Trans Geosci Remote Sens, 42 (7): 1377~1386

Massonnet, D, Rossi M, Carmona C. 1993. The displacement field of the Landers earthquake mapped by radar interferometry. Nature, 364: 138~142

Meyer B, Armijo R, Massonnet D. 1996. The 1995 Grevena (Northern Greece) earthquake: Fault model constrained with tectonic observation and SAR interferometry. Geophys Res Lett, (19): 2677~2680

Michel R, Avouac J. 2002. Deformation due to the 17 August 1999 Izmit, Turkey, earthquake measured from SPOT images. J Geophys Res, 107 (B4): ETG221~227

Pathier E, Fruneau B, Deffontaines B. 2003. Coseismic displacements of the footwall of the Chelungpu fault caused by the 1999, Taiwan, Chi-Chi earthquake from InSAR and GPS data. Earth and Planetary Science Letters, 212: 73~88

Pathier E, Fruneau B, Deontaines B, Angelier J, Chang C P, Yu S B, Lee C T. 2003. Coseismic displacements of the footwall of the Chelungpu fault caused by the 1999, Taiwan, Chi—Chi earthquake from InSAR and GPS data. Earth and Planetary Science Letters, 212: 73~88

Pedersen R, Jónsson S, Árnadóttir T, Sigmundsson F, Feigl K L. 2003. Fault slip distribution of two June 2000 M_W 6.5 earthquakes in South Iceland estimated from joint inversion of InSAR and GPS measurements. Earth and Planetary Science Letters, 213: 487~502

Peltzer G, Crampe F, King G, et al. 1999. Evidence of nonlinear elasticity of the crust from the M_W 7.6 Mani (Tibet) earthquake. Science, 286: 272~276

Shen Z K, Ge X B, Jackson D D. 1996. Northridge earthquake rupture model based on Global Positioning System measurements. Bull Seismol Soc Amer, 86 (1B): S37~S48

Stramondo S, Moro M, Tolomei C, Cinti F R, Doumaz F. 2005. InSAR surface displacement field and fault modelling for the 2003 Bam earthquake (southeastern Iran). Journal of Geodynamics, 40: 347~353

Strozzi T, Wegmüller U, Keusen H R, Graf K, Wiesmann A. 2006. Analysis of the terrain displacement along a funicular by SAR interferometry. IEEE Geosci Remote Sens Lett, 3 (1): 15~18

Teatini P, Strozzi T, Tosi L, Wegmüller U, Werner C, Carbognin L. 2007. Assessing short- and long-time displacements in the Venice coastland by synthetic aperture radar interferometric point target analysis. J Geophys Res, (112): 1~12

Van der Kooij M, Hughes W, Sato S, Poncos V. 2006. Coherent target monitoring at high spatial density: Examples of validation results. Eur Space Agency Spec Publ, SP-610

Wang H, Wright T J, Biggs J. 2009. Interseismic slip rate of the northwestern Xianshuihe fault from InSAR data, Geophys Res Lett, 36: L03302

Wegmüller U，Werner C，Strozzi T，Wiesmann A，2004. Multi-temporal interferometric point target a-nalysis. In：Analysis of Multi-Temporal Remote Sensing Images，Smits and Bruzzone（eds）. Singa-pore：World Scientific，ser Series in Remote Sensing：136~144

Werner C，Wegmüller U，Strozzi T，Wiesmann A，2003. Interferometric point target analysis for de-formation mapping. Proc IGARSS，Toulouse，France，4362~4364

第5章 阿拉善花岗岩体深孔地应力测量分析

5.1 水压致裂地应力测量方法

水压致裂法地应力测量，是 20 世纪 70 年代发展起来的一种能够较好测量地壳深部应力的可靠而有效的方法。该方法是 1987 年国际岩石力学学会试验方法委员会颁布的确定岩石应力建议方法中所推荐的方法之一，是目前国际上能较好地直接进行深孔应力测量的先进方法（国际岩石力学学会试验方法委员会，1987；Haimson and Cornet，2003）。该方法无需知道岩石的力学参数就可获得地层中现今地应力的多种参量，并具有操作简便、可在任意深度进行连续或重复测试、测量速度快、测值可靠等特点。因此，该方法在交通工程、水电工程，基础地质研究中得到了广泛的应用和发展，并取得了大量的研究成果。

5.1.1 测试原理

水压致裂原地应力测量原理是以弹性力学为基础，并以下面三个假设为前提：
（1）岩石是线弹性和各向同性的。
（2）岩石是完整的，压裂液体对岩石来说是非渗透的。
（3）岩层中有一个主应力分量的方向和钻孔轴向平行。

在上述理论和假设前提下，水压致裂的力学模型可简化为一个平面应力问题，如图 5.1 所示。

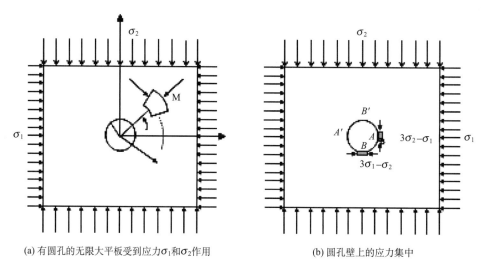

(a) 有圆孔的无限大平板受到应力σ_1和σ_2作用   (b) 圆孔壁上的应力集中

图 5.1　水压致裂地应力测量力学模型

根据平面假定，这相当于两个主应力 σ_1 和 σ_2 作用在含有半径为 a 的圆孔的无限大平板上。根据弹性力学分析，圆孔外任意一点 M 处的应力为

$$
\begin{cases}
\sigma_r = \dfrac{\sigma_1 + \sigma_2}{2}\left(1 \quad \dfrac{a^2}{r^2}\right) | \dfrac{\sigma_1 - \sigma_2}{2}\left(1 - \dfrac{4a^2}{r^2} + \dfrac{3a^4}{r^4}\right)\cos 2\theta \\[2mm]
\sigma_\theta = \dfrac{\sigma_1 + \sigma_2}{2}\left(1 + \dfrac{a^2}{r^2}\right) - \dfrac{\sigma_1 - \sigma_2}{2}\left(1 + \dfrac{3a^4}{r^4}\right)\cos 2\theta \\[2mm]
\tau_{r\theta} = \dfrac{\sigma_1 - \sigma_2}{2}\left(1 + \dfrac{2a^2}{r^2} - \dfrac{3a^4}{r^4}\right)\sin 2\theta
\end{cases}
\tag{5.1}
$$

公式，σ_r 为 M 点的径向应力；σ_θ 为切向应力；$\tau_{r\theta}$ 为剪应力；r 为点 M 到圆孔中心的距离。

当 $r = a$ 时，即为孔壁上的应力状态：

$$
\begin{cases}
\sigma_r = 0 \\
\sigma_\theta = (\sigma_1 + \sigma_2) - 2(\sigma_1 - \sigma_2)\cos 2\theta \\
\tau_{r\theta} = 0
\end{cases}
\tag{5.2}
$$

由式（5.2）可得出如图 5.1（b）所示的孔壁 A、B 两点及其对称处（A′，B′）的应力集中分别为

$$
\sigma_A = \sigma_{A'} = 3\sigma_2 - \sigma_1
\tag{5.3}
$$

若 $\sigma_1 > \sigma_2$，由于圆孔周边应力的集中效应，则 $\sigma_A < \sigma_B$。因此，在圆孔内施加的液压大于孔壁上岩石所能承受的应力时，将在最小切向应力的位置上，即 A 点及其对称点 A′ 处产生张破裂，并且破裂将沿着垂直于最小主应力的方向扩展。把孔壁产生破裂的外加液压 P_b 称为临界破裂压力，该值等于孔壁破裂处的应力集中加上岩石的抗拉强度 T_{hf}，即

$$
P_b = 3\sigma_2 - \sigma_1 + T_{hf}
\tag{5.4}
$$

若考虑岩石中所存在的孔隙压力 P_o，式（5.4）将为

$$
P_b = 3\sigma_2 - \sigma_1 + T_{hf} - P_o
\tag{5.5}
$$

在垂直钻孔中测量地应力时，常将最大、最小水平主应力分别写为 σ_H 和 σ_h，即 $\sigma_1 = \sigma_H$，$\sigma_2 = \sigma_h$。当压裂段的岩石被压破时，P_b 可用下列公式表示：

$$
P_b = 3\sigma_h - \sigma_H + T_{hf} - P_o
\tag{5.6}
$$

孔壁破裂后，若继续注液增压，裂缝将向纵深处扩展。若马上停止注液增压，并保持压裂回路密闭，裂缝将停止延伸。由于地应力场的作用，裂缝将迅速趋于闭合。通常把裂缝处于临界闭合状态时的平衡压力称为瞬时关闭压力 P_s，它等于垂直裂缝面的最小水平主应力，即

$$
P_s = \sigma_h
\tag{5.7}
$$

如果再次对封隔段增压，当裂缝重新张开时，即可得到破裂重新张开的压力 P_r。由于此时的岩石已经破裂，抗张强度 $T_{hf} = 0$，这时即可把（5.6）式改写成：

$$
P_r = 3\sigma_h - \sigma_H - P_o
\tag{5.8}
$$

用（5.6）式减（5.8）式即可得到岩石的原位抗拉强度：

$$T_{hf} = P_b - P_r \tag{5.9}$$

根据（5.7）、（5.8）式又可得到求取最大水平主应力 σ_H 的公式：

$$\sigma_H = 3P_s - P_r - P_o \tag{5.10}$$

垂直应力可根据上覆岩石的重量来计算：

$$\sigma_v = \rho g h \tag{5.11}$$

式中 ρ 为岩石密度，g 为重力加速度，h 为岩石埋深。

为便于描述，以下将最大、最小水平主应力以及垂向应力分别表示为 S_H、S_h、S_v。

5.1.2 测试方法与程序

1. 水压致裂测试方法

概括地讲，水压致裂原地应力测量方法就是：利用一对可膨胀的封隔器在选定的测量深度封隔一段钻孔，然后通过泵入流体对该试验段（常称压裂段）增压，同时利用计算机数字采集系统记录压力随时间的变化。对实测记录曲线进行分析，得到特征压力参数，再根据相应的理论计算公式，就可得到测点处的最大和最小水平主应力的量值以及岩石抗拉强度等岩石力学参数。

测试系统如图 5.2 所示。这是一套单回路水压致裂应力测量系统。所谓单回路，就是只用一条高压管向进下施压，井下通过推拉开关进行转换，分别使封隔器座封和井段压裂。单回路和双回路对比试验表明，单回路和双回路获得的资料没有区别，都是可靠的，只是测量设备的具体组成上略有不同。单回路水压致裂应力测量系统的主要优点有：①适用于深钻孔和小口径钻孔中测量，避免双回路尺寸超过钻孔孔径和因高压胶管固结不稳导致钻孔事故；②试验现场操作简单，方便快捷，安全高效；③在钻孔掉块不严重、孔径微量变形时，也能通过钻杆将设备放置到预测位置，保证测试正常进行和设备升井。单回路测量方式在青藏铁路工程（吴珍汗等，2009）、北京地区相关科研项目、地壳深部探测科研项目等重大项目中得到了广泛的应用，并取得了高质量的地应力资料，本次测量工作，根据钻孔条件及相关配合条件，采用了单回路水压致裂应力测量系统。

水压致裂法的现场测试程序如下：

（1）选择试验段。

根据岩心编录查校完整岩心所处的深度位置以及工程设计所要求的位置。为使试验能顺利进行，还要考虑封隔器必须放置在孔壁光滑、孔径一致的位置。为确保资料分析的可靠性，在钻孔条件允许的情况下应尽可能多选试验段。

（2）检验测量系统。

在正式压裂前，要对测试所使用的钻杆及压裂系统进行检漏试验，一般试验压力不低于 15MPa。为确保试验数据的可靠性，要求每个接头都不得有点滴泄漏。对已试验钻杆进行编号，以便测试深度准确无误。另外，还要对所使用的仪器设备进行检验标

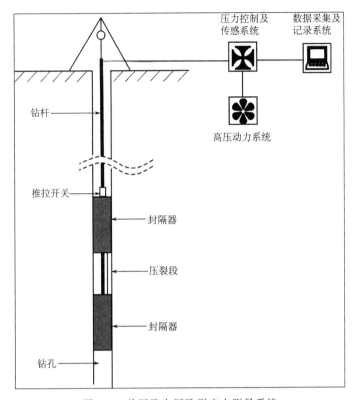

图 5.2　单回路水压致裂应力测量系统

定，以保证测试数据的准确性和可靠性。

（3）安装井下测量设备。

用钻杆将一对可膨胀的橡胶封隔器，放置到所要测量的深度位置。

（4）座封。

在地面使用高压水泵，通过钻杆和封隔器顶部的转换开关向封隔器加压，使其膨胀并与孔壁紧密接触，即可将压裂段予以隔离，形成一个密闭空间（即压裂试验段）。

（5）压裂。

关闭封隔器座封通道，封隔器内施加的座封压力将被保持，同时接通压裂试验段位置，启动高压泵向被封隔的空间（压裂试验段）增压。

在增压过程中，由于高压回路中装有压力传感器，数字采集仪器和压力表仪表上的压力值将随高压液体的泵入而迅速增高。由于钻孔周边的应力集中，压裂段内的岩石在足够大的液压作用下，将会在最小切向应力的位置上产生破裂，也就是在垂直于最小水平主应力的方向开裂。这时所记录的临界压力值 P_b，就是岩石的破裂压力。岩石一旦产生裂缝，压力将急剧下降。若继续保持排量加压，裂缝将保持张开并向纵深处延扩。

（6）关泵。

岩石开裂后关闭高压泵，停止向测试段注压。在关泵的瞬间压力将急剧下降；之后，随着液体向地层的渗入，压力将缓慢下降。在岩体应力的作用下，裂缝趋于闭合。

当裂缝处于临界闭合状态时记录到的压力即为关闭压力 P_s。

（7）卸压。

当压裂段内的压力趋于平稳或不再有明显下降时，即可解除本次封隔段内的压力，连通大气，促使已张开的裂缝闭合。

在测试过程中，每段通常都要进行 3～5 个回次，以便取得合理的应力参量以及准确判断岩石的破裂和裂缝的延伸状态。水压致裂过程中所得到的压力-时间曲线如图 5.3 所示。

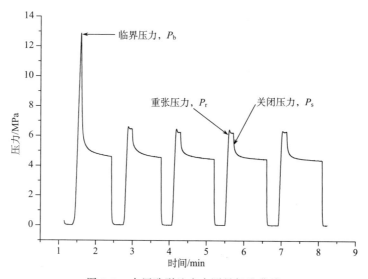

图 5.3　水压致裂地应力测量标准曲线

2. 印模定向试验方法

在压裂测量之后即可进行裂缝方位的测定，以便确定最大水平主压应力的方向。常用的方法是印模定向试验方法，它可直接把孔壁上的裂缝痕迹印下来；印模定向系统由自动定向仪和印模器组成（图 5.4）。印模器从外观上看，与封隔器大致相同，所不同的是，它的表层覆盖着一层半硫化橡胶。

测定方位时，先将接有定向仪的印模器放到水压致裂应力测量段的深度，然后在地面通过增压系统将印模器膨胀。为了获得清晰的裂缝痕迹，需要施加足够的高压，促使孔壁已有裂缝重新张开以便半硫化橡胶挤入，并保持相应的时间，印模器表面就印制了与裂缝相对应的凸起印迹。

定向仪是由铜质外壳和内装的电磁罗盘构成。在预定时间到达时，电磁罗盘记录下印模器基线的方位。

待保压时间结束后，泄掉印模器的压力并将其提出钻孔。用透明塑料薄膜将印模器围起，绘下印模器表面凸起的印痕和基线标志，然后根据电磁罗盘确定的印模器基线方位和印痕之间的关系，计算出所测破裂面的走向（也就是最大水平主压应力的方向）。

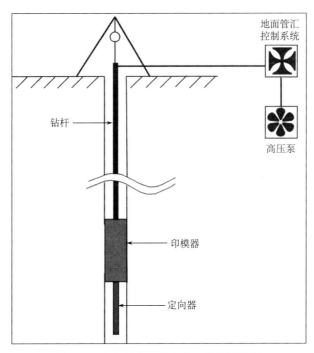

图 5.4　确定最大主应力方向的测试装置

5.1.3　数据分析方法

从如图 5.3 所示的压力-时间记录曲线中可直接得到岩石的破裂压力 P_b，瞬时关闭压力 P_s 以及裂缝的重新张开压力 P_r，根据这几个基础参数就可以计算出最大水平主应力 S_H 和最小水平主应力 S_h 及岩石的原位抗拉强度 T_{hf}。各压力参数的判读及计算方法如下：

（1）破裂压力 P_b。

破裂压力 P_b 一般比较容易确定，即把压裂过程中第一循环回次的峰值压力称为岩石的破裂压力（图 5.3）。

（2）重张压力 P_r。

重张压力 P_r 为后续几个加压回次中使已有裂缝重新张开时的压力。通常取压力-时间曲线上斜率发生明显变化时对应的一点（图 5.3）为破裂重新张开的压力值。在测试中通常采用第二、第三回次的平均值。

为克服岩石在第一、第二回次可能未充分破裂所带来的影响，和后几个回次随着裂缝开合次数增加造成重张压力逐次变低的趋势，通常取第三个循环回次的值为该测试段的重张压力值，或取第二、第三、第四循环回次的平均值。

（3）关闭压力 P_s。

关闭压力 P_s 的确定对于水压致裂应力测量来说非常重要。由公式（5.7）可知，关闭压力 P_s 等于最小水平主应力 S_h，也就是说水压致裂法可直接测出最小水平主应力值

S_h；另外，在计算最大水平主应力时，由于 P_s 的取值误差可放大 S_H 的计算误差，因而关闭压力的准确取值便显得尤为关键。目前，比较常用和通行的 P_s 取值方法有拐点法、单切线及双切线法、dt/dP 法、dP/dt 法、Mauskat 方法、流量-压力法等。本次试验中 P_s 的取值方法采用了单切线、dt/dP 方法和 dP/dt 方法。

相比而言，单切线法简单、实用并且直观。其作法是，从压力时间记录曲线上关泵的一点开始，对该衰减曲线作一切线，切线与记录曲线明显偏离的那一点记为瞬时关闭压力对应的数值点 [如图 5.5 (a)]。dt/dP 方法是林一夫 (Hayashi, 1991) 等人首先提出的。他们在室内实验的基础上，详细研究了水压致裂实验中裂缝破裂及闭合的力学机制。当裂缝充分张开后关闭加压系统时，随着流体向岩体内的渗透，压力将逐渐下降。此时可将压力下降过程（曲线）分为三个阶段：第一阶段是从关泵到裂缝的尖端闭合；第二阶段是从裂缝尖端闭合点到裂缝起始点的闭合；其后为第三阶段，对应流体由孔壁向岩石中的渗透。在裂缝的整个闭合过程中，岩体的渗透条件也在发生变化，在 dt/dP-P 图上形成了三条近似直线的回归曲线 [图 5.5 (b)]。由第一阶段和第二阶段两条回归直线及第二阶段和第三阶段两条回归直线可得到两个交点，第一交点的压力为裂缝尖端闭合压力即为瞬时关闭压力 P_s。这一结论不但得到了理论上的证明，而且也被大量的室内试验和野外测试所证实。Haimson 和 Cornet (2003) 认为，岩石破裂及关泵以后，试验段内压力 P 的衰减与时间 t 的关系近似服从指数。dP/dt 方法的具体思路为在压力-时间曲线的压力下降部分中，求出每个压力点的 dP/dt 值，在所求 dP/dt 数据中明显转折处将该数据分成两组，然后对两组数据进行线性拟合，拟合的最佳程度是使得各试验点的实测值与拟合值之差的平方和最小，则两组数据所拟合的直线之间交点处的压力值即为瞬时关闭压力的值 [如图 5.5 (c)]。

(4) 孔隙压力 P_0。

由公式 (5.10) 可知，在计算最大水平主应力时，需要岩层的孔隙压力值。国内外大量的实际测量和研究表明，在绝大多数情况下，孔隙压力基本上等于静水位压力。因此，在水压致裂法应力测量过程中，通常以测量段所处地下水位的静水压力代替岩层的孔隙压力 P_0。

5.1.4　测试设备及质量保证

根据前期对工作区域相关资料的收集分析，为水压致裂应力测量配备了相关设备，主要测试设备如下：

(1) 高压水泵：德国 MAHA 高压水泵。

公司名称：CABAO Warenhandels-GmbH；

公司地址：Uhlandstr. 36 A 22087 Hamburg Germany；

额定压力：35MPa；

额定流量：15L/min；

该泵外观见图 5.6。

(2) 用于标定压力传感器的标准压力表。

生产厂家：西安云仪仪表有限公司；

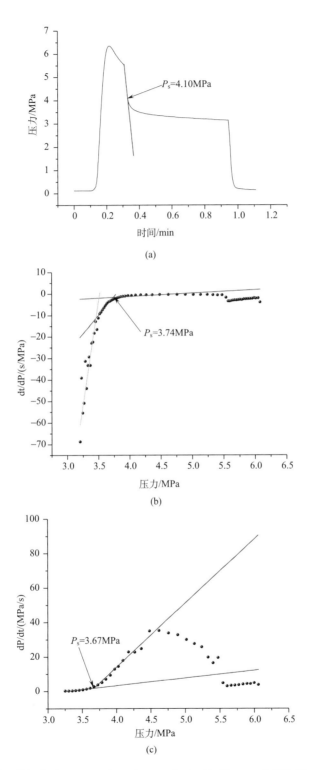

图 5.5　利用单切线法（a）、dt/dP 法（b）和 dP/dt 法（c）分别计算 P_s 的示意图

图 5.6　MAHA 高压水泵外观图

型号：YB-160C；

测量范围：－0.1～60MPa；

精度等级：0.25 级；

标准压力表外观见图 5.7。

图 5.7　YB-160C 型压力表外观图

（3）压力传感器。

生产厂家：北京正开仪器有限公司；

测量范围：0～50MPa；

压力传感器外观见图 5.8。

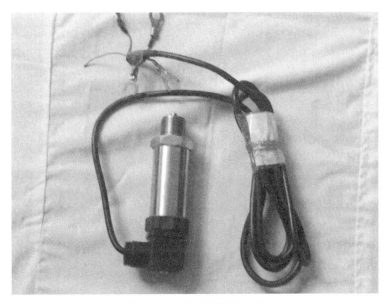

图 5.8　压力传感器外观图

为保证测试数据的可靠性，首先按照相关的规范和要求进行现场测试。然后用高精度标准压力表对压力传感器进行增减压标定。图 5.9 是 0～15MPa 范围标定曲线，由标

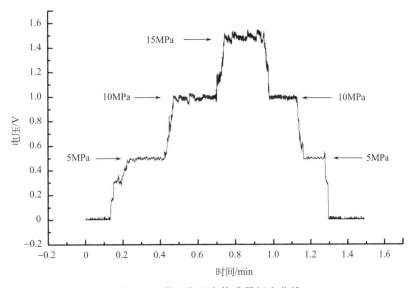

图 5.9　诺日公压力传感器标定曲线

定曲线可见，在升压与降压阶段，0～15MPa 范围内各压力点与对应的电压值表现了很好的线性关系，而且曲线的升压与降压阶段基本对称，说明压力传感器具有良好的线性和重复性。最后，为消除压力传感器微小的线性变化以及人工取值的影响，按照国际标准采用了数据自动处理系统进行数据的分析和计算，从而提高测量结果的准确性和可信度。

5.2 诺日公 NRG01 号钻孔地应力测量及分析

5.2.1 诺日公 NRG01 号钻孔概况

诺日公 NRG01 号钻孔位于内蒙古阿拉善左旗诺日公苏木，周边为沙漠、荒漠区，植被稀少，周边地形相对平缓（图 5.10）。钻孔终孔深度为 603.066m，钻孔结构为 ϕ130mm 开孔，下入 ϕ127mm 井口套管，然后用 ϕ95mm 钻头施工至 603.066m 终孔。全孔共钻进 433 个回次，累计钻进深度 603.066m。钻孔水位为 19m。

(a) 似斑状二长花岗岩

(b) 中细粒二长花岗岩

(c) 花岗闪长岩

图 5.10 诺日公 NRG01 号钻孔典型岩心照片

NRG01 号钻孔施工孔深 603.066m，自上至下共分为 11 层（表 5.1），所揭露的岩性以似斑状二长花岗岩为主体，岩性较单一，岩石新鲜、完整。其中夹杂一些在岩浆结晶分异过程中形成的中细粒二长花岗岩、花岗闪长岩以及构造动力、蚀变作用形成的破碎带。

表 5.1　诺日公 NRG01 号钻孔分层深度表

序号	岩石名称	分层位置/m
1	似斑状二长花岗岩	0～69.600
2	中细粒二长花岗岩	69.600～71.400
3	似斑状二长花岗岩	71.400～292.500
4	构造破碎带	292.500～294.10
5	似斑状二长花岗岩	294.100～300.95
6	构造破碎带	300.95～302.000
7	似斑状二长花岗岩	302.000～353.265
8	构造破碎带	353.265～355.612
9	似斑状二长花岗岩	355.612～417.490
10	花岗闪长岩	417.490～517.280
11	似斑状二长花岗岩	517.280～603.066

似斑状二长花岗岩呈浅肉红色，似斑状花岗结构，块状构造［图 5.10（a）］。矿物成分主要为：钾长石（35%左右），呈半自形粒状结构、它形粒状，大小 2～22mm，似斑晶含量为 10%～20%；斜长石（35%左右），自形-半自形柱状、板状，大小 2～5mm；石英（25%左右），它形粒状，大小 2～4mm；其他暗色矿物（<5%）。

中细粒二长花岗岩呈浅肉红色，中细粒花岗结构，块状构造［图 5.10（b）］。岩石相对较为坚硬，岩心呈长柱状、柱状。矿物成分主要为：钾长石（35%左右），呈半自形板状、半自形粒状，粒度 3～5mm；斜长石（25%左右），呈粒状，粒度 3～5mm 不等；石英（25%），呈它形粒状，大小 2～5mm；其他矿物（10%左右）；暗色矿物（5%左右）。

花岗闪长岩呈灰白色，局部肉红色，半自形粒状结构，块状构造［图 5.10（c）］。岩石相对坚硬，岩心呈柱状、长柱状。矿物成分主要为斜长石（60%左右），半自形粒状结构，粒径 3～5mm；石英（25%左右），它形粒状，大小 3～6mm；暗色矿物以角闪石为主，含量为 15%左右。

钻孔揭露段未见有区域构造，局部受应力作用，见有规模较小的断裂发育，发育位置及特征（见表 5.2，图 5.10）。

现场测试时在诺日公 NRG01 号钻孔预选了 14 个深度段进行水压致裂地应力测量。现场试验过程中，结合水文试验开展情况，实际测量深度在 571.40m 以内，同时对个别试验段深度进行了微调，以获得更加理想的测量曲线。诺日公 NRG01 号钻孔 571.40m 深度范围内共进行压裂试验 14 次，获得有效测量曲线 14 段，取得有效印模 4

段，为确定该孔主应力大小提供了翔实可靠的基础数据，测量完成工作量见表5.3（如图5.11）。图5.12是诺日公NRG01号钻孔压裂试验现场工作照片。

表5.2　NRG01号钻孔断裂发育位置及特征表

序号	回次	位置/m	宽度/m	轴夹角/（°）	断层特征
1	239回次	288.700～288.920	0.22	64	黄褐色，岩心呈短柱状，软弱，角砾为二长花岗岩，断层泥为高岭土及少量铁质
2	240～242回次	292.500～294.100	1.600	26	岩心呈碎块状或块状，块度一般约为3～8cm，较大为10cm。滑动面多为浅肉红色，角砾为似斑状二长花岗岩，断层泥主要为高岭土
3	246～247回次	300.951～302.000	1.050	70	岩心呈碎块状和块状、柱状，块度一般为3～6cm。滑动面浅肉红色，角砾为似斑状二长花岗岩，断层泥为高岭土
4	263回次	326.900～326.950	0.05	72～85	灰白色，滑动面褐红色，光滑，有擦痕，宽度较小。角砾为似斑状二长花岗岩，断层泥为高岭土及铁质，泥质含量65%左右
5	275回次	348.200～348.600	0.40	25	砖红色，有少量似斑状二长花岗岩及断层泥组成，断层泥为高岭土及铁质
6	277～278回次	353.265～355.612	2.347	不清	受地质构造作用，岩心破碎，多呈碎块状、块度约为3～7cm。裂隙发育较好且杂乱，裂隙面为浅肉红色，有泥质、绿泥石充填等，原岩为似斑状二长花岗岩

表5.3　诺日公NRG01号钻孔水压致裂地应力测量完成工作量统计表

钻孔编号	孔深/终孔孔径/(m/mm)	测试时间	合同要求压裂段数	有效压裂段数	合同要求印模段数	有效印模段数
NRG01	603.045/95	2014.9～2014.10	10	14	3～5	4

5.2.2　诺日公NRG01号钻孔测量结果

对钻孔揭露的地层情况有了较清楚的认识之后，预选了相对完整的14段岩心作为水压致裂地应力测量压裂段，选段尽量避开较破碎及裂隙节理发育段，选取岩心较完整的花岗岩段。最终测量获得了14段有效测试数据。图5.13、图5.14给出了诺日公NRG01号钻孔14个压裂段的原始测量曲线。

根据国际上通用的水压致裂数据处理方法标准，对NRG01号钻孔水压致裂地应力测量数据进行了处理。选取国际岩石力学学会推荐的判读瞬时关闭压力方法中的单切线法，dP/dt法和dt/dP法判读P_s，并将它们的平均值作为P_s的最终取值。表5.4给出了水压致裂地应力测量结果，其中，深度是指地面至压裂段中心点的深度；垂向应力是

(a) 288.700~288.920m处断裂

(b) 300.951~302.000m处断裂

(c) 348.200~348.600m处断裂

图 5.11　NRG01 号钻孔中存在的破碎带

(a) 现场准备测试设备

(b) 现场试验所用钻杆是否合格

(c) 往井里下压裂实验装置

(d) 测试现场工作人员合影

图 5.12　诺日公 NRG01 号钻孔地应力测量压裂试验现场照片

表 5.4　诺日公 NRG01 号钻孔水压致裂地应力测量结果表

序号	压裂段中心深度/m	P_H/MPa	P_0/MPa	P_b/MPa	P_r/MPa	P_s/MPa dt/dP	P_s/MPa dP/dt	P_s/MPa 单切线	P_s/MPa 终值	S_h/MPa	S_H/MPa	S_v/MPa	T/MPa	S_H方向
1	47.70	0.48	0.29	16.88	7.97	4.33	4.19	4.42	4.31	4.31	4.68	1.26	8.91	
2	102.50	1.03	0.84	21.30	7.64	4.63	4.81	4.83	4.76	4.76	5.82	2.72	13.66	
3	147.50	1.48	1.48	18.04	8.18	5.47	5.36	5.70	5.51	5.51	6.87	3.91	9.86	N22°E
4	195.50	1.96	1.96	15.09	8.63	5.82	5.94	5.93	5.90	5.90	7.12	5.18	6.46	
5	223.70	2.24	2.24	17.44	8.89	6.15	6.36	6.22	6.24	6.24	7.61	5.93	8.55	N30°E
6	262.80	2.63	2.63	13.01	6.96	5.87	5.98	5.65	5.83	5.83	7.92	6.96	6.05	
7	313.70	3.14	3.14	13.84	7.77	6.44	6.55	6.30	6.43	6.43	8.40	8.31	6.07	
8	386.50	3.87	3.87	18.74	14.45	12.40	12.44	12.67	12.50	12.50	19.19	10.24	4.29	
9	416.20	4.16	4.16	27.35	20.93	15.44	15.74	15.56	15.58	15.58	21.65	11.03	6.42	
10	450.80	4.51	4.51	28.91	20.67	15.15	15.21	15.43	15.26	15.26	20.61	11.95	8.24	
11	481.00	4.81	4.81	27.61	19.52	13.70	13.53	13.85	13.69	13.69	16.75	12.75	8.09	N44°E
12	503.50	5.04	5.04	27.41	24.16	18.01	16.99	18.99	17.99	17.99	24.79	13.34	3.25	
13	538.80	5.39	5.39	19.86	14.16	12.20	12.07	12.16	12.14	12.14	16.88	14.28	5.70	N19°E
14	571.40	5.71	5.71	31.14	24.57	17.90	18.60	18.74	18.42	18.42	24.96	15.14	6.57	

注：P_b. 岩石原地破裂压力；P_r. 破裂面重张压力；P_s. 破裂面瞬时关闭压力；P_H. 静水柱压力；P_0. 孔隙压力；T. 岩石抗拉强度；S_H. 最大水平主应力；S_h. 最小水平主应力；S_v. 根据上覆岩石埋深计算得到的垂向主应力（岩石容重取 26.5kN/m³）。

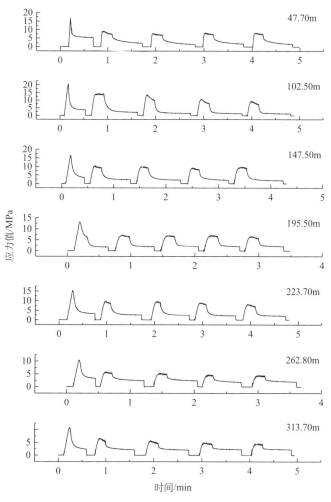

图 5.13　诺日公 NRG01 号钻孔压裂曲线（1）

指地面至压裂段中心点上覆岩层的重量，根据公式 $S_v = \rho g h$ 计算获得，计算时岩石平均容重取 26.5kN/m³。

　　压裂测量试验结束后，根据压裂曲线形态选择了 4 个深度段进行印模测量试验，以确定水平主应力的方向。为保证取得清晰的印模效果，在印模试验前，利用汽油喷灯对印模器表面进行烘烤，使印模器表层橡胶软化。印模测试取得了较好的效果，印模印痕都非常清晰，延伸较长，裂缝基本呈与孔轴向近于平行的竖直缝，效果较好（图 5.15）。4 个深度段的中心点的深度分别为 147.50m、223.70m、481.00m 和 538.80m，印模结果见图 5.15、图 5.16。根据基线方位计算出上述各印模段的裂缝方位，即最大水平主压应力方向，由浅至深分别为 N22°E、N30°E、N44°E、N19°E（见图 5.17）。

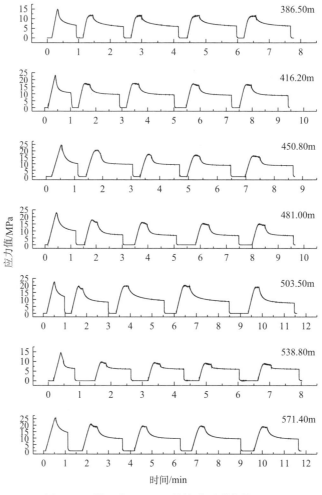

图 5.14　诺日公 NRG01 号钻孔压裂曲线（2）

5.2.3　诺日公 NRG01 号钻孔测量结果分析

1. 地应力值

在测试深度范围（47.70～571.40m）内，最大水平主应力的量值为 4.68～24.96MPa，最小水平主应力的量值为 4.31～18.42MPa。从所得到的地应力量值大小来看，从 386.50m 测段开始至孔底，应力值明显增大。通过查看对比岩心照片，288～306m，347～363m 存在破碎带，这些破碎层段的存在，可能是造成局部应力释放和调整的主要原因。除此之外，该钻孔各深度段地应力值变化不大，并表现为相对较低的应力值。262.80m 和 313.70m 测段应力值明显偏低，分析该段应力曲线，可以看出关闭压力值较低，该测段可能存在原生裂隙或者诱发裂隙与原生裂隙贯通，从而造成压力急剧下降。在 386.50m 和 416.20m 左右地应力量值相对较高，分析岩

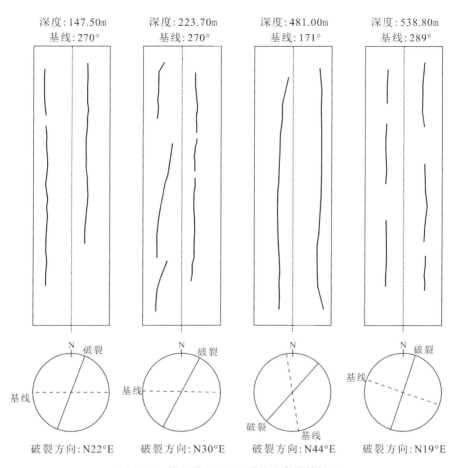

图 5.15 诺日公 NRG01 号钻孔印模结果图

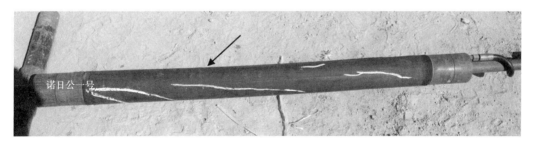

图 5.16 诺日公 NRG01 号钻孔 223.70m 印模效果

心情况，可知这一段岩石非常完整，测段以上破碎段造成的应力释放在完整的岩石段易于聚集应力，是应力增大的主要原因。

测试深度范围内，除个别测段以外，最大水平主应力、最小水平主应力与垂向应力之间的关系总体表现为 $S_H > S_h > S_v$（图 5.18），水平应力占主导地位，应力结构表现为逆断型。地壳浅层地应力分布基本规律表明，水平应力普遍大于垂直应力，这是由于水平方向的构造运动如板块运移、块体碰撞等对地壳浅层地应力的形成起控制作用，但随着深度的增加，垂直应力作用逐渐加强，到达地壳深部，有可能出现静水压力状态（苏生瑞，2002），甚至超过水平应力，成为主导应力（杨树新等，2012）。

根据库仑准则和拜尔利定律，取断层摩擦系数 $\mu = 0.6$，绘制了判定应力作用强度的临界线。从图 5.17 中可以看出，诺日公 NRG01 号钻孔最大水平主应力值除 47.70m 外，均未超过临界值，整体应力水平相对较低。

2. 主应力方向

诺日公 NRG01 号钻孔印模印痕清晰，所得到的结果具有较好的一致性，优势方位为 NNE 向（图 5.15，图 5.17）。4 段印模段主应力方向分别为 N22°E，N30°E，N44°E 和 N19°E。对这 4 个数值进行平均求值计算得到诺日公 NRG01 号钻孔的水平最大主应力的优势方向为 N28.75°E，标准差为 11.2°（图 5.17）。

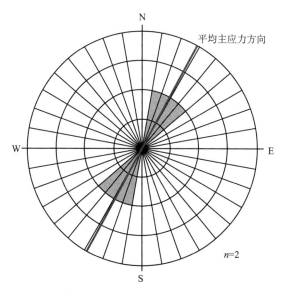

图 5.17　诺日公 NRG01 号钻孔主应力方向统计图

平均主应力方向为 N28.75°E

影响主应力方向一致性的因素比较多，均受到岩石各向异性、非均匀性质的影响。在整理钻孔周边地区的地应力数据时发现，钻孔附近小范围内地应力数据几乎空白。现有的地应力数据几乎全分布在阿拉善块体周边或与其他块体结合部位，虽然数据之间还有一定偏差，但总体表现为 NNE—NE 方向的优势方向，如图 5.19，本次测试所得到的 4 个测段的方向值范围为：N19°E～N44°E，平均值为 N28.75°E。与区域构造应力场方向存在较好的一致性。

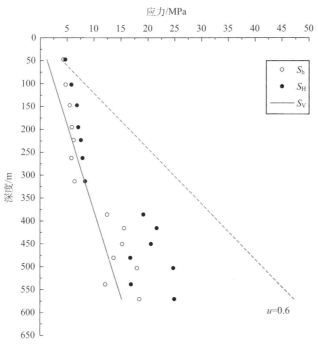

图 5.18　诺日公 NRG01 号钻孔主应力值随深度变化图

图中空心圆代表最小水平主应力；实心圆代表最大水平主应力；实线代表垂直应力；
虚线代表最大主应力临界值

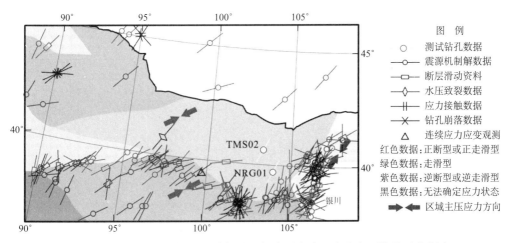

图 5.19　研究区及周围构造应力场图（据中国大陆地壳应力环境基础数据库）

3. 抗拉强度

　　根据测量得到的破裂压力（P_b）与重张压力（P_r）可得到岩石的原地抗拉强度。
通过水压致裂参数计算得到的诺日公 NRG01 号钻孔岩石原地抗拉强度值范围为

3.25～13.66MPa，其平均值为 7.29MPa，标准差为 2.57MPa。

岩石抗拉强度常常表现为一定程度的离散性，这是由于野外钻孔试验中试验段岩性的不同以及岩层结构的不均一性造成的。岩性一致的情况下，完整岩段和破碎岩段测量结果往往有所差别。NRG01 号钻孔岩石抗拉强度大多集中在 6～10MPa，可作为参考。

4. 特征参数

除主应力值外，通常还利用一些应力特征参数（侧压系数）表征地壳浅表层应力状态。地壳水平应力作用强度一般用平均水平主应力与垂直应力之比（$S_H + S_h$）/ $2S_v$ 表示（Brown and Hoek，1978），鉴于最大和最小水平主应力的较大差异，特别是在地壳浅部，一般认为用最大水平主应力与垂直应力之比 S_H/S_v 更能反映水平构造应力的作用。由表 5.5 及图 5.20 可以得出，各特征参数在浅部较离散，随着深度增加而逐渐聚敛，并显示出稳定趋势。各特征参数值范围如下：

$1.04 \leqslant S_H/S_h \leqslant 1.54$

$0.77 \leqslant S_H/S_v \leqslant 3.70$

$0.69 \leqslant S_h/S_v \leqslant 3.41$

$0.73 \leqslant (S_H + S_h)/2S_v \leqslant 3.55$

$0.22 \leqslant (S_H - S_h) \leqslant 6.79$

目前世界地应力实测结果，不同的研究区域所得到的应力特征参数值不同，S_H/S_v 值一般为 0.5～5.0，S_H/S_h 值一般为 1.25～5.0（苏生瑞，2002）。与之相比，诺日公 NRG01 钻孔测量结果显示该测点水平应力比值较小，应力作用强度较低。

表 5.5 NRG01 号钻孔各侧压系数值

深度/m	S_H/S_h	S_H/S_v	S_h/S_v	$(S_H + S_h)/2S_v$	$S_H - S_h$
47.70	1.09	3.70	3.41	3.55	0.37
102.50	1.10	1.81	1.64	1.73	0.45
147.50	1.07	1.37	1.28	1.33	0.36
195.50	1.04	1.08	1.04	1.06	0.22
223.70	1.06	1.03	0.97	1.00	0.36
262.80	1.08	0.78	0.72	0.75	0.42
313.70	1.11	0.77	0.69	0.73	0.63
386.50	1.54	1.87	1.22	1.55	6.69
416.20	1.39	1.96	1.41	1.69	6.07
450.80	1.35	1.73	1.28	1.50	5.35
481.00	1.22	1.31	1.07	1.19	3.06
503.50	1.38	1.86	1.35	1.60	6.79
538.80	1.39	1.18	0.85	1.02	4.74
571.40	1.36	1.65	1.22	1.43	6.55
平均	1.23	1.58	1.30	1.37	3.00

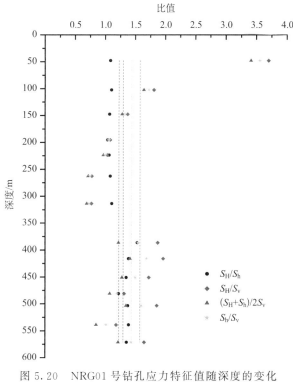

图 5.20　NRG01 号钻孔应力特征值随深度的变化

虚线代表各特征参数的平均值

5.3　塔木素 TMS02 号钻孔地应力测量及分析

5.3.1　TMS02 号钻孔概况

塔木素 TMS02 号钻孔位于内蒙古阿拉善右旗塔木素乡，周边为沙漠、荒漠区，植被稀少，周边地形相对平缓，海拔 1300～1500m。钻孔终孔深度为 601.10m，钻孔结构为 ϕ130mm 开孔，钻进 4.19m 后下入 4.30m 长 ϕ127mm 井口套管，井口套管高出地表 0.2m，然后用 ϕ95mm 钻头施工至 601.10m 终孔。全孔共钻进 358 个回次，累计钻进深度 601.10m，累计取出岩心长度 594.50m，全孔平均采取率 98.9％。钻孔轴线倾角最大 1.44°，平均 0.23°/100m。钻孔岩心显示，塔木素 TMS02 号钻孔的岩性以中粒二长花岗闪长岩为主体，还有中细粒二长花岗闪长岩、中粒花岗闪长岩、碱长正长岩脉以及部分碎裂二长花岗闪长岩，岩石新鲜（图 5.21）。整体上岩石比较完整，但在局部仍存在碎裂带或呈饼状（图 5.22）。结合钻探时的水位、水文试验时水位，并在水压致裂地应力测试过程中实测水位，最终确定钻孔水位为 11m。

在塔木素 TMS02 号钻孔预选了 20 个深度段进行水压致裂地应力测量。现场试验过程中，结合水文试验开展情况，实际测量深度在 591.9m 左右，同时对个别试验段深度进行了微调，以获得更加理想的测量曲线。在 TMS02 号钻孔 591.9m 深度范围内共进行压裂试验20次，获得有效测量曲线18段，为确定该孔主应力大小提供了翔实可靠的基础数据，测量工作量见表5.6。

表 5.6 塔木素 TMS02 号钻孔水压致裂地应力测量完成工作量统计表

钻孔编号	孔深/终孔孔径 / (m/mm)	测试时间	合同要求 压裂段数	有效 压裂段数	合同要求 印模段数	有效 印模段数
TMS02	601.10/95	2014.6~2014.7	10	18	3~5	5

(a) 中粒二长花岗闪长岩

(b) 碎裂中粒二长花岗闪长岩

(c) 中细粒二长花岗闪长岩

(d) 中粒花岗闪长岩

图 5.21　TMS02 号钻孔岩心主要岩性

(a) 破碎的岩心

(b) 似饼状碎裂岩心

图 5.22　较破碎岩心和饼状岩心

5.3.2　塔木素 TMS02 号钻孔测量结果

对钻孔岩心有了较清楚的认识之后，预选了相对完整的 20 段岩心作为地应力测量压裂段，选段尽量避开较破碎及裂隙节理发育段，选取岩芯较完整的花岗岩段。最终测量获得了 18 段有效测试数据。

同样选用判读瞬时关闭压力方法中的单切线法，dP/dt 法和 dt/dP 法判读 P_s，并将它们的平均值作为 P_s 的最终取值。需要说明的是，由于三种方法的取值结果相差较大，在 132.4m 和 162.3m 测量段分别舍掉了 dt/dP 法和 dP/dt 法的取值结果。地应力测量参数和主应力计算结果见表 5.7。图 5.23 给出了塔木素 TMS02 号钻孔 18 个压裂段的原始测量曲线。

表 5.7　塔木素 TMS02 号钻孔水压致裂地应力测量结果

序号	压裂段中心深度/m	P_H/MPa	P_o/MPa	P_b/MPa	P_r/MPa	P_s/MPa				S_h/MPa	S_H/MPa	S_v/MPa	T/MPa	S_H方向
						dt/dP	dP/dt	单切线	终值					
1	75.00	0.75	0.64	7.20	2.37	1.40	1.50	1.62	1.51	1.51	1.52	1.99	4.83	
2	132.40	1.32	1.21	9.99	7.33	4.83	5.87	5.57	5.72	5.72	8.62	3.51	2.66	
3	162.30	1.62	1.51	9.35	6.85	4.92	6.40	5.36	5.14	5.14	7.06	4.30	2.50	
4	178.90	1.79	1.68	9.37	6.66	6.05	5.52	5.95	5.84	5.84	9.18	4.74	2.71	
5	254.10	2.54	2.43	15.56	12.10	11.81	11.63	10.97	11.47	11.47	19.88	6.73	3.46	
6	268.60	2.69	2.58	16.00	10.61	10.41	10.19	9.86	10.14	10.14	17.24	7.12	5.39	N12°E
7	297.10	2.97	2.86	13.18	9.65	9.11	9.49	9.35	9.32	9.32	15.44	7.87	3.53	
8	328.20	3.28	3.17	13.95	9.25	8.35	8.78	8.86	8.66	8.66	13.55	8.70	4.70	
9	369.60	3.70	3.59	16.07	9.57	8.33	8.35	8.52	8.40	8.40	12.04	9.79	6.50	N37°E
10	393.00	3.93	3.82	15.08	10.29	9.71	10.10	10.30	10.04	10.04	16.02	10.41	4.79	N53°E
11	402.70	4.03	3.92	11.55	9.21	8.40	8.75	8.97	8.71	8.71	13.00	10.67	2.34	
12	426.00	4.26	4.15	11.12	8.57	7.30	7.57	8.15	7.67	7.67	10.28	11.29	2.55	N33°E
13	448.90	4.49	4.38	11.27	8.96	7.78	8.05	8.55	8.13	8.13	11.06	11.90	2.31	
14	473.10	4.73	4.62	10.58	9.33	8.43	8.63	9.08	8.71	8.71	12.18	12.54	1.25	
15	524.80	5.25	5.14	9.69	8.57	7.43	7.86	8.04	7.78	7.78	9.64	13.91	1.12	
16	556.00	5.56	5.45	10.31	8.42	7.72	7.96	8.37	8.02	8.02	10.19	14.73	1.89	
17	568.30	5.68	5.57	11.99	8.49	7.68	7.88	8.22	7.93	7.93	9.72	15.06	3.50	N18°E
18	591.90	5.92	5.81	10.78	9.61	8.54	8.73	9.10	8.78	8.78	10.93	15.69	1.17	

注：P_b. 岩石原地破裂压力；P_r. 破裂面重张压力；P_s. 破裂面瞬时关闭压力；P_H. 静水柱压力；P_o. 孔隙压力；T. 岩石抗拉强度；S_H. 最大水平应力；S_h. 最小水平主应力；S_v. 根据上覆岩石埋深计算的垂向重向垂向主应力（岩石容重取 26.5kN/m³）。

压裂测量试验结束后，根据压裂曲线形态选择了 5 个深度段进行印模测量试验，以确定水平主应力的方向。印模测试取得了较好的效果，印模印痕都非常清晰，延伸较长，裂缝基本呈与孔轴向近于平行的竖直缝，效果较好（图 5.24、图 5.25）。根据基线方位计算出上述各印模段的裂缝方位（即最大水平主压应力方向），由浅至深分别为 N12°E、N37°E、N53°E、N33°E 和 N18°E（图 5.25）。

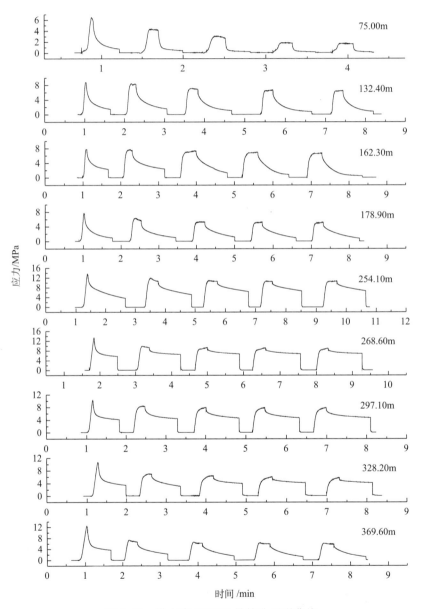

图 5.23　塔木素 TMS02 号钻孔压裂曲线

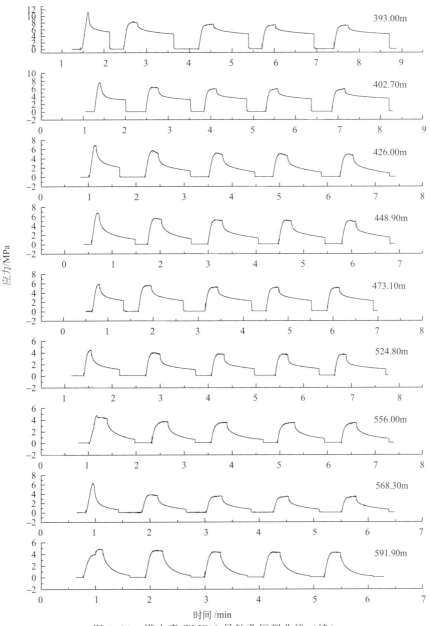

图 5.23　塔木素 TMS02 号钻孔压裂曲线（续）

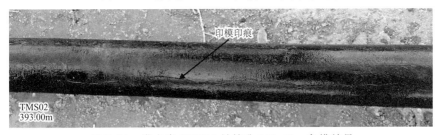

图 5.24　塔木素 TMS02 号钻孔 393.00m 印模效果

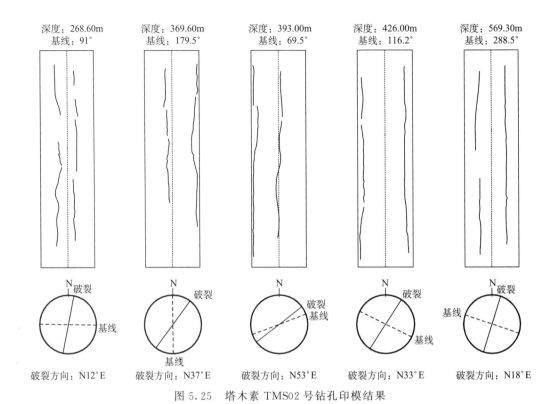

图 5.25　塔木素 TMS02 号钻孔印模结果

5.3.3　塔木素 TMS02 号钻孔测量结果分析

1. 主应力值

在测试深度范围（75.00～591.90m）内，最大水平主应力为 1.52～19.88MPa，最小水平主应力为 1.51～11.47MPa。从所得到的地应力量值大小来看，除个别点（或段）有相对的应力异常外，整个钻孔的地应力值变化不大，并表现为相对较低的应力值。值得说明的是，75.00m 测段应力值明显偏低，分析该段应力曲线，可以看出关闭压力值较低，该测段可能存在原生裂隙或者诱发裂隙与原生裂隙贯通造成压力急剧下降所致。在 250～300m 和 400m 左右的地应力量值相对较高，从岩心可以看出该段岩石非常完整，完整的岩石段易于聚集应力，是应力增大的主要原因。除上述几个异常外，整个钻孔的应力值主要分布在：最大水平主应力 7.06～13.55MPa 和最小水平主应力 5.14～8.78MPa。在地下工程建设所关心的目标深度段 400～600m，最大水平主应力取值范围为 9.64～13.00MPa，最小水平主应力为 7.67～8.78MPa。

塔木素 TMS02 号钻孔的测试深度范围内，最大水平主应力、最小水平主应力与垂向应力之间的关系大致分为三段（图 5.26）：75.00～297.10m，应力状态整体表现为 $S_H > S_h > S_v$，水平应力占主导地位；328.20～402.70m，应力状态整体表现为 $S_H > S_v > S_h$，垂直应力为中间主应力；426.00～591.90m，应力状态整体表现为 $S_v > S_H > S_h$，垂直应力占主导。该孔应力状态体现了复杂的地质构造环境，其具体原因（包括岩性、节理/裂隙、断层效应等）还有待深入研究。根据杨树新等人（2012）的统计分析，中国大陆各活动地块的垂直应力由最小主应力转变为中间主应力和最大主应力的深度范围分别为 170～309m 和 714～4667m，而本次测量结果则表明该转换深度分别为 297.10～328.20m 及 402.70～426.00m。

图 5.26 中的 $\mu=0.6$ 直线可利用库仑摩擦准则及拜耳利定律来得到，用以判断应力作用强度。当最大水平主应力值超过该直线代表的临界值时，表明应力作用强度高，在临界线以内则表明应力作用强度较低。塔木素 TMS02 号钻孔最大水平主应力值除 254.10m 及 268.60m 外，均未超过临界值，整体应力水平相对较低。

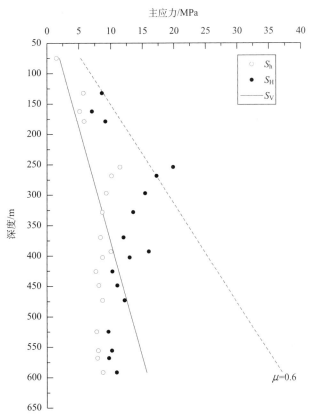

图 5.26　塔木素 TMS02 号钻孔主应力值随深度变化图

图中空心圆代表最小水平主应力，实心圆代表最大水平主应力，
实线代表垂直应力，虚线代表最大主应力临界值

总之，TMS02 号钻孔的地应力值总体不高，在 300m 向上层段表现为水平应力占主导，在 400m 向下的层段以垂直应力占主导，300～400m 深度段为应力转换或过渡层段。

2. 主应力方向

塔木素 TMS02 号钻孔印模印痕清晰（图 5.25），所得到的结果具有较好的一致性，优势方位为 NNE 向（图 5.27）。5 个印模段主应力方向分别为 N12°E，N37°E，N53°E，N33°E 和 N18°E，其平均值为 N30.6°E，标准差为 16.2°（图 5.27）。虽然塔木素 TMS02 号钻孔测得的最大水平地应力方向有一定偏差，但总体表现为 NNF-NE 方向的优势方向，与区域构造应力场方向存在较好的一致性。

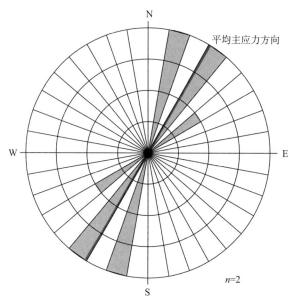

图 5.27　TMS02 号钻孔主应力方向统计图

平均主应力方向为 N30.6°E

3. 岩石抗拉强度

根据测量得到的破裂压力（P_b）与重张压力（P_r）即可得到岩石的原位抗拉强度。通过水压致裂参数计算得到的 TMS02 号钻孔岩石原位抗拉强度值范围为 1.12～6.50MPa，平均值为 3.18 MPa。

4. 特征参数

由表 5.8 及图 5.28 可以得出，各特征参数在浅部较离散，随着深度增加而逐渐聚敛，并显示出稳定趋势。各特征参数值范围如下：

$$1.03 \leqslant S_H/S_h \leqslant 1.73$$

$$0.67 \leqslant S_H/S_v \leqslant 2.86$$

$$0.54 \leqslant S_h/S_v \leqslant 1.76$$

$$0.61 \leqslant (S_H + S_h)/2S_v \leqslant 2.30$$

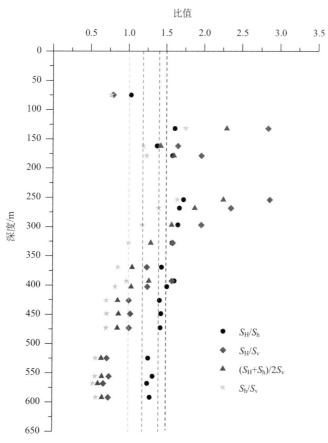

图 5.28 塔木素 TMS02 号钻孔应力特征值随深度的变化

虚线代表各特征参数的平均值

$$0.05 \leqslant S_H - S_h \leqslant 8.16$$

苏生瑞等（2002）认为，S_H/S_v 一般为 0.5～5.0，S_H/S_h 一般为 1.25～5.0。与之相比，塔木素 TMS02 号钻孔测量结果显示该测点水平应力比值较小，应力作用强度较低的特点。

表 5.8 塔木素 TMS02 号钻孔各侧压系数

深度/m	S_H/S_h	S_H/S_v	S_h/S_v	$(S_H+S_h)/2S_v$	S_H-S_h
75.00	1.03	0.79	0.77	0.78	0.05
132.40	1.62	2.84	1.76	2.30	3.80
162.30	1.38	1.66	1.20	1.43	1.96
178.90	1.58	1.97	1.24	1.60	3.44
254.10	1.73	2.86	1.65	2.26	8.16
268.60	1.68	2.36	1.40	1.88	6.79

深度/m	S_H/S_h	S_H/S_v	S_h/S_v	$(S_H+S_h)/2S_v$	S_H-S_h
297.10	1.66	1.97	1.19	1.58	6.15
328.20	1.58	1.59	1.01	1.30	5.08
369.60	1.44	1.25	0.86	1.06	3.76
393.00	1.61	1.58	0.98	1.28	6.25
402.70	1.52	1.26	0.83	1.04	4.57
426.00	1.42	1.01	0.71	0.86	3.38
448.90	1.44	1.03	0.72	0.88	3.74
473.10	1.43	1.01	0.71	0.86	3.83
524.80	1.27	0.72	0.57	0.65	2.13
556.00	1.33	0.75	0.56	0.66	2.73
568.30	1.26	0.67	0.54	0.61	2.08
591.90	1.29	0.74	0.58	0.66	2.62
平均	1.46	1.45	0.96	1.20	3.92

5.4 主要结论及对比分析

5.4.1 诺日公 NRG01 号钻孔

通过对诺日公 NRG01 号钻孔地应力测试数据的分析，可得到如下认识。

（1）在测试深度范围（47.70～571.40m）内，诺日公 NRG01 号钻孔的地应力值总体不高。除几个异常测段外，最大水平主应力的量值为 4.68～24.96MPa，最小水平主应力的量值为 4.31～18.42MPa。在目标深度段 400～600m，最大水平主应力取值范围为 16.75～24.96MPa，最小水平主应力为 12.14～18.42MPa。

（2）诺日公 NRG01 号钻孔的应力结构整体表现为 $S_H > S_h > S_v$，属逆断型应力状态。

（3）诺日公 NRG01 号钻孔由浅至深不同深度段得到的主应力方向分别为 N22°E，N30°E，N44°E，N19°E，平均值为 N28.75°E，钻孔附近现今地应力作用方向在整体上存在很好的一致性。实测结果与区域地应力方向基本一致。

（4）NRG01 号钻孔岩石抗拉强度大多集中为 6～10MPa。

（5）NRG01 号钻孔 S_H/S_h 为 1.04～1.54MPa，S_H/S_v 为 0.77～3.70MPa，S_h/S_v 为 0.69～3.41MPa，$(S_H+S_h)/2S_v$ 为 0.73～3.55MPa，S_H-S_h 为 0.22～6.79MPa，整体表现为水平应力作用强度较低的特点。

5.4.2 塔木素 TMS02 号钻孔

通过对塔木素 TMS02 号钻孔地应力实测数据的分析，初步可以得出如下结论和认识：

（1）在测试深度范围（75.00～591.90m）内，TMS02 号钻孔的地应力值总体不高。除几个异常外，整个钻孔的应力值主要分布范围是：最大水平主应力在 7.06～13.55MPa，最小水平主应力在 5.14～8.78MPa。在目标深度段 400～600m 之间，最大水平主应力取值范围为 9.64～13.00MPa，最小水平主应力为 7.67～8.78MPa。

（2）该孔应力状态体现了复杂的构造环境，在 300m 向上层段表现为水平应力占主导，在 400m 向下的层段以垂直应力占主导，300～400m 深度段为应力转换或过渡层段。

（3）TMS02 号钻孔由浅至深不同深度段得到的主应力方向分别为 N12°E，N37°E，N53°E，N33°E 和 N18°E，平均值为 N30.6°E，与区域地应力方向基本吻合。

（4）TMS02 号钻孔岩石抗拉强度值主要集中于 2～5MPa。

（5）TMS02 号钻孔 S_H/S_h 在 1.03～1.73 MPa 之间，S_H/S_v 在 0.67～2.86 MPa 之间，S_h/S_v 在 0.54～1.76 MPa，$(S_H+S_h)/2S_v$ 在 0.61～2.30 MPa 之间，S_H-S_h 在 0.05～8.16 MPa。TMS02 号钻孔整体表现为水平应力作用强度较低的特点。

5.4.3　诺日公 NRG01 号钻孔与塔木素 TMS02 号钻孔应力状态对比分析

诺日公 NRG01 号钻孔与塔木素 TMS02 号钻孔相距约 200 公里，分别处于不同的地质构造单元，相应的地质构造条件有一定差别。对二者的地应力状态进行了对比分析，结果如下：

（1）在孔深 47.70～571.40m 测试深度范围内，诺日公 NRG01 号钻孔最大水平主应力的量值为 4.68～24.96MPa，最小水平主应力为 4.31～18.42MPa；在孔深 75.00～591.90m 测试深度范围内，TMS02 号钻孔的最大水平主应力的量值为 1.52～19.88MPa，最小水平主应力为 1.51～11.47MPa；诺日公 NRG01 号钻孔的应力值略高于塔木素 TMS02 号钻孔；诺日公 NRG01 号钻孔的水平应力随深度的增加梯度明显高于塔木素 TMS02 号钻孔。

（2）诺日公 NRG01 号钻孔的应力状态整体表现为 $S_H>S_h>S_v$，应力结构属逆断型；塔木素 TMS02 号钻孔的应力结构为：75.00～297.10m，应力状态整体表现为 $S_H>S_h>S_v$，应力结构为逆断型；328.20～402.70m，应力状态整体表现为 $S_H>S_v>S_h$，应力结构为走滑型；426.00～591.90m，应力状态整体表现为 $S_v>S_H>S_h$，应力结构为正断型，由此来看，诺日公 NRG01 号钻孔附近的水平应力的作用强度相对较高。

（3）诺日公 NRG01 号钻孔由浅至深不同深度段得到的主应力方向分别为 N22°E，N30°E，N44°E，N19°E，平均值为 N28.75°E；塔木素 TMS02 号钻孔的主应力方向分别为 N12°E，N37°E，N53°E，N33°E 和 N18°E，平均值为 N30.6°E，两个钻孔附近现今地应力的作用方向非常相近，并与区域构造应力场基本一致。

（4）诺日公 NRG01 号钻孔的抗拉强度值的范围为 3.25～13.66MPa，平均值为 7.29MPa，标准差为 2.57MPa；塔木素 TMS02 号钻孔的抗拉强度值的范围为 1.12～5.39MPa，平均值为 3.17MPa，标准差为 1.54MPa，诺日公 NRG01 号钻孔的抗拉强度高于塔木素 TMS02 号钻孔。

诺日公 NRG01 号与塔木素 TMS02 号钻孔周边区域大断裂虽然不发育，但存在多条次级断裂。这些次级断裂的空间展布可能对钻孔的地应力状态有影响，建议详细调查这些次级断裂的活动性和空间展布，以便为工程设计提供更加丰富的资料。此外，条件允许的情况下，再布设新的测试钻孔，开展地应力测试，以期获得更为全面的认识和研究成果。

参 考 文 献

国际岩石力学学会试验方法委员会. 1987. 确定岩石应力建议方法，方法 2：采用水压致裂技术确定岩石应力的建议方法. International Journal of Rock Mechanics & Mining Sciences, 24 (1)：53～73

李方全，张伯崇等. 1999. 水压致裂裂缝的形成和扩展研究. 北京：地震出版社

苏生瑞. 2002. 断裂构造对地应力场的影响极其工程应用. 北京：科学出版社

吴珍汉，胡道功，吴中海等. 2009. 青藏铁路沿线活动断裂研究与应力应变综合监测. 北京：地震出版社

杨树新，姚瑞，崔效锋等. 2012. 中国大陆与各活动地块、南北地震带实测应力特征分析. 地球物理学报，55 (12)：4207～4217

中国大陆地壳应力环境基础数据库. http：//www. eq-icd. cn/webgis/picture. htm

Brown E T，Hoek E. 1978. Trends in relationships between measured in-situ stresses and depth. International Journal of Rock Mechanics and Mining Sciences & Geomechanical Abstracts，(15)：211～215

Haimson B C，Cornet F H. 2003. ISRM Suggested Methods for rock stress estimation—Part 3：Hydraulic fracturing (HF) and/or hydraulic testing of pre-existing fractures (HTPF). International Journal of Rock Mechanics & Mining Sciences，(40)：1011～1020

Hayashi K，et al. 1991. Characteristics of shut-in curves in hydraulic fracturing stress measurements and determination of in situ stress minimum compressive stress. J G R A, 96 (B11)：311～318，321

第6章 备选场址区岩体质量评价

6.1 岩体质量评价研究现状

6.1.1 岩体结构

岩体结构是岩体中由结构面和结构体共同组成的结构形态，岩体结构的不同造成其力学性质的差异（张咸恭等，2000）。谷德振在其1979年出版的专著《岩体工程地质力学基础》中，根据工程实践把岩体结构分为整体块状结构、层状结构、碎裂结构和散体结构及相应的8个亚类；王思敬等（1984）在《地下工程岩体稳定性分析》一书中，针对地下工程的特点，将岩体结构划分为四大类12亚类；孙广忠（1988）提出了"岩体结构控制论"，并把岩体划分为连续、碎裂、块裂和板裂4种介质类型，从而建立了完整的岩体结构力学体系。

张倬元等（2009）按建造特征将岩体划分为整体状结构、块状结构、层状结构、碎块状结构和散体状结构，并按照改造的程度划分出完整、块裂化或板裂化、碎裂化、散体化4个等级，将岩体结构分类方案概括为岩体结构类型分析图解。

随着工程建设的发展，公路、铁路、水利、电力等系统均制定了适合各自行业特点的岩体结构分类规范，每一种岩体结构类型均有明确的结构面间距指标，并附有工程地质特征评价（或描述），供勘察、设计、施工人员应用。

6.1.2 岩体质量分级方法

岩体质量分级的最初目的是试图建立隧道设计（尤其是支护方案）的经验方法（Ritter，1879）。早期的岩体质量评价主要以岩石强度指标为依据，如以岩石单轴抗压强度为依据的普氏岩石坚固系数分类（徐小荷，1980）和以岩石载荷为依据的太沙基分类（Terzaghi，1946）。

20世纪60年代以后，人们逐步引入了岩体完整性的概念，如Deere（1964）的RQD分类，日本学者提出的龟裂系数等。逐步以多因素指标对岩体进行半定量、定量分类，如Wickham（1972，1974）的RSR法、Bieniawsk（1973，1989）的RMR法、Barton（1974，1994）的Q系统分类以及Hoek（1980，2002）的GSI指标分类等。

我国的岩体质量分类在20世纪50年代引用了前苏联的"普氏"分类。1972年以后，有中国特色的岩体质量分类方案逐步提出，包括谷德振（1979）的岩体质量系数Z、杨子文（1981）的岩体质量指标M、陈德基和刘特洪（1978）的块度模数M_k、邢念信和徐复安（1986）的坑道工程围岩分类，水工隧洞设计规范（DL/T5195-2004）、铁路隧道设计规范（T10003-2005）、工程岩体分级标准（GB50218-2014）、水利水电工程地质勘察规范（GB50487-2008）中的围岩工程地质分类、坑道工程围岩分类（邢念信、徐复安，1986）等。上述分类方法主要考虑了岩石强度、岩体完整性及不连续面性状、岩体赋存的环境条件（如地下水、地应力）三大因素。

表 6.1　不同岩体质量分级方法所考虑的因素对比

分类名称	地质因素 结构面 倾向	倾角	组数	间距	状态	岩石类型	RQD	岩体结构	完整性	风化程度	地应力	地下水	地质结构	力学因素 岩石强度	结构面强度	岩体变形模量	岩石变形模量	岩体波速	岩石波速	工程因素 结构面方位	施工方法	自稳时间	出处
普氏法						√								√									徐小荷，1980
Terzaghi 分类					√									√									Terzaghi，1946
Lauffer 分类																						√	Lauffer，1958
RQD							√																Deere，1964
RMR			√	√	√		√					√		√									Bieniawski，1973，1989
Q 系统			√	√	√		√				√	√		√					√				Barton et al.，1974; Barton and Grinstad，1994
SMR		√	√	√	√		√					√		√						√			Romana，1985，1995
RMI					√									√									Palmstrom，1995
RSR		√	√	√		√						√	√	√						√			Wickham et al.，1972，1974
Z 分类								√	√	√				√				√	√	√			谷德振，1979
块度模数 M_k			√	√	√					√		√		√				√					陈德基、刘特洪，1979
声波综合指标 Z_w									√							√		√					张咸恭等，2000
Q 分类					√				√	√	√	√		√									关宝树，1988
M 法											√			√			√						杨子文，1981
RMQ	√		√	√	√			√	√		√	√		√			√	√		√			王石春等，2007
RQ	√		√	√	√		√	√		√	√	√	√						√	√	√		付承胜，1991
CSMR	√		√	√	√		√	√		√	√	√	√	√					√	√	√		孙东亚等，1997

续表

分类名称	地质因素 结构面 倾角	倾向	组数	间距	状态	岩石类型	RQD	岩体结构	完整性	风化程度	地应力	地下水	地质结构	力学因素 岩石强度	结构面强度	岩体变形模量	岩石变形模量	岩体波速	岩石波速	工程因素 结构面方位	施工方法	自稳时间	出处
坑道工程围岩分类					√	√			√	√	√	√		√						√	√		邢念信、徐复安，1986
围岩稳定动态分级									√					√				√				√	林韵梅，1985
三峡 YZP 法			√	√	√		√			√		√	√	√	√	√			√	√			任自民等，1998
二滩岩体分类			√	√	√				√	√	√	√	√	√	√	√	√		√				张天史，1994
铁路隧道围岩基本分级					√		√		√	√		√		√									铁路隧道设计规范（TB10003-2005）
锚喷支护工程围岩分级			√	√				√			√			√						√			岩土锚杆与喷射混凝土支护工程技术规范（GB50086-2015）
坝基岩体工程地质分类				√	√			√	√	√		√	√	√	√			√					水利水电工程地质勘察规范（GB50487-2008） 水力发电工程地质勘察规范（GB50287-2006）
水电工程围岩工程地质分类				√	√		√	√					√	√									水利水电工程地质勘察规范（GB50487-2008） 水力发电工程地质勘察规范（GB50287-2007）
岩体基本质量分级（BQ）			√	√	√		√							√					√	√			工程岩体分级标准（GB/T 50218-2014）

迄今为止，国内外的岩体质量分类分级方案多达百种，表 6.1 列出了国内外岩体分级考虑的三大因素：地质因素、力学因素和工程因素。由表 6.1 可知，地质因素相对复杂，包括结构面特征、RQD、岩体结构及地质环境等，其中，结构面、完整性及地下水是考虑最多的 3 种地质因素。力学因素主要是从岩石强度、变形模量和纵波波速等方面来考虑，目前各种岩体质量分级中存在过分重视岩石强度的现象，从表 6.1 中可以明显看出几乎所有的岩体质量分级都考虑了岩石强度，而且在分级过程中岩石强度所占的权重较高。除了施工方法和自稳时间外，工程因素还考虑了结构面方位对工程的影响，因为地下工程涉及开挖方向与结构面交叉的问题。

6.1.3 围岩分级存在的问题

由于地下工程自身特点（隐蔽性大），并受客观地质条件的复杂性（多变性和不可预知性）、地质勘察精度、当前人类认识水平和施工方法局限性等诸多影响，工程地质勘察期间一般只能获得地下工程区有关地质体某一点或某条线上的信息，无法完全查明工程岩体的状态和特性。因此，仅根据地表工程地质勘察获得的有限资料进行围岩分级与实际通常不符，准确率也较低。

已有资料表明（图 6.1），国内很多隧道设计的围岩级别和施工开挖的围岩级别没有完全一致的，最好的也就是达到 85.5%，最差的竟然为 0。

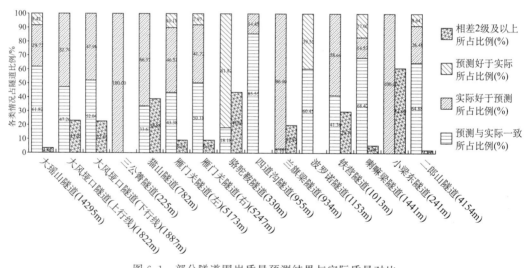

图 6.1　部分隧道围岩质量预测结果与实际质量对比

6.2　选址阶段地下工程岩体质量评价方法的探讨

6.2.1　选址勘察阶段的地质资料

目前，岩体质量评价的方法很多，最常用的有岩体质量基本分级（BQ）、岩体地质力学分类（RMR）、巴顿岩体质量（Q）分类等。要进行地下工程的围岩质量评价，就必须开展相应的工程地质勘察，获得所需要的工程地质数据。选址勘察阶段的工程地质勘察主要为工程地质测绘、工程勘探（包括钻探、槽探等）和地球物理勘探，相应的工程地质数据主要为地表工程地质数据、钻孔编录数据、钻孔测试数据及地球物理勘探数据（图 6.2）。

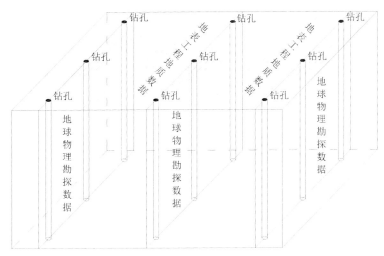

图 6.2　勘察阶段获得的工程地质数据示意图

1. 地表工程地质数据

地表工程地质数据主要通过工程地质测绘获得，特殊情况下会开挖探槽和室内试验。地表的工程地质数据一般包括以下几个方面：

（1）地形地貌：地形、地貌特征及其与地层、构造、不良地质作用的关系，在此基础上划分地貌单元。

（2）地层岩性：形成年代、成因、产状、成分、结构、构造、物理力学性质等。

（3）地质构造：类型、分布、形态、规模，各类结构面（尤其是软弱结构面）的产状和性质，岩、土接触面和软弱夹层的特性等，新构造活动的形迹及其与地震活动的关系。

（4）不良地质作用：岩溶、土洞、滑坡、崩塌、泥石流、冲沟、地面沉降、断裂、地震震害、地裂缝、岸边冲刷等不良地质作用的形成、分布、形态、规模、发育程度及其对工程建设的影响。

（5）第四纪地质：沉积物的年代、成因类型、岩性分类及其变化规律，物理力学性质、工程分类。

（6）地表水与地下水：河流的水位、流量、流速，最高洪水位及其发生时间、淹没范围；地下水的类型、补给来源、排泄条件，井泉位置，含水层的岩性特征、埋藏深度、水位变化、污染情况及其与地表水体的关系；水的化学成分及其对各种建筑材料的腐蚀性。

（7）建筑材料：块石料的名称、性质、风化特征、裂隙发育特征、物理力学性质，砂、碎石料、粉土、黏性土的分布规律、岩石及矿物成分、工程性质。

（8）人类活动对场地稳定性的影响：包括人工洞穴、地下采空、大挖大填、抽水排水和水库诱发地震等。

对于不同的工程，由于其所处的位置不同，使用目的不同，在工程地质测绘时其要求也有所不同。

对于岩体质量评价来说，所用到的地表数据主要是岩体的性质、结构面的分布等。由于地表工程地质数据是直接测到的，且描述的比较准确，因此可以直接得出地表岩体的质量。

2. 钻孔数据

钻孔中的工程地质数据主要包括岩心编录和钻孔测试获得的数据。同时，会在岩心中采取样品，进行一些室内试验。

1）钻孔岩心编录

对所采取的岩心进行详细的水文地质、工程地质编录，着重对破碎带、构造带、节理裂隙发育情况、性质、数量、分布规律及其充填物特征进行详细的统计和描述；对岩石的完整程度、软硬程度，进行详细描述。对 RQD 指标和裂隙密度进行详细统计，并对风化带发育状况进行描述。

根据钻孔岩心编录，结合对岩心中采取的样品进行的物理力学试验，可以准确评价岩心的质量。

2）钻孔测试

电测井获得钻孔井壁岩体的视电阻率、真电阻率和自然电场的特征，以判别岩性、划分岩层，研究岩体结构。

声波测井测得岩体纵波波速，以划分岩性、确定岩石孔隙度、评价岩体的完整性和强度，并求取岩体的裂隙系数和风化系数。

放射性测井测量岩体及井内介质核物理性质，以研究钻孔地质剖面、划分岩体结构单元、确定含水层厚度和深度、划分隔水底板、确定岩体密度等

电视测井获得直观精确的钻孔壁图像信息，以分析钻孔周围小范围内的岩层产状、节理发育状况，得出节理密集带的分布范围和深度，同时可以得到每条节理、裂隙的产状；对溶洞和涌水层的方位、裂隙的宽度（即层间充填物的厚度）及掉块的几何形状进行分析。

3. 地球物理勘探数据

利用地球物理勘探，可以获得岩体的地球物理参数，进而可以判别岩石的性质、岩体的结构等。常用的方法有电法、电磁法、地震法等。

1）岩体的电阻率

自然界中，由于岩土体的种类、成分、结构、湿度、温度等因素的不同，而具有不同的电学性质。电法勘探以电性差异为基础，利用仪器观测岩土体的电性差异，以此判别不同的岩体类型及其结构。

电磁法是以岩土体的导电性和导磁性差异为基础，研究天然或人工（可控）场源在大地中激励的交变电磁场分布，并由观测到的电磁场分布来研究地下电性及地质特性。

采用电法勘探，得到的是岩体的电阻率；采用电磁法勘探，得到的一般是视电阻率。

2）岩体的地震波速

地震法是利用地下介质弹性和密度的差异，通过观测和分析大地对人工激发地震波的响应，推断地下岩层的性质和形态。地震勘探的类型很多，主要有折射波法、反射波法等。地震勘探得到的数据主要是地震波速。

6.2.2　基于岩体纵波波速的岩体质量评价

根据《工程岩体分级标准》（GB50218-2014），岩体质量评价分级主要依据两个方面，岩体的完整性和岩石的饱和单轴抗压强度。根据弹性力学的理论，弹性波在弹性介质中传播的纵波波速可用下列公式表示：

$$V_{\mathrm{p}} = \sqrt{\frac{E_{\mathrm{d}}}{\rho} \frac{(1-\mu_{\mathrm{d}})}{(1+\mu_{\mathrm{d}})(1-2\mu_{\mathrm{d}})}} \qquad (6.1)$$

式中，E_{d} 为介质的动弹性模量；μ_{d} 为介质的动泊松比；ρ 为介质的密度。

由此可见，纵波波速变化和介质性质有关。事实上，岩体中各种物理因素的改变，如岩性、密度、裂隙、弹性模量及岩体应力状态的改变，都能引起波速、振幅和频率的变化。一般情况是在岩性坚固、裂隙少、风化微弱的岩体中，弹性波的振幅大、波速高；反之，在岩性软弱、裂隙多、风化严重的岩体中，弹性波波速降低，被吸收或衰减严重，振幅小。

1. 岩体纵波波速与岩体完整性的关系

岩体的完整性指数（K_{v}）一般按下式计算：

$$K_{\mathrm{v}} = (V_{\mathrm{pm}}/V_{\mathrm{pr}})^2 \qquad (6.2)$$

式中，V_{pm} 为岩体弹性纵波速度，km/s；V_{pr} 为岩石弹性纵波速度，km/s。

由此可见，岩体纵波波速可以定量评价岩体完整性，但前提是已知相应完整岩块的纵波波速。

2. 岩体纵波波速与岩石强度的关系

岩石的单轴抗压强度与弹性波在岩石中的传播速度有比较好的相关性。许多学者对此开展了研究。如林治仁（1984）通过试验得出以下关系式：

$$R_{\mathrm{c}} = 74V_{\mathrm{p}}^{1.61} \qquad (6.3)$$

王子江（2011）根据大量试验数据得出岩石纵波速度与天然状态下岩石单轴抗压强度的关系如式（6.4）所示。为了应用方便，还结合国外试验资料，建议岩石纵波波速与抗压强度的宏观定量关系式采用式（6.5）。

$$V_p = 1156.2 R_{c天然}^{0.3173} \tag{6.4}$$

$$V_p = 1150 R_c^{1/3} \quad (0.5\mathrm{MPa} \leqslant R_c < 300\mathrm{MPa}) \tag{6.5}$$

式中，V_p 为岩石纵波速度，m/s；$R_{c天然}$ 为天然状态下岩石单轴抗压强度，MPa；R_c 为岩石单轴抗压强度，MPa。

林达明（2011）根据收集的岩体强度和弹性波波速实测数据，得出了弹性波波速与岩体强度关系。

$$V_p = 1 + 0.6\ln R_c \tag{6.6}$$

式中，V_p 为岩石纵波速度，km/s。

Ito 建议在泥岩和淤泥岩中开挖隧道时，可以利用式（6.7）来估算岩体抗压强度（宋建波等，2002）。

$$R_c = \left(\frac{V_p}{1.6}\right)^{6.9} \tag{6.7}$$

当纵波传播速度小于 1.4km/s 时，可以利用式（6.8）来估算岩体抗压强度（Aydan *et al.*，1997）。

$$R_c = \left(\frac{V_p}{1.562}\right)^{6} \tag{6.8}$$

Barton 认为，岩体弹性波波速与岩体抗压强度的关系为下式（Aydan *et al.*，1997）。

$$V_p = 3\ln R_c - 0.28 \tag{6.9}$$

一些学者研究了动、静弹性模量之间的关系。缪元圣和刘桂英（1984）通过 287 块岩石试验数据，得出岩石动、静弹模之间的相关关系如式（6.10）所示，但不同类型的岩石，其关系式有所差异。

$$E_s = 1.15 E_d - 3.3 \tag{6.10}$$

胡国忠等（2005）根据川东北飞仙关组储层和致密层试样的测试结果，得出这类岩样的动、静弹性模量间呈二次多项式函数关系。

$$E_s = -0.0104 E_d^2 + 0.1099 E_d + 0.2319 \tag{6.11}$$

弹性模量与岩石强度具有明显的相关性。

唐大雄与孙素文（1987）等根据统计资料和工程经验，得到均质岩石试件单轴抗压强度和弹性模量之间的一个经验关系式。

$$E_s = 350 R_c \tag{6.12}$$

式中，E_s 为岩石弹性模量，GPa；R_c 为岩石单轴抗压强度，MPa。

何鹏等（2011）根据 304 个沉积岩试件的实验结果，得出乘幂相关关系式。但不同类型的岩石，其关系式有所差异。

$$E_s = 0.0913 R_c^{1.2053} \tag{6.13}$$

3. 岩体变形模量与岩体质量的关系

Bieniawski（1978）根据 37 个工程原位试验的 100 多个结果得出：

$$E_m = 1.80 RMR - 88.4 (RMR > 49) \tag{6.14}$$

$$E_m = 2.0 RMR - 100 (RMR > 50) \tag{6.15}$$

对于 RMR 较小的岩体，Serafim 和 Pereira（1983）依据收集的 46 个实例，拟合出式（6.16），以用于 $RMR \leqslant 50$ 的岩体。

$$E_m = 10^{\frac{RMR-10}{40}} \tag{6.16}$$

Barton（1980，1996，1997，2002）先后提出了 Q 与岩体变形模量的关系：

$$E_m = 25 \lg Q \tag{6.17}$$

$$E_m = 10 Q_c^{1/3} \tag{6.18}$$

其中，

$$Q_c = Q \times \frac{\sigma_c}{100}$$

式中，σ_c 为岩石的单轴抗压强度。它们之间的关系如图 6.3 所示。

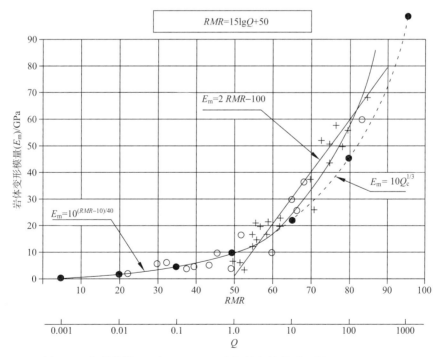

图 6.3　变形模量 E_m 与 RMR、Q 之间的相关关系（据 Barton，2002）

4. 利用纵波波速对岩体质量进行分级

油气田及管道岩土工程勘察规范（GB50568-2010）和铁路隧道设计规范（TB10003-2005）在对围岩进行基本分级时，考虑了纵波波速（表 6.2）。表 6.3 列出了国内一些利用纵波波速来划分岩体质量的评价标准。

表 6.2　部分规范对围岩的基本分级

级别	岩体特征	围岩弹性纵波速度/(km/s)	围岩基本质量指标 BQ
I	坚硬岩，岩体完整	>6.5	>550
II	坚硬岩，岩体较完整； 较坚硬岩，岩体完整	3.5～6.5	550～451
III	坚硬岩，岩体较破碎； 较坚硬岩或软硬岩互层，岩体较完整； 较软岩，岩体完整	2.5～6.0	450～351
IV	坚硬岩，岩体破碎； 较硬岩，岩体较破碎或破碎； 较软岩和较硬岩互层，且以较软岩为主，岩体较完整或较破碎； 软岩，岩体完整或较完整 土体：具压密或成岩作用的黏性土、粉土及砂类土，一般钙质、铁质胶结的碎（卵）石土、大块石土、黄土（Q_1、Q_2）	1.5～3.0	350～251
V	软岩，岩体破碎至极破碎； 全部级软岩及全部破碎岩（包括受构造影响严重的破碎带） 土体：一般第四系坚硬、硬塑黏性土，稍密及以上的稍湿、潮湿的碎石土、砂类土、粉土及黄土（Q_3、Q_4）	1.0～2.0	≤250
VI	受构造影响很严重呈碎石、角砾及粉末、泥土状的断层带 土体：软塑状黏性土、饱和的粉土、砂类土等	<1.0（饱和状态的土<1.5）	—

表 6.3　中国若干工程岩体纵波波速 V_p 分类　　　　　　　　（单位：km/s）

岩体类别	中国铁路科学研究院西南研究所（1978 年）	中科院地质与地质物理研究所王思敬（1979 年）	国家建设委员会（1975 年）	成都勘测研究院设计科研所（1973 年）	原 305 部队王宗标（1972 年）	翼咀水电站花岗岩实测值
I	6.0～6.0	—	—	>5.5	>5.5	>5.0
II	3.0～6.0	6.0～5.0	6.0～5.0	6.5～5.5	3.5～5.5	6.0～5.0
III	2.0～3.5	3.0～6.0	2.0～6.0	3.5～6.5		3.0～6.0
IV	1.0～2.5	2.0～3.5	1.2～2.0	2.0～3.5	1.0～3.5	2.0～3.0
V	<1.0	<2.0	<1.2	<2.0		<2.0

Rawlings 和 Barton（1995）通过对挪威、瑞典、中国内地及香港特别行政区的大量岩石工程数据的统计和总结，给出了工程岩体 P 波速度 V_p（m/ms）与岩体质量指数 Q 之间的如下关系：

$$Q = 10^{V_p - 3.5} \qquad (6.19)$$

6.2.3　地球物理数据在岩体质量评价上的应用

1. 电法勘探

自然界中，由于岩土体的种类、成分、结构、湿度、温度等因素的不同，而具有不同的电学性质。电法勘探以电性差异为基础，利用仪器观测岩土体的电性特征，以此判别不同岩体类型及其结构。表 6.4 列出了电法勘探在工程上的应用，从表中可看出电法勘探在查找不良地质体、探测基岩面、追索地下暗河和充水裂隙带等都能起到广泛作用。

表 6.4　电法勘探分类及其在工程上应用（据《工程地质手册》编委会，2007）

场源性质	方法名称			应用
天然场	自然电位法			普查找矿，探测地下水流向及地下水与地表水的补给关系；检查水库漏水点
人工场	电阻率法	电剖面法	二极剖面 联合剖面 对称四极剖面 复合四极剖面 中间梯度 偶极剖面 微分剖面	填图、追索断层破碎带、接触带及各种高低阻地质体的分布；查明岩溶发育地带
		电测深法	对称四极测深 三极测深 偶极测深 二极测深	查明构造，勘测基岩起伏、埋深、风化壳厚度；划分倾角很小的地层层位，确定含水层分布及埋深，划分咸淡水分界面
		高密度电阻率法		用于重大场地的工程地质调查，坝基及桥墩选址，采空区及地裂缝探测等众多工程勘察
		高分辨电阻率法		用于探测地下洞体、水源和考古
	充电法			确定良导体形态、范围及相邻矿体间的联系，追索地下暗河，充水裂隙带，测量地下水流向，研究滑坡

岩土体电阻率受多种因素的影响，主要包括以下几个方面：

1）岩石导电性与矿物成分的关系

岩石电阻率与组成岩石的矿物的电阻率、矿物的含量和矿物的分布有关，图 6.4 给出了几种岩石电阻率值的分布范围曲线。当岩石中含有良导电体矿物时，矿物导电性能否对岩石电阻率的大小产生影响取决于良导电矿物的分布状态和含量。如果岩石中的良导电矿物颗粒彼此不接触，且良导矿物的体积含量不大，那么岩石的电阻率基本上与所含良导矿物无关，只有当良导矿物的体积含量较大时（大于30%），岩石的电阻率才会随良导矿物体积含量的增大而逐渐降低。但是，如果良导矿物的电连通性较好，即使它们的体积含量并不大，岩石的电阻率也会随良导矿物含量的增加而急剧减小。

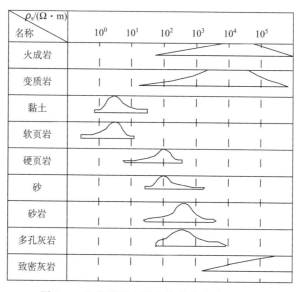

图 6.4　几种岩石电阻率值的分布范围曲线

2）岩石电阻率与其含水性的关系

花岗岩含水性和风化情况有关，全风化花岗岩主要为潜水带，中风化新鲜岩主要为裂隙水，而稳定水位的分布能控制花岗岩的饱和，裂隙水和潜水中的离子是影响水导电性的主要因素，含水越多，电阻率越低。

3）岩石电阻率与其孔隙度和孔隙结构的关系

由于地下水只充填在岩石的孔隙空间之中，因而岩石电阻率不仅与岩石中水的电阻率有关（周天福，1997；李金铭，2005），而且还与岩石的孔隙度和孔隙结构有关。岩石孔隙度的大小决定着岩石中水的含量，从而决定着岩石中离子的数量；岩石孔隙的结构（包括孔隙信道的截面积大小、弯曲程度以及连通程度等）则影响着离子的运动速度和参加运动的离子数量。

2. 电磁法勘探

电磁法是根据电磁感应原理研究天然或人工（可控）场源在大地中激励的交变电磁场分布，并由观测到的电磁场分布研究地下电性及地质特性的一种地球物理方法（表6.5）。电磁法分为频率域电磁法（FEM）和时间域（或称瞬变）电磁法（TEM）。大地电磁法（MT）和可控源音频大地电磁法（CSAMT）是频率域电磁法在国内应用最多的两种方法。

表 6.5　电磁法勘探分类及其在工程上应用（据《工程地质手册》编委会，2007）

方法名称	应用范围	适用条件
频率测深法	探测断层、裂隙、地下洞穴及不同岩层界面	被测地质体与围岩电性差异显著；覆盖层的电阻率不能太低
瞬变电磁法	可在基岩裸露、沙漠、冻土及水面上探测断层、破碎带、地下洞穴及水下第四系厚度等	被测地质体相对规模较大，且相对围岩呈低阻；其上方没有极低阻屏蔽层；没有外来电磁干扰
可控源音频大地电磁测深法	探测中、浅部地质构造	被测地质体有足够厚度及显著的电性差异；电磁噪声比较平静；地形开阔、起伏平缓
探地雷达	探测地下洞穴、构造破碎带、滑坡体；划分地层结构	被测地质体上方没有极低阻的屏蔽层和地下水的干扰；没有较强的电磁场源干扰

底青云等（2010）在甘肃北山高放废物处置库预选区采用可控源音频大地电磁法研究预选地段（新场）控制花岗岩体分布的大断裂空间特征及其向深部延伸状况，查明了花岗岩体内部精细地质结构，判释了目标岩体及其周边岩体的相互关系和空间形态。

3. 地震勘探

利用地下介质弹性和密度的差异，通过观测和分析大地对人工激发地震波的响应，推断地下岩层的性质和形态的地球物理勘探方法叫做地震勘探。地震勘探方法主要有折射波法、反射波法等（表 6.6）。

表 6.6　地震勘探方法分类表（据《工程地质手册》编委会，2007）

方法名称		应用情况
折射波法	初至折射法	划分近水平界面，确定覆盖层厚度，测定潜水面深度，追索断层破碎带（低速带），测定岩土弹性力学参数
	对比折射法	
反射波法		
微震探测法		地热勘探

影响地震波传播速度的地质因素是很多的，但主要与岩性、孔隙度、孔隙充填物、密度、地质年代、构造运动、岩层埋藏深度等因素有关。

1）岩性

岩体波速与岩石的弹性性质有关，不同的岩石由于弹性性质不同，波速也不一样，变质岩和火成岩的波速大于沉积岩的波速；灰岩的波速大于页岩的波速，页岩的波速又比砂岩大。同一种沉积岩波速变化范围较大，这是因为沉积岩的结构比较复杂，而影响波速的因素又较多，不仅仅取决于岩性。

2）孔隙度

从结构上来说，岩石基本上由两个部分组成，一部分是矿物颗粒本身，称为岩石的骨架（基质），另一部分是由各种气体或液体充填的孔隙。岩石实际上是双相介质，地震波就在这种双相介质中传播。Wyllie 等（1956）提出了一个较简便计算速度和孔隙之间的公式，称为时间平均方程，即

$$\frac{1}{V} = \frac{1-\phi}{V_m} + \frac{\phi}{V_L} \tag{6.20}$$

式中，ϕ 为岩石的孔隙度，%；V 为岩石中波传播的速度，m/s；V_m 为岩石骨架中波传播的速度，m/s；V_L 为孔隙中充填介质波传播的速度，m/s。

从式（6.20）可以看出，波在岩石中传播的时间是岩石骨架中和充填介质中波传播所用时间的总和。这个公式的适用条件是岩层孔隙中只有油、气或水一种流体，并且流体压力与岩石压力相等。统计研究表明，当孔隙度由 3% 增加到 30% 时，速度变化可达 60%，随着孔隙度的增加，速度反比例减小；反之，孔隙度变小时，速度增大，可见孔隙度是影响速度的重要因素。

4. 利用钻孔电视获取深部岩体信息

钻孔电视成像技术是应用包括声、超声、光、电、磁和核磁共振等技术对钻孔周边介质进行原位扫描成像，通常采用与电视图像显示相类似的直观可视方式进行数据表达（查恩来，2006）。钻孔成像设备能以照相或视频图像的方式直接提供孔壁的图像。得到的图像数据不但可以用于定性识别钻孔内的情况，还可以被用来定量分析孔中的地质现象。它以视觉获取地下信息，具有直观性、真实性等优点，可以用来准确地划分岩性，查明地质构造，确定软弱泥化夹层，检测断层、裂隙、破碎带，观察地下水活动状况等。

利用钻孔电视的测井图像，可以对钻孔周围小范围内的地层产状、节理发育状况和裂隙随深度的变化进行分析，能够得出节理密集带的分布范围和深度。探头声波钻孔电视能获得钻孔孔壁各点精确的三维空间坐标参数和倾斜坐标参数，可以将节理裂隙的视倾角转换为真倾角，从而可以得到每条节理、裂隙的产状。此外，还可对溶洞和涌水层的方位，裂隙的宽度（即层间充填物的厚度）及掉块的几何形状进行分析。

利用钻孔电视进行扫描拍照，可以得到某段岩石上下端的裂隙形态及其倾向、倾角，对该段岩心进行定向。

6.2.4 选址勘察阶段岩体质量评价方法的探讨

如图 6.2 所示，选址勘察阶段所能获得的数据主要包括地表数据、钻孔数据和物探数据 3 个方面。其中地表数据和钻孔编录数据是最直接的数据，是使用过程中最可靠的数据，而物探数据和钻孔测试数据体现的是岩体的物理性质，并非直观数据，需要结合地表数据和钻孔编录数据解译后才能使用。

对岩体质量评价，地表的数据直观可靠，但由于客观地质条件的复杂性（复杂性、多变性和不可预知性），不可能直接以此为基础推测目标深度的岩体质量。钻孔编录数据真实，加之钻孔测试数据，据此评价钻孔及其附近岩体质量也比较可靠，但钻孔只是一个线。在选址勘察阶段，布置的钻孔数量有限，距离钻孔较远的岩体质量无法评价。

地球物理勘探可以达到目标深度，但其获得的数据是间接数据，并不能直接用于岩体质量评价。因此，有必要建立各参数的相互关系及其与岩体质量的关系，以此判断岩体质量。

1. 钻孔岩体质量评价方法探讨

在选址勘察阶段，钻孔数量一般较少，但针对每一个钻孔，一般都会进行大量的现场测试，以获得详细的钻孔数据。然而，利用钻孔所获得的测试数据并不都是能直接进行岩体质量评价的数据，需要对这些数据进行换算。

前述钻孔数据都和岩体质量有关。因此，可以尝试建立各测试数据与岩体质量之间的关系。

评价指标：

RQD：由岩心编录获得，表现为岩体的完整性；

岩体电阻率（ρ）：通过视电阻率测井和侧向测井获得，反映地层结构；

岩体纵波波速（V_p）：通过声波测井获得，反映岩体的完整性和强度；

自然伽马测井值（GR）：通过自然伽马测井获得，反映岩体结构中的含泥量；

伽马-伽马测井值（GG）：通过伽马-伽马测井获得，反映岩体孔隙度，可以计算岩体的密度和抗压强度。

根据这些评价指标反映的岩体物理力学性质，建立岩体质量与这些指标之间的函数关系：

$$BQ = b(\rho, V_\mathrm{p}, GR, GG)$$
$$Q = q(\rho, V_\mathrm{p}, GR, GG)$$
$$RMR = r(\rho, V_\mathrm{p}, GR, GG)$$
$$GSI = g(\rho, V_\mathrm{p}, GR, GG)$$

根据钻孔内岩石强度测试地段岩体质量的评价结果，对上述公式中的参数进行设定，以使结果更符合实际。同时，根据各方法的使用范围和评价结果，选择更适合深部花岗岩体的岩体质量评价方法。

2. 地球物理勘探剖面岩体质量评价方法的探讨

在选址勘察阶段，不仅要对钻孔内的岩体质量进行评价，重要的是要对目标深度洞室围岩的质量进行评价。这仅依靠钻孔数据是不够的，需借助地球物理勘探的方法，获得相应的地质数据。地球物理勘探取得是岩体的地球物理性质数据，如电阻率、波速等。这些参数并不能直接反应岩体的质量。

为了使地球物理数据更准确的评价岩体质量，应该建立地球物理数据与岩体质量等级的关系。但不同的岩性，其地球物理性质差别很大，很难建立针对所有岩石的统一的关系。在选址勘察阶段，一般会进行钻探，获得大量的钻孔数据，能得到钻孔及其周围较准确的岩体质量。一般而言，物探剖面会经过钻孔。因此，对比钻孔中各级别岩体对应的岩体的地球物理参数，然后把这种对应关系应用到整个物探剖面。

6.3 塔木素花岗岩体质量评价

6.3.1 场区地质特征

场区内的岩浆活动从前寒武纪一直延续到三叠纪，形成了不同时代、不同岩性的侵入体。塔木素花岗岩体位于阿拉善盟阿拉善右旗塔木素一带，总体为一 SW-NE 向延伸的岩基（图 6.5）。总出露面积约 3500km²。其西北部和西南部侵入下元古界—太古界阿拉善群地层；西部被第四系覆盖；东部侵入石炭系，并被第四系及白垩系覆盖。塔木素花岗岩体的主体形成于海西期，大部分是似斑状二长花岗岩，后有印支期花岗岩侵入。调查区内主要是花岗闪长岩。

图 6.5　塔木素花岗岩体

6.3.2 区域应力场分析

塔木素岩体位于沙拉扎山构造带最西段，又称宗乃山，岩石类型较丰富，主要有：中粗粒似斑状花岗岩、中细粒二长花岗岩、中粒钾长花岗岩、花岗闪长岩、混合岩等。岩石中风化蚀变较强烈，整体发生了明显的机械破碎。在切割较深的峡谷地带可见到花岗岩体被低角度透入性劈理切割成层状，与沉积岩层理相似 [图 6.6（a）]，而大部分岩体中发育高角度密集破劈理，将岩石切割成近垂直的等厚薄板状 [图 6.6（b）]。在岩体突出地面的地方见到被劈理和节理切割的岩石碎块，破裂面风化强烈 [图 6.6（c）]，而在与地面平齐的岩基出露地点，发育较多的共轭节理，两组共轭节理的夹角在 30°~60° 之间，并将岩体切割成大小不一的菱形块体 [图 6.6（d）]。

　　局部见到岩体中发育两组走向近垂直的劈理，这种劈理较为规则，岩石被切割成立方体状或面包状 [图 6.6 (e)]，岩石变形强烈的地方可见到糜棱岩化现象，暗色矿物和浅色矿物被挤压拉伸成长条状并相间排列 [图 6.6 (f)]。

图 6.6　塔木素花岗岩体变形特征

（a）岩体劈理化后呈近水平层板状；　（b）岩体中发育大量密集近垂直劈理；
（c）岩体被劈理和节理同时切割；（d）岩体中共轭节理将岩体切割成菱形块体；
（e）岩体中发育两组走向近直交的透入性劈理；（f）花岗岩发生糜棱岩化。据肖
文交，2013，内蒙古阿拉善地区构造演化与地球动力学研究，"内蒙古阿拉善高
放废物地质处置备选场址预选及评价研究"课题年度总结报告

　　根据节理和劈理的统计分析结果，塔木素岩体受到 NW-SE 和 NE-SW 两个方向的挤压剪切作用（图 6.7），为古亚洲洋 SN 向斜向闭合的产物。

6.3.3　场区地表节理统计及地表岩体质量评价

　　通过野外地质调查，在重点区域内（图 6.8）进行了工程地质测绘工作。量测了近千条构造节理（图 6.9）。

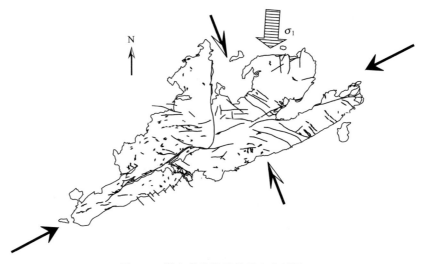

图 6.7　塔木素花岗岩体受力分析图

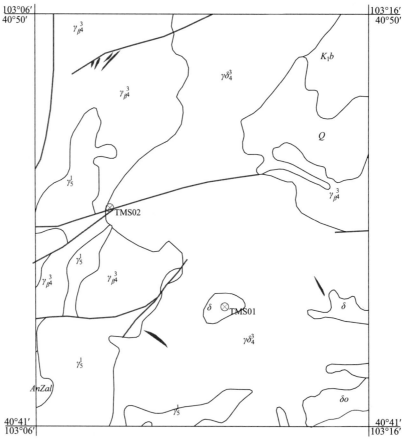

图 6.8　塔木素场区重点岩体范围

图 6.9　节理量测现场

1. 节理分析

1）节理走向分组

采用 10°一个间隔，绘制节理走向玫瑰花图（图 6.10），从中可以看出，各个方向走向的节理都有出露，但主要可分为 3 组，走向分别为 40°～60°，290°～310°和近 SN。

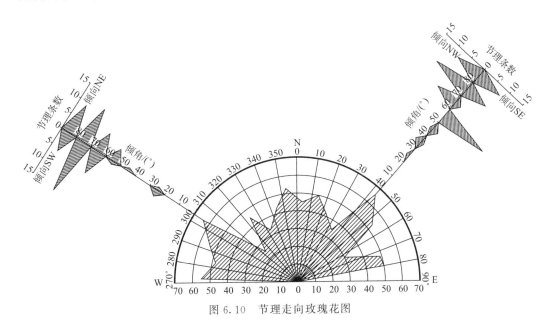

图 6.10　节理走向玫瑰花图

与图 6.8 中的地质构造对比发现，节理的走向受区域构造的控制。

2）节理倾角分析

根据节理的倾角，绘制节理倾角直方图（图 6.11），从中可以看出，区内节理以陡倾角为主，倾角大于 70°的节理超过总数的 50%，近 75%的节理倾角大于 60°。

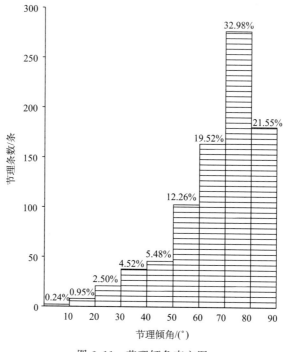

图 6.11　节理倾角直方图

3）节理密度分析

在调查过程中，布置了近 80 条测线，测得了各测线节理的线密度（图 6.12）。从图 6.13 中可以看出，线密度集中在 2～5 条/m，相应的平均间距在 0.2～0.5（图 6.13）。

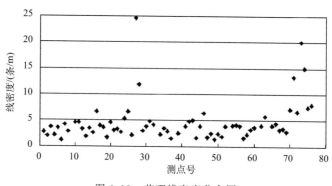

图 6.12　节理线密度分布图

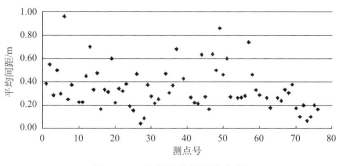

图 6.13　节理平均间距分布图

2. 地表岩体质量评价

1）岩体完整性分析

根据各观测点所布置的测线和量测的节理，确定了各观测线上节理的密度及间距（图 6.12、图 6.13）。以此为基础，确定各观测点岩体的完整性。从图 6.14 可以看出，超过 50% 的观测点的岩体质量为较完整，其次是较破碎岩体，很少一部分为破碎和极破碎。

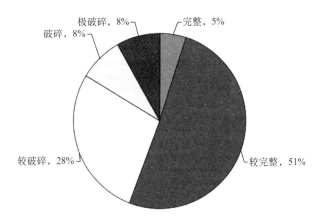

图 6.14　各种完整程度的岩体所占的比例

2）岩体质量评价

区内岩体以花岗类岩石为主，为坚硬岩。然而，由于风化卸荷作用严重，多呈中等风化，岩体变为较软岩。结合上述岩体完整性的划分，对岩体质量进行定性评价。如图 6.15 所示，以Ⅲ级岩体为主，其次是Ⅳ级岩体。

3）地表岩体质量分区

根据前述对各观测点岩体质量的评价，结合地质条件，对区内的岩体质量进行分区，分区结果如图 6.16 所示。

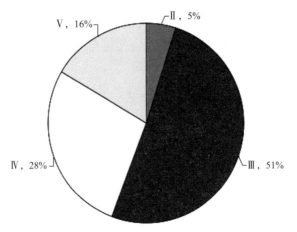

图 6.15　各种级别岩体所占的比例

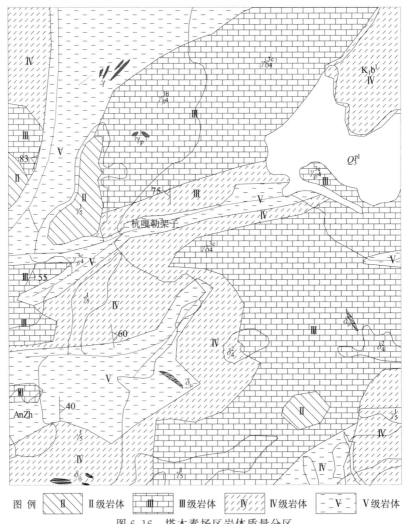

图 6.16　塔木素场区岩体质量分区

6.3.4　钻孔岩心质量随深度变化规律

1. 钻孔节理产状分析

借助孔内成像技术及图像处理系统对钻孔内裂隙的产状（包括倾向、倾角）进行统计，在 TMS02 钻孔内共统计出大小裂隙 632 条，其中以微小裂隙为主。

1）走向、倾向

根据节理的走向和倾向，分别绘出对应的节理玫瑰花图（图 6.17、图 6.18）。从这两个图中可以看出，节理走向以近 EW 向为主，倾向以 0°～10°最多。

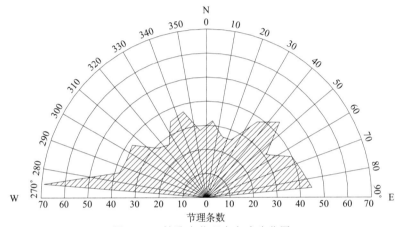

图 6.17　钻孔中节理走向玫瑰花图

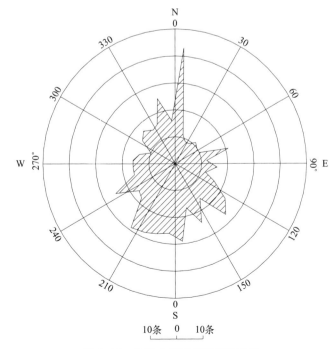

图 6.18　钻孔中节理倾向玫瑰花图

2）倾角

根据统计的节理倾角，绘制出节理倾角直方图（图6.19）。从图中可以看出，各种倾角的节理均有，以60°～70°为最多，倾角超过50°的节理占56.34%。

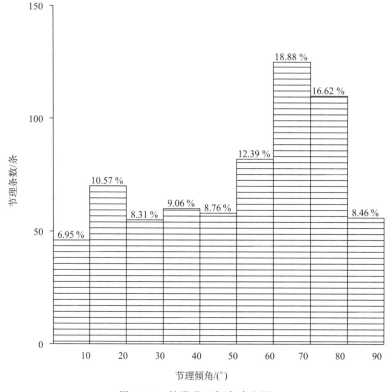

图6.19　钻孔节理倾角直方图

2. 地表节理与钻孔节理对比分析

地表测绘的节理和钻孔电视统计的节理数量不相同，为使两者进行对比，在节理分组时，采用每组节理占总数的百分比，避免数量误差。

1）走向、倾向对比

把地表测绘的节理和钻孔电视统计的节理的走向玫瑰花图和倾向玫瑰花图分别叠合在一起（图6.20、图6.21）。从这两个图中可以看出，钻孔电视统计的节理和地表测绘的节理，其走向和倾向总体是一致的，只是钻孔中统计的节理，近EW走向（倾向近SN）的节理数量明显增多。这与钻孔的位置有关，该钻孔位于一近EW向断层附近，节理受断层影响很大，与断层走向一致的节理明显增多。

2）倾角对比分析

从图6.22中可以看出，钻孔电视统计的节理和地表测绘统计的节理，在倾角50°～70°范围内基本一致，在倾角0°～50°范围内，钻孔中统计的节理所占比例明显比地表测绘的比例高，尤其是在0°～20°范围内。在70°～90°范围内地表统计节理所占比例明显

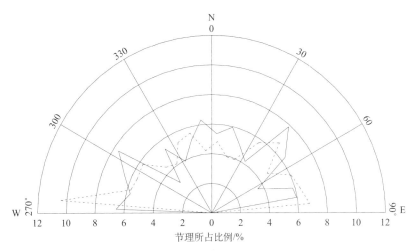

图 6.20　TMS02 钻孔内（虚线）与地表（实线）节理走向玫瑰花图对比

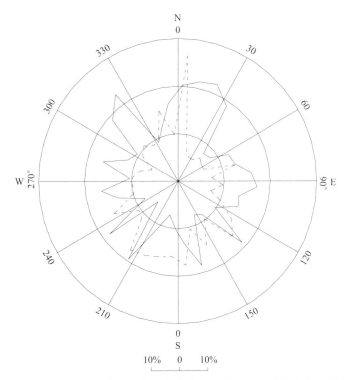

图 6.21　TMS02 钻孔内（虚线）与地表（实线）节理倾向玫瑰花图对比

高于钻孔统计节理。这种现象的存在主要是由于测量方法不同造成的。在地表测绘时，一般缓倾角节理很难见到，且在统计过程中以构造节理为主，一些缓倾角的卸荷裂隙一般不统计。而在钻孔中，由于钻孔钻进方向与水平面垂直，缓倾角节理易于观测到，对于陡倾角节理反而不易观测。

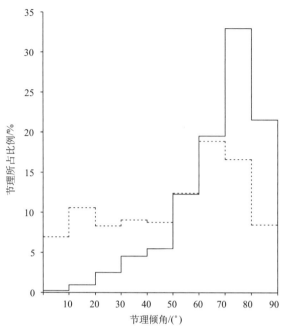

图 6.22　TMS02 钻孔内（虚线）与地表（实线）节理倾角直方图对比

3. 钻孔内结构面的间距

结构面间距的概率分布决定了 RQD 的分布特征，深部岩体内结构面间距的分布可通过钻孔方向测线上结构面交点的分布进行分析。完整岩心的长度统计与结构面间距的统计是等价的。因此，RQD 可以定义为沿某一测线方向大于 10cm 的结构面间距的统计长度与测线长度之比的百分数（杜时贵等，1998）。

钻孔电视能明显反映出岩体破碎段，但是用钻孔电视得到的结构面间距进行 RQD 统计时，除极个别钻孔段等于或小于岩心编录外，绝大部分大于岩心编录的结果，说明用钻孔电视来确定岩体 RQD 时，对比较差的岩体总体要偏好，而较完整的岩体比较接近实际情况。这主要是超声波钻孔电视不能分辨出闭合较好的结构面和部分隐微裂隙，从而导致了岩体质量较实际岩体好的原因。

由于客观条件的限制，通常用钻孔岩心确定的 RQD 要比原状岩体质量差，因此，利用结构面间距所得的钻孔 RQD 是对岩心统计 RQD 的进一步修正，即实际岩体 RQD 应在这两种方法所得结果之间。由于目前国内钻探技术水平仍比较低，结构面间距是岩体完整性的真实反映，故结构面间距得到的 RQD 值更加接近真实值。

根据钻孔电视统计的结构面及其位置，对结构面间距与其频次之间的关系进行了分析（图 6.23），发现其具有明显的幂函数关系。

在花岗岩体中结构面间距呈幂函数降低的规律是普遍存在的。利用钻孔结构面间距的统计，可以初步判断钻孔岩体质量，一般拟合幂函数越陡，岩体质量越差。由于钻孔电视是原位量测，能真实地反映地下岩体的原始状态，而钻孔岩心是扰动岩样，同时受

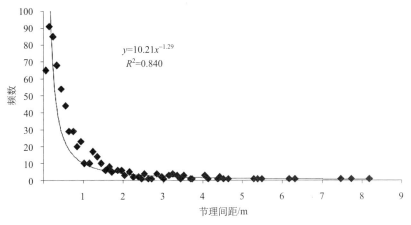

图 6.23　TMS02 钻孔节理间距频数分布

到机械破坏，改变了赋存环境，不能代表相应部位的原始状态，从而导致了钻孔电视所得结构面间距比岩心编录长度大，有效段数多。

4. 岩体纵波波速随深度变化规律

根据钻孔纵波波速测试结果（图 6.24、图 6.25），钻孔 TMS01 岩体纵波波速从上至下无明显变化，但数据较分散，最大值为 9.9701km/s，最小值为 2.7832km/s，平均值为 5.9758km/s，大多数集中在 5～7km/s。

钻孔 TMS02 在浅表部 30m 范围内，岩体纵波波速较小，在浅表部 20m 范围内，纵波波速大多数小于 5km/s。30m 以深，纵波波速绝大部分在 5～6.5m/s。和钻孔 TMS01 相比，纵波波速分布相对集中，呈不规则的曲线分布。

5. RQD 值随深度变化规律

根据岩心编录结果，对岩心进行分段，求出每一段的 RQD 值，绘制出 RQD 值随深度变化的直方图（图 6.26、图 6.27）。

6. 钻孔岩心质量随深度变化规律

岩体基本质量指标（BQ），应根据分级因素的定量指标 R_c（岩石饱和单轴抗压强度）的兆帕值和 K_v（岩体完整性系数），按下式计算：

$$BQ = 100 + 3R_c + 250K_v \tag{6.21}$$

当 $R_c > 90K_v + 30$ 时，应以 $R_c = 90K_v + 30$ 和 K_v 代入计算 BQ 值；当 $K_v > 0.04R_c + 0.4$ 时，应以 $K_v = 0.04R_c + 0.4$ 和 R_c 代入计算 BQ 值。

K_v 值应按下式计算：

$$K_v = (V_{pm}/V_{pr})^2 \tag{6.22}$$

式中，V_{pm} 为岩体弹性纵波速度，km/s；V_{pr} 为岩石弹性纵波速度，km/s。

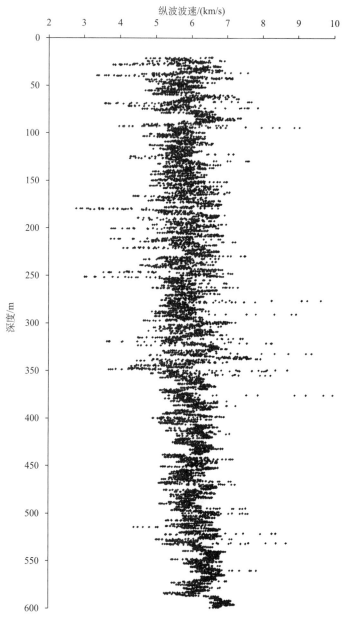

图 6.24　TMS01 岩体纵波波速随深度变化规律

1）岩石强度的确定

在钻孔 TMS01 岩心中选取了 5 组样品进行了单轴压缩试验（表 6.7），对比岩心的岩性和风化程度（图 6.28）和波速测试结果（图 6.24、图 6.25），初步估计各段岩心的岩石单轴抗压强度。

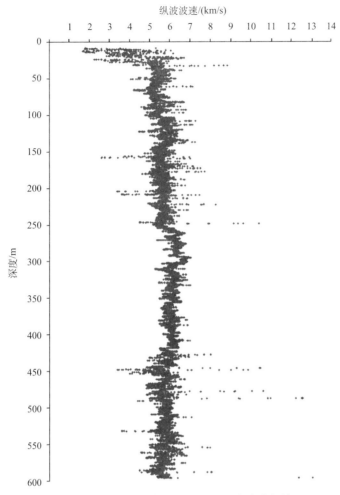

图 6.25　TMS02 岩体纵波波速随深度变化规律

表 6.7　TMS01 岩心单轴压缩试验结果

编号	高度/mm	直径/mm	取样深度/m	单轴抗压强度/MPa	弹模/GPa
T1-28	100.29	51.09	590	117.3	43.1
T1-45	100.39	51.09	549	120.1	51.5
T1-126	100.29	50.93	541.6	98.5	57.5
T1-35	100.34	51	566	96.6	79
T1-75	100.12	51.13	568	95.6	69.1

2）岩体完整性系数的确定

岩体完整性根据岩心 RQD（图 6.26、图 6.27）确定。

采用工程岩体质量分级标准（BQ 法）对各段岩体质量进行评价，可得到钻孔岩心

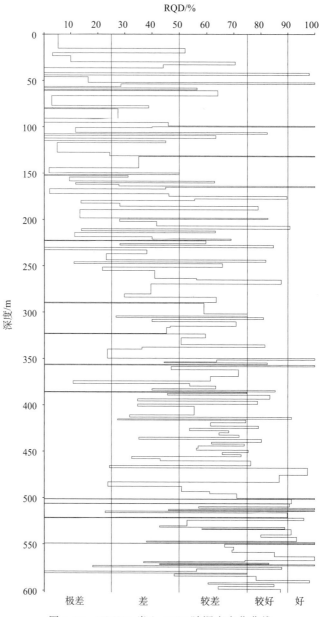

图 6.26　TMS01 岩心 RQD 随深度变化曲线

的基本质量分级（图 6.29）。

钻孔岩心各级岩体都有，TMS01 钻孔以Ⅴ级岩体最多，占 25.01%，Ⅰ级岩体最少，仅占 11.45%；TMS02 钻孔以Ⅲ级岩体最多，Ⅰ级岩体最少（图 6.30）。

另外，根据式（6.19）给出的工程岩体 P 波速度 V_p（m/ms）与岩体的质量指数 Q 之间的关系，可以得出各段钻孔岩心的 Q，并能以此进行分类（图 6.31）。从图 6.37 中可以看出，以此种方法进行的 Q 分类，其岩体绝大部分都是好的，这可能和 Q 分类

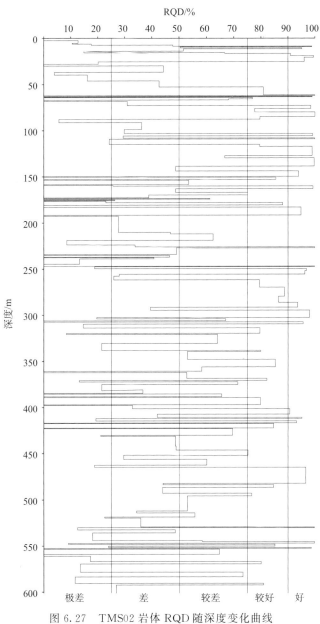

图 6.27　TMS02 岩体 RQD 随深度变化曲线

法没有考虑岩石强度有关（Rawlings and Barton，1995）。

6.3.5　物探剖面及目标深度岩体质量评价

对于剖面上或目标深度的岩体质量，由于数据很少而很难得到可靠的岩体质量评价结果。基于此，对物探剖面的各种物理性质曲线与钻孔对比，探讨岩体的地球物理参数与岩体质量之间的关系。

图 6.28　TMS01 岩心单轴压缩试验取样处

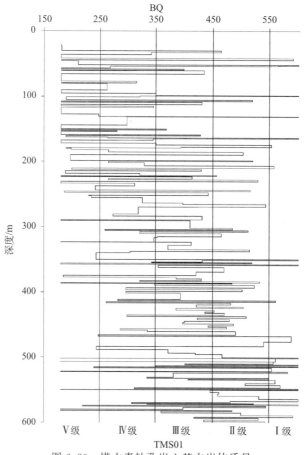

图 6.29　塔木素钻孔岩心基本岩体质量

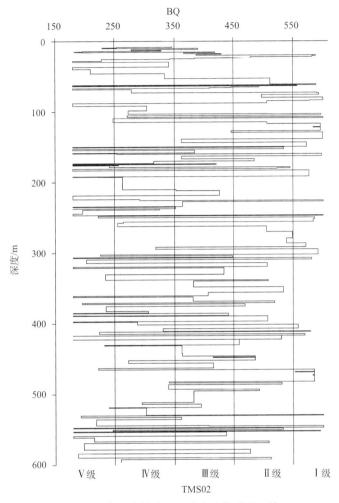

图 6.29　塔木素钻孔岩心基本岩体质量（续）

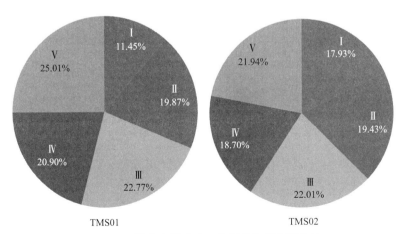

图 6.30　塔木素钻孔岩心各级岩体所占百分比

对比测井曲线（密度曲线、侧向电阻率曲线和纵波速度曲线）和岩心基本质量 BQ 曲线与 RQD 曲线（图 6.32），测井对地层、破碎带的解释与地质、钻探资料基本吻合。因此，岩体的地球物理参数与岩体质量具有较好的对应关系。

密度曲线：完整的花岗岩体变化较小，为 $3.0 \sim 3.3 \mathrm{g/cm^3}$；破碎或裂隙发育的花岗岩体变化较大，为 $2.5 \sim 3.0 \mathrm{g/cm^3}$。

侧向电阻率曲线：完整的花岗岩体一般为 $400 \sim 800 \Omega \cdot \mathrm{m}$；破碎或裂隙发育的花岗岩体一般为 $100 \sim 500 \Omega \cdot \mathrm{m}$。

纵波速度曲线：完整的花岗岩体一般为 $5 \sim 7 \mathrm{km/s}$，破碎或裂隙发育的花岗岩体为 $3 \sim 4 \mathrm{km/s}$。

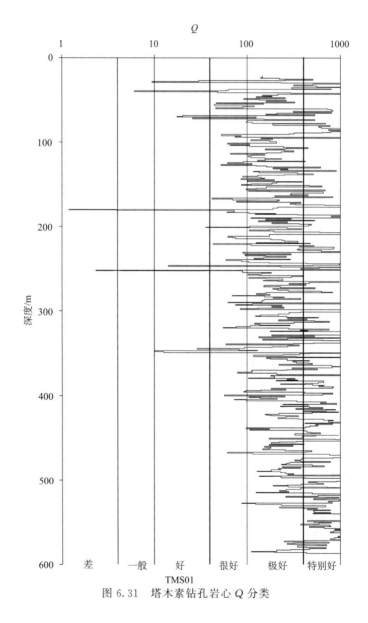

图 6.31　塔木素钻孔岩心 Q 分类

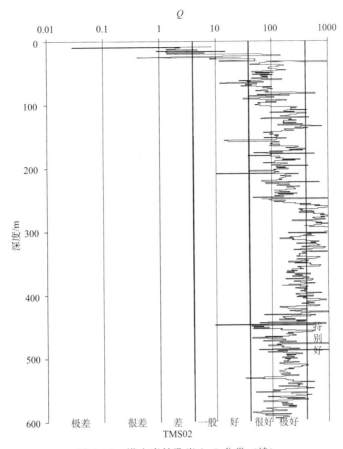

图 6.31 塔木素钻孔岩心 Q 分类（续）

但是物探剖面的数据与测井数据并不一致，为准确评价物探剖面的岩体质量，需建立物探剖面数据与岩体质量的关系。首先，在进行地球物理勘探时，物探剖面尽量过钻孔；根据物探剖面，绘制出钻孔处地球物理参数变化曲线；对比钻孔岩心岩体质量变化曲线，建立地球物理参数与岩体质量的关系。

从图 6.33 中可以看到，钻孔 TMS01 位于物探线 L1 与 L3 交汇处附近。对比钻孔 TMS01 的测井及岩体质量评价结果和 L1 与 L3 交汇处的物探结果（图 6.34）。可以对 CSAMT 剖面的岩体质量进行初步评价。

电阻率大于 1200Ω·m，为 I 级岩体；

电阻率介于 900～1200Ω·m，为 II 级岩体；

电阻率介于 500～900Ω·m，为 III 级岩体；

电阻率小于 500Ω·m，为 IV 和 V 级岩体。

根据 L1—L6 物探剖面，可知，在目标深度（600m 左右）以 II 级和 III 级岩体为主，局部有 I 级岩体和 VI 级岩体。

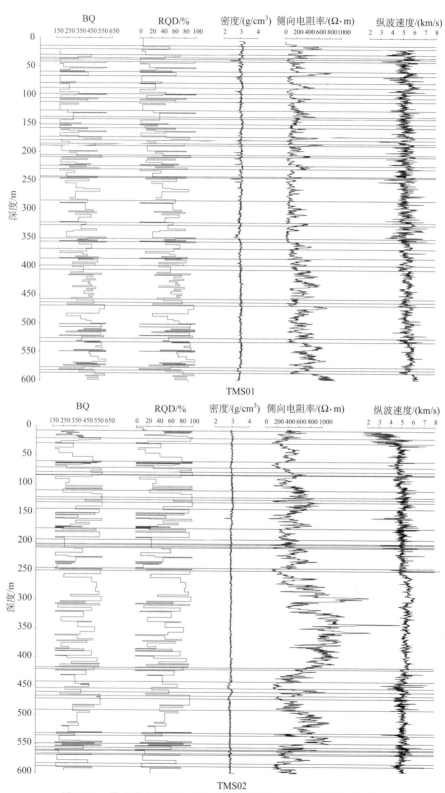

图 6.32 塔木素场区钻孔 BQ 曲线与 RQD 曲线和测井曲线对比

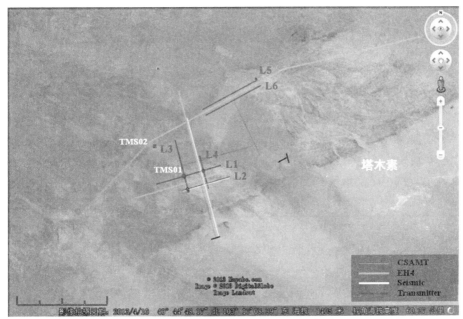

图 6.33　塔木素场区物探线布置示意图

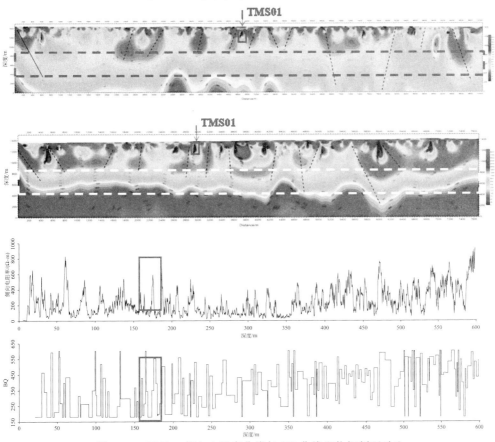

图 6.34　TMS01 侧向电阻率曲线与 BQ 曲线和物探剖面对比

6.4　诺日公花岗岩体质量评价

6.4.1　场区地质特征

诺日公花岗岩体位于阿拉善盟阿拉善左旗诺日公一带，总体为一近 EW-NEE 向延伸的岩基（图 6.35）。总出露面积约 2000km²。其北部侵入太古宙和元古宙地层，东南部被三叠纪花岗岩侵入，西南部被第四系、古近系、新近系覆盖。该岩基主要由黑云二长花岗岩构成，岩石从边缘相到过渡相；颜色由灰白色（或略带红色）变化为浅肉红色；结构从细粒花岗结构过渡为中粒-中粗粒粒状结构。

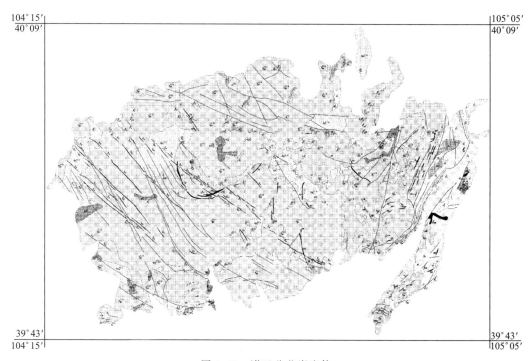

图 6.35　诺日公花岗岩体

6.4.2　区域构造应力作用

诺日公花岗岩体内的构造可归纳为 EW 向和北东向两大构造体系。根据前述对两大构造体系及其展布分析，区域应力作用如图 6.36 所示。主要受南北挤压机 SN 向逆时针直扭应力反复多次作用，造成了上述两大构造体系及一系列构造形迹，也造成了一些弧形构造。这些弧形构造都位于 NE 向构造带西侧，虽生成先后不同，但其内旋层均作顺时针方向旋扭，说明所受区域应力作用方式的一致性。它们主要是在 SN 向逆时针直扭应力作用下生成，因此可将它们作为 NE 向构造带的次一级构造。

6.4.3　地表节理统计及地表岩体质量评价

以两个钻孔为中心，在 17km×17km 的范围内开展了工程地质测绘（调查范围见图 6.37）。对钻孔附近进行了详细调查，对区内的采石场进行了重点调查，量测了 1500余条节理裂隙（图 6.38）。

图 6.36　诺日公场区区域构造应力分布图

1. 节理分析

1）节理走向分组

采用 10°一个间隔，绘制节理玫瑰花图（图 6.39、图 6.40），从中可以看出，各个方向走向的节理都有出露，但主要可分为两组，走向分别为 40°～70°和 290°～320°。与图 6.42 中的地质构造对比可以发现，节理的走向受区域构造的控制。

2）节理倾角分析

根据节理的倾角，绘制节理倾角直方图（图 6.41），从中可以看出，区内节理以陡倾角为主，倾角大于 70°的节理超过总数的 65%，近 80%的节理倾角大于 60°。缓倾角的节理主要为卸荷裂隙。

3）节理密度分析

在调查节理的过程中，布置了近 90 条测线，测得了各测点节理的线密度（图 6.42）。从图 6.42 中可以看出，约 75%的测线测量的线密度小于 0.5 条/m，只有两处节理线密度接近 10 条/m，相应的平均间距 75%的大于 2m（图 6.43）。

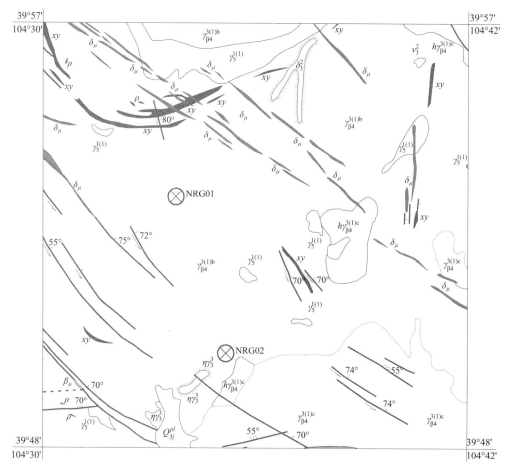

图 6.37　诺日公场区调查范围

图 6.38　节理量测现场

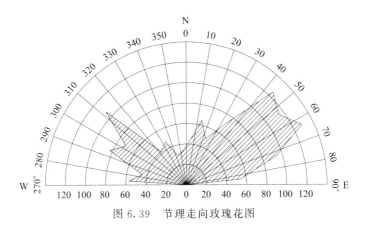

图 6.39　节理走向玫瑰花图

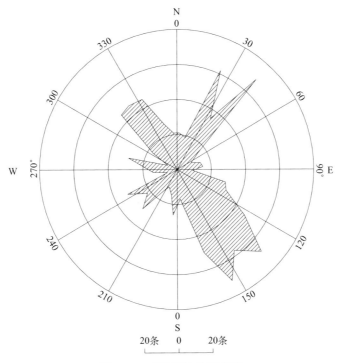

图 6.40　节理倾向玫瑰花图

　　除了进行了节理线密度测量，在一些露头较好，地表较平坦的地方，划定出一定的面积，对其中的所有节理进行了量测，得出单位面积内节理迹线的长度（图 6.44）。从图 6.44 可以看出，单位面积内节理的迹线长度多小于 2m，个别地方节理很不发育。

　　2. 地表岩体质量评价

　　根据各观测点所布置的测线及量测的节理，确定了各观测线上节理的密度及间距（图 6.42、图 6.43）。绝大部分测点的岩体完整性好，只有在断层附近及部分岩脉的完

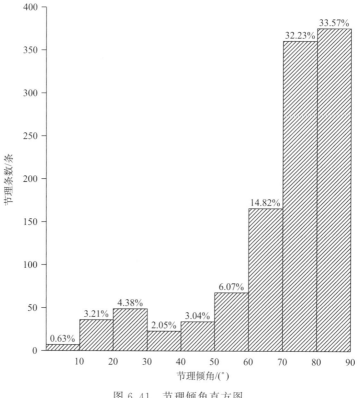

图 6.41　节理倾角直方图

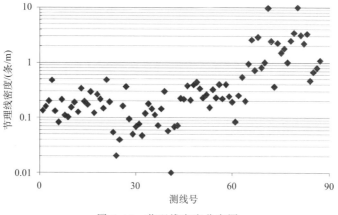

图 6.42　节理线密度分布图

整性较差。

　　场区内岩体以花岗岩为主，为坚硬岩。然而，由于风化卸荷作用严重，地表多呈中等风化，岩体变为较软岩。但从开挖的采坑看，中等风化厚度很有限，大部分深度不足1m。结合上述岩体完整性的划分，对岩体质量进行定性评价。在地表，岩体质量以Ⅲ

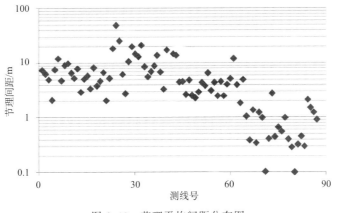

图 6.43 节理平均间距分布图

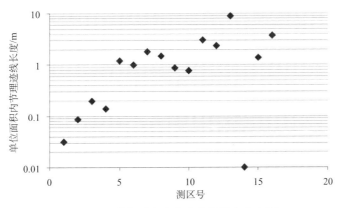

图 6.44 单位面积内节理迹线长度分布图

级岩体为主，其次是Ⅳ级岩体，断层破碎带及其影响带为Ⅴ级岩体。地表以下 3～4m 处，则多为Ⅰ级和Ⅱ级岩体。

6.4.4 钻孔岩心质量随深度变化规律

1. 钻孔节理发育情况分析

通过岩心编录，对岩心的节理裂隙进行详细统计、描述。

1）钻孔 NRG01

岩石裂隙整体较发育-不发育，岩体完整，岩心大多为完整岩心（岩石断口均为机械作用形成）（图 6.45）。局部受构造作用、蚀变作用以及浅部的风化作用，裂隙发育较为密集，呈分段集中发育，在孔内主要表现为闭合裂隙（图 6.46）。

在 0.228～13.900m、281.360～402.750m、529.950～568.965m 段，裂隙发育-很发育，一般发育 2～3 组，裂隙面轴夹角无规律，一般在 22°～88°，局部呈纵向发育。同组裂隙发育不连续，裂隙间距一般在 6～60cm，最大可达 18.12m，最小为 2cm。

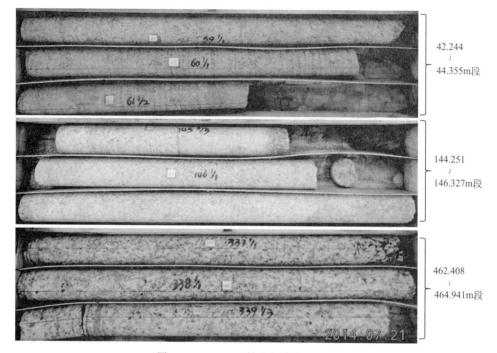

图 6.45　NRG01 钻孔部分完整岩心

图 6.46　NRG01 钻孔构造裂隙密集段

第 1 组在孔内表现为缓倾角裂隙（图 6.47），发育程度较好，局部发育非常好。延伸性好，轴夹角 46°～88°，裂隙面在浅部呈黄褐色、褐红色，基本平直，不光滑，铁质及少量泥质、碳酸盐充填。深部呈灰色、灰绿色，平直-基本平直，不光滑，闭合，绿泥石及碳酸盐粉末充填。

第 2 组裂隙在孔内表现为陡倾角裂隙（图 6.48），与第 1 组呈共轭式斜交，裂隙面灰白色、肉红色，轴夹角一般 22°～44°，裂隙面不平直-基本平直，不光滑-略有光滑感，绿帘石等泥质物充填，局部裂隙面具有玻璃光泽。裂隙发育程度中等。

第 3 组呈纵向裂隙发育（图 6.49），与钻孔轴向近平行，最大轴夹角 10°。在孔内，仅在 392.960～396.89m、563.880～566.000m 段发育，裂隙延伸长度 0.12～1.93m，裂隙呈闭合状，无充填或少量碳酸盐粉末充填，宽度 0.5～1.0mm。

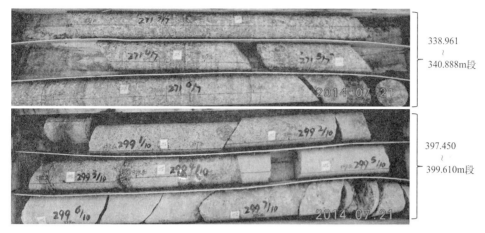

图 6.47　NRG01 钻孔中低角度裂隙

图 6.48　NRG01 钻孔中高角度裂隙

2) 钻孔 NRG02

岩石裂隙整体发育程度中等发育-很发育，局部受构造作用。主要表现为闭合裂隙、微张开裂隙两种类型。

(1) 闭合裂隙。

闭合裂隙在全孔段岩心中均为较发育-发育，呈断续状发育，一般发育 2～3 组，裂隙面轴夹角无规律，一般在 15°～80°，局部呈纵向。同组裂隙发育不连续，裂隙间距差异极大，不发育段两条裂隙最大间距可达 17m，密集段两条裂隙最小间距不足 1cm。

第 1 组在孔内表现为陡倾角裂隙（图 6.50），较发育，局部发育。延伸性好，轴夹角 45°～80°，裂隙面在浅部呈黄褐色、浅肉红色、灰白色，深部呈灰色、灰绿色，基本平直，不光滑，铁质、泥质及蚀变矿物粉末充填。

图 6.49　NRG01 钻孔中纵向裂隙

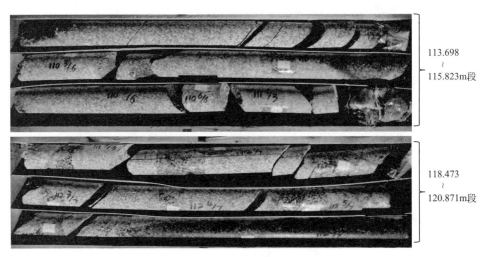

图 6.50　NRG02 钻孔中高角度裂隙

　　第 2 组裂隙在孔内表现为缓倾角裂隙（图 6.51），与第 1 组呈共轭形式斜交，裂隙面灰白色、灰黑色，轴夹角一般 15°～45°，裂隙面不平直-基本平直，不光滑-略有光滑感，绿帘石等泥质物充填，局部裂隙面具有玻璃光泽。

　　第 3 组呈纵向裂隙发育（图 6.52），与钻孔轴向近于平行，最大轴夹角 26°，裂隙延伸长度 0.60～1.49m，裂隙在深部呈闭合状，碳酸盐脉及泥质充填，宽度 1.0～3.0mm。浅部微张开，片状碳酸盐、粉末状碳酸盐充填，宽度 0.5～1.5mm。

　　（2）微张开裂隙。

　　主要为风化裂隙（图 6.53），裂隙面黄褐色、褐红色、褐黄色，不平直，粗糙，轴夹角一般 20°～60°，大多无充填或少量充填，充填物为氧化物、铁质及高岭土。裂隙一

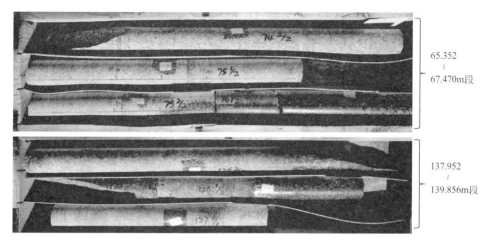

65.352
~
67.470m段

137.952
~
139.856m段

图 6.51　NRG02 钻孔中低角度裂隙

127.113
~
129.650m段

499.194
~
481.507m段

图 6.52　NRG02 钻孔中纵向裂隙

般延展性不好，大多不连续。

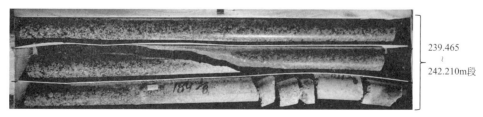

239.465
~
242.210m段

图 6.53　NRG02 微张开状的风化裂隙

2. 钻孔节理产状分析

根据统计的节理倾角，绘制出节理倾角直方图（图 6.54）。从图中可以看出，各种倾角的节理均有。钻孔 NRG01 以 40°～70°为最多，占 73.15％；倾角超过 50°的节理占 62.96％。钻孔 NRG02 以倾角 70°～80°的最多，倾角大于 50°的节理占 76.22％。

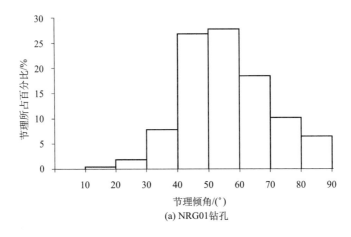

(a) NRG01钻孔

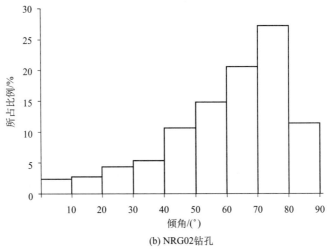

(b) NRG02钻孔

图 6.54　诺日公钻孔节理倾角直方图

3. 地表节理与钻孔节理对比

采用每组节理占总数的百分比，绘制地表节理和钻孔中节理的倾角直方图（图 6.55）。钻孔内和地表节理的倾角分布相似，但有一定的差异。20°～70°的节理，钻孔中的比例明显比地表的高，而倾角大于 70°的节理，地表的比例要比钻孔中的高。这一规律和塔木素的类似。

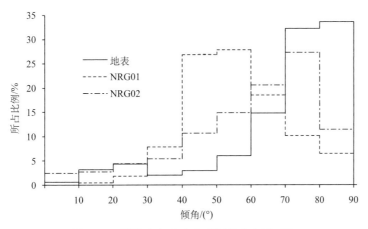

图 6.55　钻孔内与地表节理倾角直方图对比

4. 钻孔内结构面间距

根据钻孔电视统计的结构面及其位置，对结构面间距与其频次之间的关系进行了分析（图 6.56），发现其同样具有明显的幂函数关系。

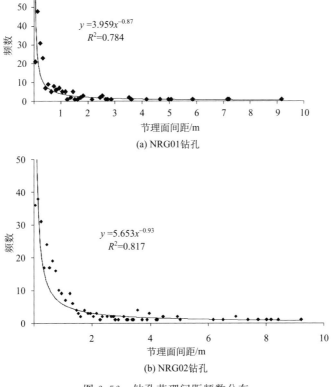

$$y = 3.959x^{-0.87}$$
$$R^2 = 0.784$$

(a) NRG01钻孔

$$y = 5.653x^{-0.93}$$
$$R^2 = 0.817$$

(b) NRG02钻孔

图 6.56　钻孔节理间距频数分布

5. 岩体纵波波速随深度变化规律

1）NRG01 钻孔

根据钻孔纵波波速测试结果（图 6.57），NRG01 钻孔内岩体可分为 20 段：

0～17.3m：风化裂隙发育，主要为中风化和微风化；

17.3～95.05m：岩体完整；

95.05～96.95m：岩体裂隙发育；

96.95～129.45m：岩体完整；

129.45～131.35m：断层破碎带；

131.35～279.85m：岩体完整；

279.85～287.70m：裂隙发育；

287.70～306.80m：断层破碎带；

306.80～327.65m：岩体完整；

327.65～332.10m：断层破碎带；

332.10～353.45m：岩体完整；

353.45～357.15m：断层破碎带；

357.15～361.60m：岩体完整；

361.60～365.50m：断层破碎带；

365.60～389.35m：岩体完整；

389.35～398.40m：裂隙发育；

398.40～401.30m：断层破碎带；

401.30～563.40m：岩体完整；

563.40～571.10m：裂隙发育；

571.10～602.90m：岩体完整。

由于纵波波速测试的点间距为 5cm，因此，该波速整体较高，接近岩块的纵波波速。如果节理间距大于 5cm，其波速即为岩块纵波波速，可以此推算岩块的强度。

2）NRG02 钻孔

和 NRG01 钻孔相比，NRG02 钻孔岩体的纵波波速比较复杂（图 6.58）。说明 NRG02 钻孔岩体变化也叫复杂，岩体相对较破碎。

6. RQD 随深度变化规律

根据岩心编录结果，对岩心进行分段，求出每一段的 RQD，并绘制出 RQD 随深度变化的直方图（图 6.59）。

7. 钻孔岩心质量随深度变化规律

岩体基本质量指标（BQ），应根据分级因素的定量指标 R_c（岩石饱和单轴抗压强度）的兆帕值和 K_v（岩体完整性系数），按式（6.21）、式（6.22）计算。

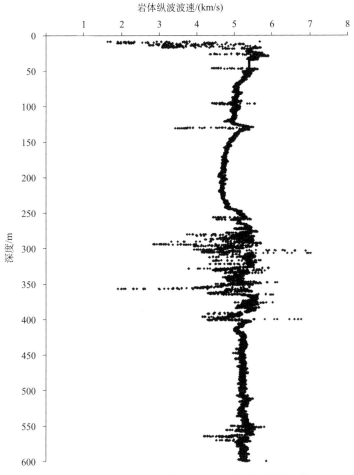

图 6.57　NRG01 钻孔岩体纵波波速随深度变化规律

1) 岩石强度的确定

在钻孔 NRG01 岩心中选取了八组样品进行单轴压缩试验（表 6.8），对比岩心的岩性和风化程度（图 6.60）和波速测试结果（图 6.57、图 6.58），初步估计各段岩心的岩石单轴抗压强度。

表 6.8　NRG01 岩心单轴压缩试验结果

编号	高度/mm	直径/mm	取样深度/m	单轴强度/MPa	弹模/GPa
N1-5	99.99	49.46	497.1	134.7	38.9
N1-9	99.97	49.99	514.8	134	43.7
N1-13	100.08	49.54	516.3	103.7	36.1
N1-17	99.76	49.48	600.2	128.3	39.3
N1-20	100.17	49.55	601.6	135	39.9
N1-22	100.15	49.55	601	142.2	80.4
N1-25	100.13	49.45	531.6	151.7	43.5
N1-28	100.2	49.61	600.4	129.8	35.4

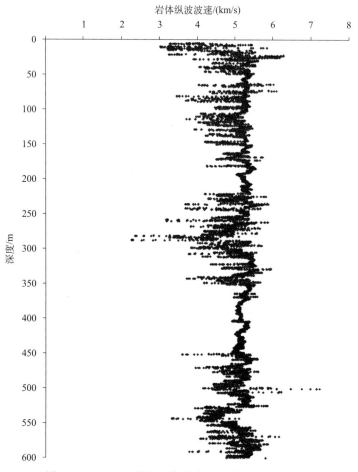

图 6.58　NRG02 钻孔岩体纵波波速随深度变化规律

2）岩体完整性系数的确定

岩体完整性根据岩心 RQD（图 6.59）确定。

采用工程岩体质量分级标准（BQ 法）对各段岩体质量进行评价，可得到钻孔岩心的基本质量分级（图 6.61）。

从图 6.61 中可以看出，诺日公岩体比较完整，钻孔岩体质量整体较好，NRG01 钻孔 I 级岩体为 49.16%，接近一半，超过 85% 的岩体为 I 级和 II 级岩体 ［图 6-62（a）］；NRG02 钻孔 I 级岩体为 50.73%，超过一半，接近 70% 的岩体为 I 级和 II 级岩体 ［图 6-62（b）］。

6.4.5　物探剖面及目标深度岩体质量评价

与塔木素场区的评价方法相同，首先对比测井曲线（密度曲线、侧向电阻率曲线和纵波速度曲线）和岩体基本质量 BQ 曲线与 RQD 曲线（图 6.63），测井对岩层、破碎带的解释与地质、钻探资料基本吻合。因此，岩体的地球物理参数与岩体质量具有较好

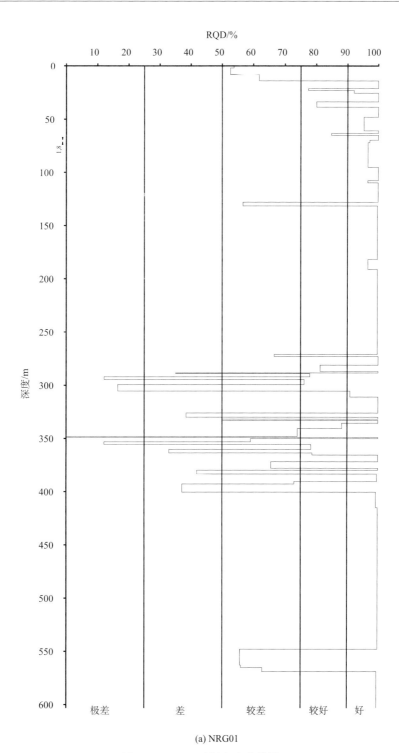

(a) NRG01

图 6.59　RQD 随深度变化曲线

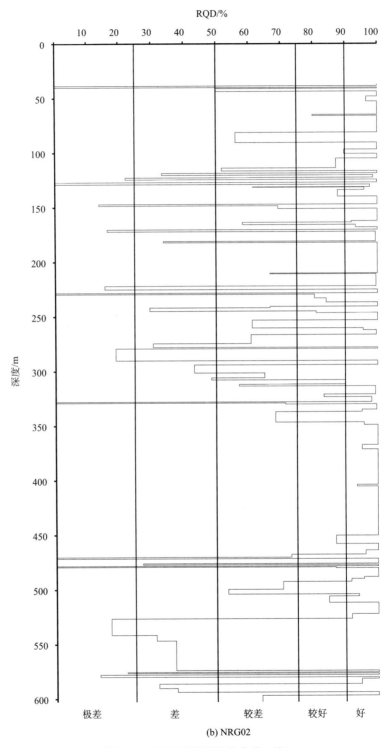

(b) NRG02

图 6.59　RQD 随深度变化曲线（续）

图 6.60　NRG01 岩心单轴压缩试验取样处

的对应关系。

密度曲线：完整的花岗岩变化较小，为 $3.0\sim3.3\mathrm{g/cm^3}$；破碎或裂隙发育的花岗岩体，变化较大，为 $2.5\sim3.0\mathrm{g/cm^3}$。

侧向电阻率曲线：完整的花岗岩体一般为 $2000\sim3000\Omega\cdot\mathrm{m}$，破碎或裂隙发育的花岗岩体为 $200\sim1000\Omega\cdot\mathrm{m}$。

纵波速度曲线：完整的花岗岩体一般为 $5\sim6\mathrm{km/s}$，破碎或裂隙发育的花岗岩体为 $3\sim4\mathrm{km/s}$。

根据塔木素场区物探剖面岩体质量评价方法，对诺日公场区物探剖面岩体质量进行评价。

从图 6.64 中可以看到，钻孔 NRG01 位于物探线 L1 与 L15 交汇处，钻孔 NRG02 位于物探线 L14 与 L15 交汇处。对比钻孔的测井及岩体质量评价结果相应的物探结果（图 6.65、图 6.66）。可以对 CSAMT 剖面的岩体质量进行初步评价。

电阻率大于 $1800\Omega\cdot\mathrm{m}$，为 Ⅰ 级岩体；

电阻率介于 $1200\sim1800\Omega\cdot\mathrm{m}$，为 Ⅱ 级岩体；

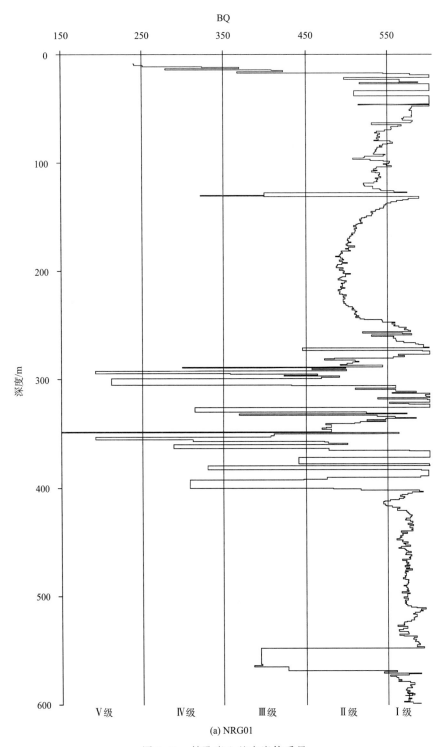

(a) NRG01

图 6.61　钻孔岩心基本岩体质量

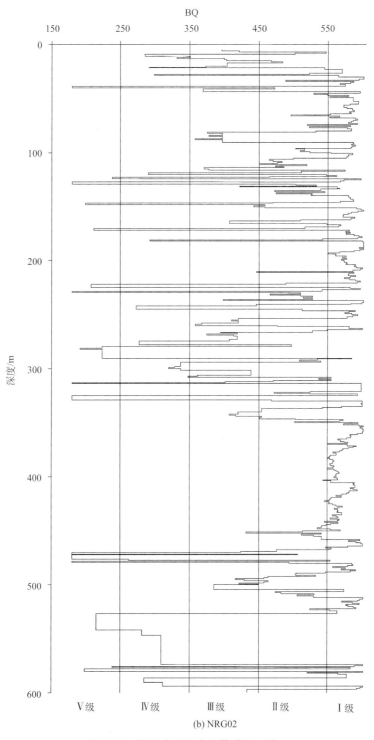

(b) NRG02

图 6.61　钻孔岩心基本岩体质量（续）

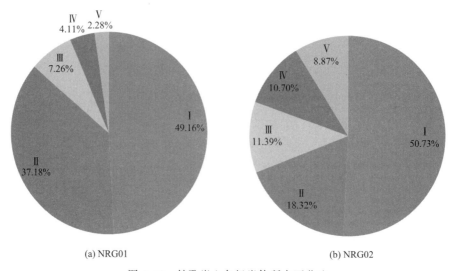

(a) NRG01　　　　　　　　　　　　　(b) NRG02

图 6.62　钻孔岩心各级岩体所占百分比

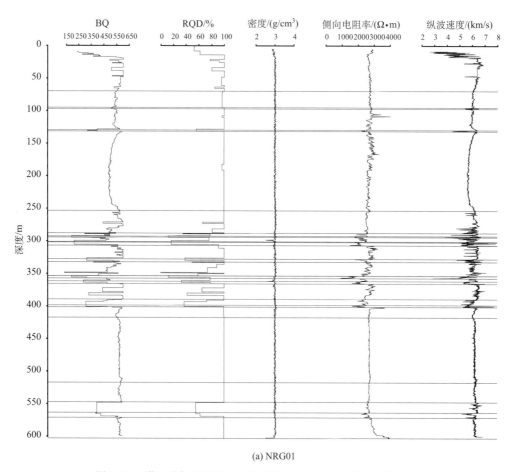

(a) NRG01

图 6.63　诺日公场区钻孔 BQ 曲线与 RQD 曲线和测井曲线对比

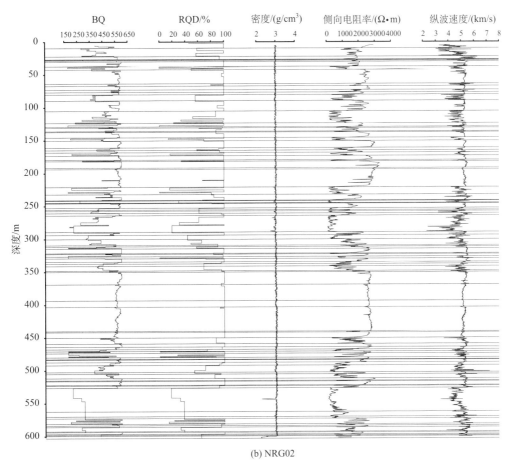

(b) NRG02

图 6.63　诺日公场区钻孔 BQ 曲线与 RQD 曲线和测井曲线对比（续）

电阻率介于 900～1200Ω • m，为Ⅲ级岩体；

电阻率小于 900Ω • m，为Ⅳ级和Ⅴ级岩体。

根据 L1—L15 物探剖面，在目标深度（600m 左右）以Ⅰ级岩体为主，局部有Ⅱ级岩体和Ⅲ级岩体。从物探的水平切面图中也可以看出，目标深度（600m 左右、高程 800m 左右）电阻率大于 1800Ω • m，主要为Ⅰ级岩体。

6.5　场址对比及岩体质量评价方法与结果

6.5.1　塔木素场址与诺日公场址对比

1. 岩石特征对比

对比图 6.13 和图 6.37，塔木素场区主要岩性为海西期的花岗闪长岩（$\gamma\delta_4^3$），其次是海西期的黑云母花岗岩（$\gamma\beta_4^3$），还有印支期的花岗岩（γ_5^1）分布。诺日公场址区的主要岩性为海西晚期第一幕黑云母花岗岩（$\gamma\beta_4^{3(1)}$），海西晚期第一幕混染岩（$h\gamma_4^{3(1)}$）、加

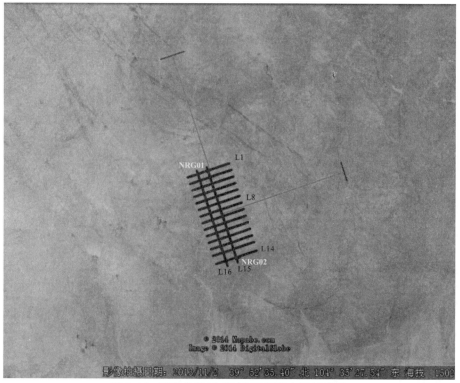

图 6.64　诺日公场区 CSAMT 测线布置示意图

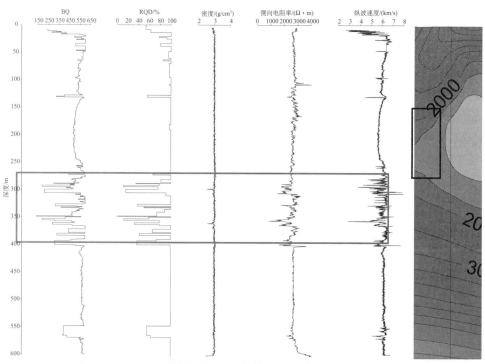

图 6.65　NRG01 测井曲线、BQ 曲线、RQD 曲线和物探剖面对比

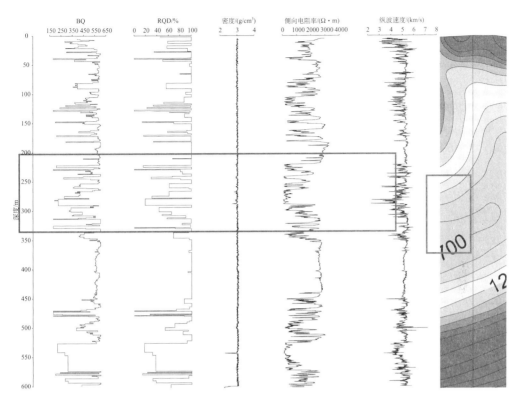

图 6.66 NRG02 测井曲线、BQ 曲线、RQD 曲线和物探剖面对比

里东晚期二长花岗岩（$\eta\gamma_3^3$）、印支期第一幕花岗岩（$\gamma_5^{1(1)}$）等零星分布。

2. 岩体质量对比

对比 6.3 节和 6.4 节分别对塔木素岩体和诺日公岩体的分析，不论是地表岩体还是钻孔岩心，诺日公场区岩体都比塔木素场区岩体完整性好、质量等级高。但对比图 6.13 和图 6.37，诺日公场区地质构造比塔木素场区复杂，与岩体质量等级不对应。认为由以下几方面原因造成的：

（1）岩性方面。塔木素场区的主要岩性与塔木素花岗岩体不一致。塔木素场区中海西期的花岗闪长岩（$\gamma\delta_4^3$）面积最大，而塔木素场花岗岩体的主体是海西期的黑云母花岗岩（$\gamma\beta_4^3$）。形成时间上，花岗闪长岩（$\gamma\delta_4^3$）早于黑云母花岗岩（$\gamma\beta_4^3$），黑云母花岗岩的侵入，使花岗闪长岩遭受挤压、蚀变等作用，岩体受到一定程度的破坏。而诺日公场区的主要岩性与诺日公岩体一致，是其一部分，后期侵入破坏较弱。

（2）地表调查方面。塔木素场区地表主要是自然出露，物理风化严重，岩体较破碎。诺日公场区的地表调查主要集中在采石场，岩体相对新鲜、完整。

（3）钻孔的布置。从图 6.13 和图 6.37 中可以看出，塔木素场区钻孔一个布置在出露面积较小的海西中期闪长岩上，一个布置下两个断层交汇处；而诺日公场区的两个钻孔都布置在诺日公岩体上，尤其是 NRG01 钻孔，其周围既没有大的断层，也没有岩性界面。

综上所述，根据勘察结果，塔木素场区岩体质量比诺日公岩体质量差，场区选择时诺日公场区优先。但由于这两个场区的勘察存在上述 3 个方面的不对等性，不能仅以此判定诺日公岩体优于塔木素岩体。

6.5.2　深部花岗岩体质量评价方法及场区岩体评价结果

1. 钻孔岩体质量评价方法及结果

岩体的地球物理参数与其质量有明显的关系，因此，利用地球物理勘探的数据评价岩体质量是可行的。然而，在对钻孔中测井数据和岩体质量进行分析时，很难得到较好的拟合公式。这种问题的存在可能与数据之间不能完全一一对应有关；同时，岩体质量的好坏不仅表现在相应的测井数据的大小，也表现为曲线的变化情况。比如，波速测井，数据的间距是 5cm，在 5cm 范围内，结构面的数量、类型、性质的变化都会影响测井曲线的变化。因此，曲线变化幅度较小的情况下，岩体较完整；曲线变化幅度在很小的范围内发生很大的变化，说明结构面发育。

钻孔岩心的饱和单轴抗压强度的值很少，仅有目标深度的几个数据，很难利用这几个值对整个钻孔岩体质量进行评价。因此，在对钻孔岩体质量进行评价时，根据已知饱和单轴抗压强度 (R_c) 岩心段，结合岩性、风化程度，根据波速对其他岩心段的饱和单轴抗压强度 (R_c) 进行估算，岩体完整性系数 (K_v) 根据 RQD 进行计算。

2. 物探剖面岩体质量评价方法及结果

通过对比钻孔测井曲线和岩体质量曲线，发现各测井曲线之间及测井曲线与岩体质量曲线之间的对应性较好。把钻孔测井曲线和岩体质量曲线与物探剖面上钻孔所在位置的物探数据对比，发现它们的对应关系较好。

因此，在进行深部岩体质量评价时，首先根据钻孔编录数据和测井数据对钻孔岩心及其附近岩体进行质量评价。其次，把岩体质量结果和测井数据与物探数据进行对比，判别不同的岩体质量级别对应的物探数据的值域（如波速、电阻率等）。最后，在此基础上，可以根据物探剖面或水平切面，初步评价剖面或目标深度岩体的质量。

由于与钻孔测试相比，物探剖面的精度较低，其结果很难一一对应，从钻孔测试与物探剖面对比结果看，物探剖面存在很大的误差，且其位置有一定的差距。但仍可以根据钻孔测试与物探剖面对比对物探剖面岩体质量进行初步评价。

利用 CSAMT 测得的岩体电阻率是视电阻率，并不是真实的电阻率，因此，塔木素场址与诺日公场址中，CSAMT 测得的电阻率对应的岩体等级并不一致。根据钻孔测试对比，CSAMT 剖面岩体电阻率与岩体质量的关系为：

1) 塔木素场址

电阻率大于 1200Ω·m，为 Ⅰ 级岩体；

电阻率介于 900～1200Ω·m，为 Ⅱ 级岩体；

电阻率介于 500～900Ω·m，为 Ⅲ 级岩体；

电阻率小于 500Ω・m，为 Ⅳ 和 Ⅴ 级岩体。

2）诺日公场址

电阻率大于 1800Ω・m，为 Ⅰ 级岩体；

电阻率介于 1200～1800Ω・m，为 Ⅱ 级岩体；

电阻率介于 900～1200Ω・m，为 Ⅲ 级岩体；

电阻率小于 900Ω・m，为 Ⅳ 和 Ⅴ 级岩体。

3. 目标岩体质量评价

1）塔木素场址

根据塔木素场区 CSAMT 剖面岩体电阻率与岩体质量的关系，以及该场区 L1～L6 CSAMT 物探剖面（图 6.67），在目标深度（600m 左右）以 Ⅱ 级和 Ⅲ 级岩体为主，局部有 Ⅰ 级岩体和Ⅵ级岩体。

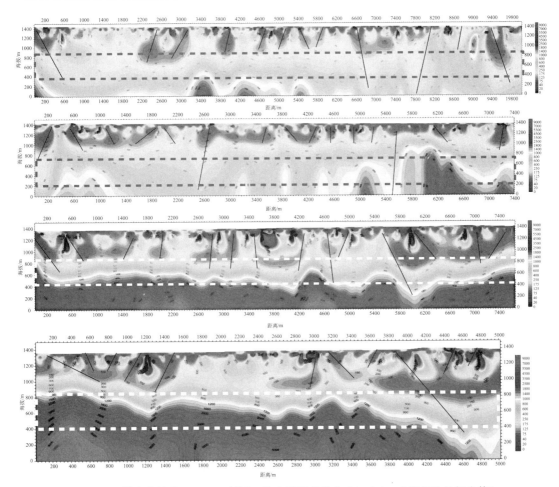

图 6.67 塔木素场址 CSAMT 剖面（从上到下依次为 L1～L6，虚线框为目标岩体）

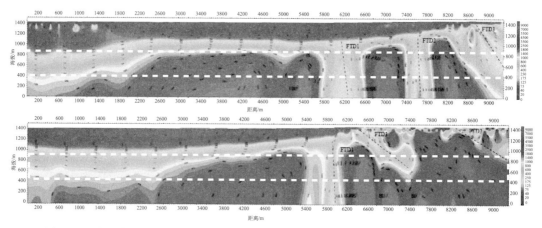

图 6.67　塔木素场址 CSAMT 剖面（从上到下依次为 L1～L6，虚线框为目标岩体）（续）

2）诺日公场址

根据 L1～L16 物探剖面（图 6.68），在目标深度（600m 左右）以Ⅰ级岩体为主，局部有Ⅱ级岩体和Ⅲ级岩体。从物探的水平切面图（图 6.69）中也可以看出，目标深度（600m 左右、高程 800m 左右），电阻率大于 1800Ω·m，主要为Ⅰ级岩体。

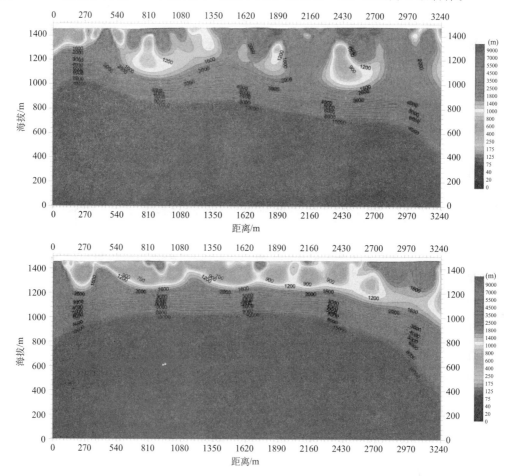

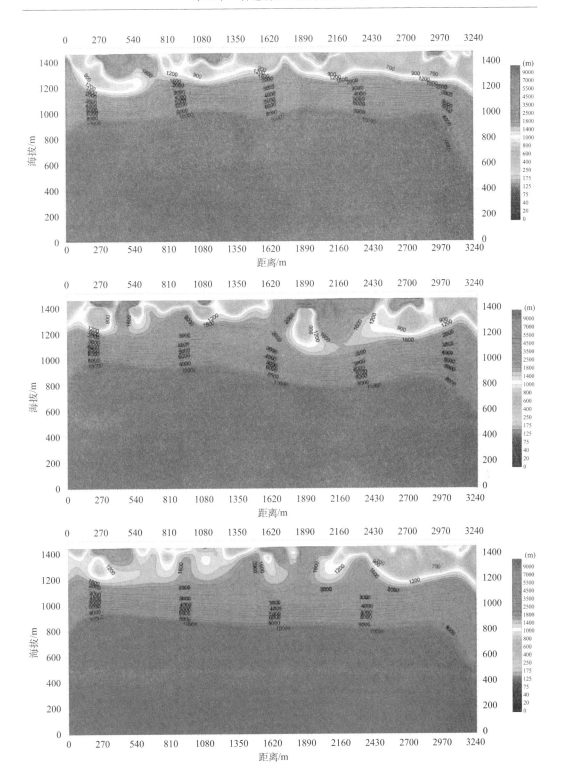

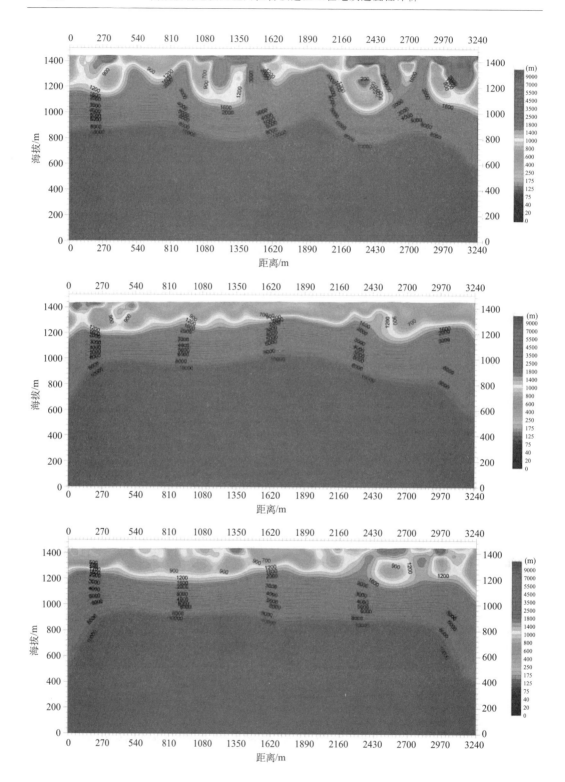

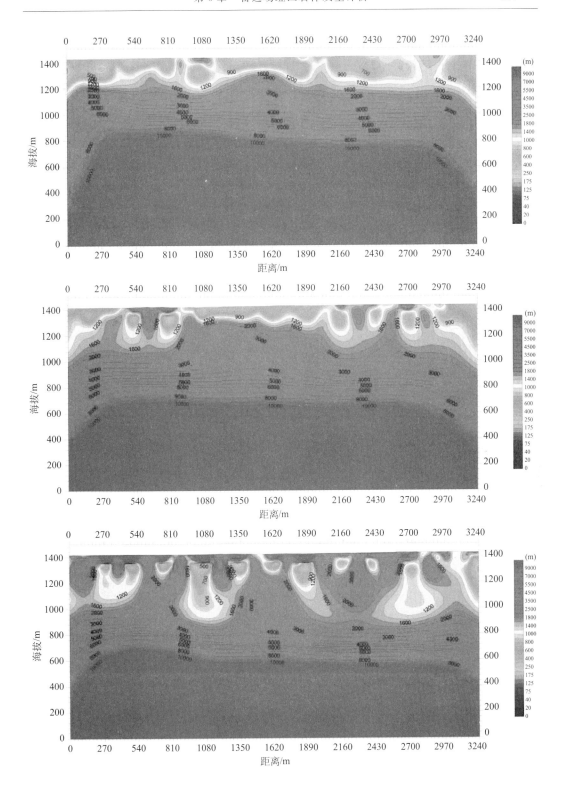

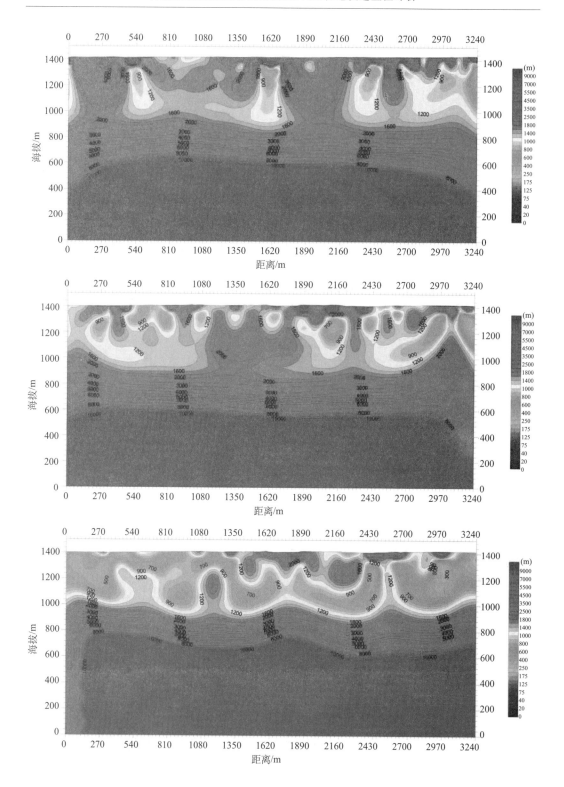

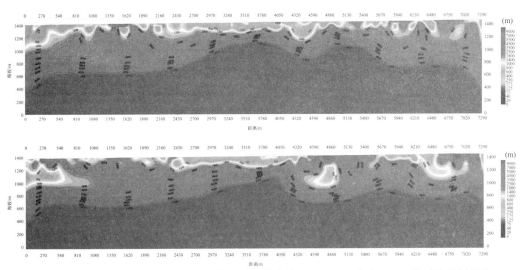

图 6.68 诺日公场址 CSAMT 剖面（从上到下依次为 L1～L16，高程 800m 附近为目标岩体）

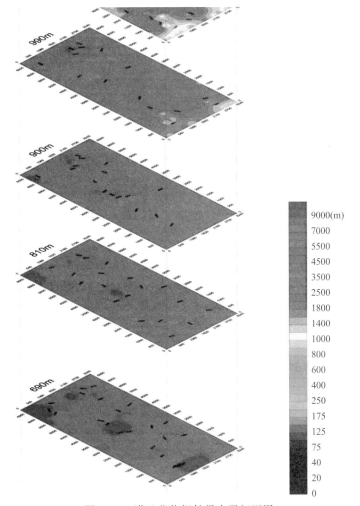

图 6.69 诺日公物探结果水平切面图

6.5.3 存在的问题及进一步探讨

（1）在此次岩体质量评价中岩石的力学参数很少，不具有统计意义。根据岩石的力学参数和纵波波速，建立二者的对应关系，可以建立利用纵波波速表示岩石强度的表达式。在岩体质量评价中，BQ 是由岩块的强度（饱和单轴抗压强度）和岩体的完整性表示的，而岩体的完整性是由岩体的纵波波速与岩块的纵波波速表示的。因此，可以建立利用岩体纵波波速来表达岩体基本质量的公式。

（2）地球物理勘探数据缺乏。虽然对塔木素场区进行了反射地震勘探，但由于地震勘探线未通过钻孔，无法与钻孔数据对比。因此，在此次岩体质量评价中，仅有 CSAMT 的数据可以利用。如前所述，岩体的地球物理性质与其质量具有明显的相关性，但这种相关性有不表现为数字上的一一对应，很难拟合较好的数学表达式。利用钻孔位置岩体质量已知的特点，绘制钻孔的岩体质量曲线；并根据物探数据，绘制钻孔位置相应地球物理参数曲线；对比这两种曲线，找出二者的对应关系，确定岩体的地球物理参数值对应的岩体质量级别；进而得出整个物探剖面或水平切面上的岩体质量。

6.6 小 结

（1）地表调查的结构面和钻孔中统计的结构面，其产状分布具有明显的一致性，只有倾角有所差异，地表调查的结构面陡倾角结构面相对较多，而钻孔中统计的结构面缓倾角结构面相对较多。

（2）花岗岩体中普遍存在结构面间距呈幂函数降低的规律。

（3）根据勘察结果，塔木素场区岩体质量比诺日公岩体质量差。这可能是由于在岩性、地表出露及钻孔布置 3 个方面的不对等造成的。

（4）测井对岩层、破碎带的解释与地质、钻探资料基本吻合，岩石的地球物理参数与岩体质量具有较好的对应关系。

（5）在缺少不同钻孔深度岩石饱和单轴抗压强度的情况下，不妨以波速为基础，结合岩性、风化程度对岩石强度进行估算．据此可以进行钻孔范围内的岩体质量评价。

（6）根据钻孔勘探及测井资料与通过该钻孔的物探剖面进行对比，可以对物探剖面范围内的岩体质量进行初步评价。

（7）塔木素场址目标深度（600m 左右）以Ⅱ级和Ⅲ级岩体为主，局部有Ⅰ级岩体和Ⅵ级岩体。诺日公场址目标深度（600m 左右），主要为Ⅰ级岩体。

（8）建议增加钻孔岩心的岩石力学试验，以便明确钻孔波速与岩石强度数据的统计规律，据此可以给出更为可靠的岩石强度和岩体完整性信息；建议增加物探剖面数量和空间数据分析，结合钻孔信息进行更为可靠的深部岩体质量预测。

本章使用的阿拉善物探数据均来自底青云研究员负责的课题成果，在此深表谢意！

参 考 文 献

《工程地质手册》编委会. 2007. 工程地质手册. 北京：中国建筑工业出版社

陈德基，刘特洪. 1979. 岩体质量评价的新指标——块度模数. 全国首届工程地质学术会议论文选集，138～145

底青云，安志国，付长民等. 2010. 甘肃北山预选区岩体深部地质结构 CSAMT 法勘查研究. 第三届废物地下处置学术研讨会，41～46

杜时贵，何芳象，王思敬. 1998. RQD 研究的几个理论问题. 现代地质，(2)：253～261

付永胜. 1991. 岩体质量及其指标判定的研究. 西南交通大学学报，26 (2)：35～41

谷德振. 1979. 岩体工程地质力学基础. 北京：科学出版社

关宝树. 1988. 围岩分类的数量化研究. 铁道学报，10 (4)：68～74

何鹏，刘长武，王琛等. 2011. 沉积岩单轴抗压强度与弹性模量关系研究. 四川大学学报（工程科学版），43 (4)：7～12

胡国忠，王宏图，贾剑青等. 2005. 岩石的动静弹性模量的关系. 重庆大学学报（自然科学版），28 (3)：102～105

李金铭. 2005. 地电场与电法勘探. 北京：地质出版社

林达明，尚彦军，孙福军等. 2011. 岩体强度估算方法研究及应用. 岩土力学，32 (3)：837～842

林韵梅. 1985. 围岩稳定性的动态分级法. 金属矿山，(8)：2～6

林治仁. 1984. 利用弹性波传播速度对岩石进行可钻性分级的探讨. 探矿工程，(6)：5～6

缪元圣，刘桂英. 1984. 岩石动、静弹性模量关系探讨. 水文地质工程地质，(5)：51～53

任自民，马代馨，沈泰等. 1998. 三峡工程坝基岩体工程研究. 武汉：中国地质大学出版社

孙东亚，陈祖煜，杜伯辉等. 1997. 边坡稳定评价方法 RMR-SMR 体系及其修正. 岩石力学与工程学报，16 (4)：297～304

孙广忠. 1988. 岩体结构力学. 北京：科学出版社

唐大雄，孙愫文. 1987. 工程岩土学. 北京：地质出版社

王石春，何发亮，李苍松. 2007. 隧道工程岩体分级. 成都：西南交大出版社

王思敬，杨志法，刘竹华等. 1984. 地下工程岩体稳定性分析. 北京：科学出版社

王子江. 2011. 岩石（体）波速与强度的宏观定量关系研究. 铁道工程学报，(10)：6～9

邢念信，徐复安. 1986. 坑道工程围岩分类与支护设计. 岩石力学与工程学报，5 (4)：359～376

徐小荷. 1980. 岩石普氏坚固性系数 f 在苏联的演变. 金属矿，(4)：21，22

杨子文. 1981. 岩体工程分级，岩石力学的理论与实践. 北京：水利出版社

查恩来. 2006. 钻孔电视成像技术在工程探测中的应用研究. 吉林大学硕士研究生学位论文

张天史. 1994. 二滩水电站导流隧洞围岩岩体质量分级和稳定性评价. 水电站设计，(1)：53～57

张咸恭，王思敬，张倬元等. 2000. 中国工程地质学. 北京：科学出版社

张倬元，王士天，王兰生等. 2009. 工程地质分析原理. 北京：地质出版社

周天福. 1997. 工程物探. 北京：中国水利水电出版社

Aydan Ö，Ulusay R，Kawamoto T. 1997. Assessment of rock mass strength for underground excavations. International Journal of Rock Mechanics & Mining Sciences，34 (3-4)：1～17

Barton N. 1996. Estimating rock mass deformation modulus for excavation disturbed zone studies. International Conference on Deep Geological Disposal of Radioactive Waste，Winnepeg，EDZ Workshop. Canadian Nuclear Society，133～144

Barton N. 1997. The influence of joint properties in modelling jointed rock masses. Keynote Lecture，8th Congress of ISRM，Tokyo，vol 3. Rotterdam：Balkema

Barton N. 2002. Some new Q-value correlations to assist in site characterisation and tunnel design. International Journal of Rock Mechanics and Mining Sciences，39：185～216

Barton N, Grimstad E. 1994. The Q-system following twenty years of application in NATM support selection. Felsbau, 12 (6): 428~436

Barton N, Lien R, Lunde J. 1974. Engineering classification of rock masses for the design of tunnel support. Rock Mech, 6 (4): 189~239

Barton N, Lset F, Lien R, Lunde J. 1980. Application of the Q-system in design decisions concerning dimensions and appropriate support for underground install- ations. Int Conf Subsur- face Space, Rockstore, Stockholm, Sub-surface Space, 2: 553~561

Bieniawski Z T. 1973. Engineering classification of jointed rock masses. Transactions of the South African Institution of Civil Engineers, 15 (12): 335~344

Bieniawski Z T. 1978. Determining rock mass deformability: experience from case histories. International Journal of Rock Mechanics & Mining Science & Geomechanics Abstracts, 15 (5): 237~247

Bieniawski Z T. 1989. Engineering Rock Mass Classifications. Wiley: New York

Deere D U. 1964. Technical description of rock cores for engineering purposes. Rock Mechanics & Engineering Geology, 1: 17~22

Hoek E, Brown E T. 1980. Empirical strength criterion for rock masses. J Geotech Engng Div ASCE, 106 (GT9): 1013~1035

Hoek E, Carranza-Torres C, Corkum B. 2002. Hoek-Brown failure criterion-2002 edition. Proceedings of the 5th North American Rock Mechanics Symposium, Toronto, 267~273

Lauffer H. 1958. Gebirgsklassifizierung für den Stollenbau. Geology Bauwesen, 24: 46~51

Palmstrom A. 1995. RMI-A rock mass classification system for rock engineering purposes. University of Oslo [Ph D thesis]

Rawlings C, Barton N. 1995. The relationship between Q and RMRclassification in roek engineering. In: Tashio F (ed). Proc 8th Int Congre Rock Mech, Akasaka: Minato-KuTokyo Press, 5: 29~31

Ritter W. 1879. Die Statik derTunnelgew ölbe. Berlin: Springer

Romana M. 1985. New adjustment ratings for application of Bieniawski classification to slopes. Proc Int Symp on the Role of Rock Mechanics, 49~53

Romana M. 1995. The geomechanical classification SMR for slope correction. Proc Int Congress on Rock Mechanics, 3: 1085~1092

Serafim J L, Pereira J P. 1983. Considerations of the geomechanics classification of bieniawski. Proceedings of the International Symposium Eng Geology and Underground Construction, LNEC, Lisbon 1. Ⅱ-33-Ⅱ-42

Terzaghi K. 1946. Rock defects and loads on tunnel supports. Harvard Univ

Wickham G E, Tiedemann H R, Skinner E H. 1972. Support determinations based on geologic predictions. In: Proceedings of 1st Rapid Excavation Tunnelling Conference, AIME, New York, 43~64

Wickham G E, Tiedemann H R, Skinner E H. 1974. Ground support prediction model—RSR concept. In: Proceedings of 2nd Rapid Excavation Tunnelling Conference, AIME, New York, 691~707

Wyllie M R J, Gregory A R, Gardner L W. 1956. Elastic Wave Velocities in Heterogeneousand Porous Media. Geophysics, (2): 41~70

第7章　岩体长期强度与洞室长期稳定性的预测方法

在岩石力学、工程地质及岩土工程领域，岩体的长期强度和长期稳定性是热点和难点问题，国际上的相关研究也只是刚刚起步，与实际工程应用之间还有很长的路要走。由于时间和经费有限，本书研究也仅限于相关理论和方法的探索，希望能起到抛砖引玉的作用。

7.1　脆性岩石长期强度的时间效应与预测方法研究

7.1.1　问题的提出

1. 研究背景

岩石的强度是指荷载作用下岩石材料抵抗破坏的能力，有关的破坏机制、强度准则和时效性的研究是工程地质学、岩石力学、岩土工程等领域关注的核心问题（李智毅、杨裕云，1994；杨志法等，2010）。根据荷载作用时间的不同，岩石强度可分为瞬时强度、短时强度和长期强度。一般说来，岩石的瞬时强度和短时强度通常是指在几秒钟、几分钟或几十分钟以内就完成全部加载后对应岩石宏观破坏的峰值应力。所谓岩石的长期强度，是指持续作用于岩石并在较长时间尺度下使之产生宏观破坏的最低荷载（或应力）水平，其物理机制是岩石内部新裂纹出现及渐进演化而引起强度削减并使岩石最终发生破坏的时效现象（蔡美峰等，2002；Miura et al.，2003；Kemeny et al.，2005）。理论上，长期强度是恒定荷载作用下岩石材料经历无限长时间后最终发生破坏所对应的临界应力水平，可称之为理论长期强度。从岩石工程安全运营的需求来看，可以将十年、百年、千年等时间尺度下对应岩石蠕变破坏的临界应力水平称之为工程长期强度。相对于岩石的瞬时强度和短时强度，以及考虑到岩石强度多时间尺度效应研究的需要，不妨将天、月、年等时间尺度下对应蠕变破坏的临界应力水平称之为相对长期强度。为描述方便，本项目将岩石的相对长期强度、工程长期强度和理论长期强度统称为岩石的长期强度。

对于服务年限较长的岩石工程来说，岩体长期稳定性的评价工作是非常重要的（李世平，1996；Tuncay et al.，2009；Paronuzzi et al.，2009），而如何获取工程尺度下的岩石长期强度参数是其中的关键工作之一。对于重要交通隧洞、大型电站地下厂房、战略地下油气库、核废料地质处置库等工程所需要的百年甚至万年以上的安全运营，如何获取岩石（体）的长期强度是研究者和设计者面临的一个巨大挑战。一方面，现代意义上的岩石工程还不足 200 年的历史，而现代岩石力学的历史还不超过 100 年，我们还基本不了解百年尺度以上的岩石时效行为，甚至是对数十年尺度的岩石力学行为特点都知之不多。另一方面，作为认识岩石时效行为的最重要和最直接途径之一，实验室人工蠕变试验试所持续的较长时间一般为几小时、几天或几十天（吴立新、王金龙，1996；王贵君、孙文若，1996；刘沐宇、徐长佑，2000；杨天鸿等，2008；李良权、王伟，2009；Nara et al.，2010），超过 1 年的岩石（块）蠕变试验都不多（Kumagai et al.，1971；Sasajima et al.，1980；Ito et al.，1987；Ito et al.，1994；Berest et al.，2007；朱珍德等，2009），而蠕变寿命超过 1 年的长期强度测定则更少。对于涉及不连续面的实验室内岩体或原位岩体来说，相应的蠕变实验由于技术难度较大、成本过高而很少被实施，超过 1 年的相应成果鲜有报道。由于缺乏有关长时间尺度的实例支持及相关研究成果，一些规范中关于长期稳定性的描述还有待完善，而高放核废料地质处置要求洞室围岩万年以上的安全期则面临着难以想象的挑战。

由于岩石材料在矿物颗粒组成、微结构、变形破坏历史等方面的内在复杂性，目前关于岩石长期强度的研究水平远远满足不了实际工程建设的需求。具体表现在：跨越多个时间尺度的外推或预测具有极大的不确定性（Rinne，2008；Jeong et al.，2008；Okubo et al.，2010），目前还很难将短期蠕变试验（持续几小时、几天或几十天）所得到的"长期强度"应用于工程时间尺度（十年、百年及以上尺度）下的设计、施工和长期稳定性评价。无论是从理论研究还是实际应用的角度，如何获得十年、百年及以上时间尺度的长期强度数据是解决这一矛盾的关键所在。初步分析表明，当前的岩石长期强度研究主要存在以下几个方面的不足：

（1）人工蠕变试验中采用的蠕变稳定控制标准比较低，易使试验人员过早认为蠕变趋于稳定，进而错过或认为不会出现蠕变加速阶段。

（2）长期恒载试验中加载装置和观测装置的持续运行缺少足够的稳定性和精度，很难实现一年以上的恒定加载和可靠观测，这也是缺少年尺度长期强度数据的重要原因之一。

（3）缺少十年及以上时间尺度实例研究和监测数据的直接支持，制约了岩石强度时效性规律分析和预测的研究。

（4）在信息综合集成方面还缺少很多实际工作，包括百年及以上时间尺度反演数据的间接支持、利用常规岩石力学试验开展的长期强度阈值分析、短时加载及多时间尺度恒载条件下岩石破裂过程的物理机制研究、岩石长期强度时效性的精细数值模拟和验证等。

上述不足涉及测试技术、数值模拟技术、长时间尺度原位实例研究等多个方面，而最为重要的是缺少一个高效的综合集成方法论来指导多时间尺度下岩石长期强度退化规律的研究。鉴于花岗岩、凝灰岩及砂岩在自然界和工程实践中的普遍性和代表性，将来可以选择北京古崖居花岗岩古洞室群、浙江蛇蟠岛凝灰岩古洞室群和浙江尚化山砂岩古洞室群作为研究现场，以便提供足够的原位破裂实例。随着对长期强度时效性的进一步认识，以及随着现代测试技术和数值模拟技术的迅速发展，深入研究岩石长期强度的多时间尺度效应已经成为可能。例如，

（1）控制精度优于 1×10^{-6} mm 的变形测量及优于 $1\times10^{-8}\varepsilon$ 的应变测量目前已经可以实现（Ito et al.，1994），而且为了解决电子元件漂移和老化的潜在问题，还可考虑与高精度机械式测量方式相结合的方式进行联合观测，也可实现观测数据的自动化

采集。

（2）蠕变试验所需的常荷载可以通过重物荷载的杠杆传递原理来施加（Damjanac et al.，2010），通过精巧的机械设计则有望实现岩样蠕变过程中的长期恒定加载。

（3）对于现代岩石工程、古代岩石工程及自然界中出现的一些岩石破坏实例，选择那些破坏机制较为明确、几何边界较为清楚以及荷载环境较为稳定的原位破裂有可能进行十年、百年及以上时间尺度的长期强度反演（崔希海、付志亮，2006；Zhang et al.，2011）。

（4）利用先进的显微技术（如扫描电镜、激光共聚焦显微镜、实时 SEM、实时 CT 扫描技术等）可以实现岩石破裂过程中裂隙演化的精细描述（李树才等，2007；朱珍德等，2007；Ganne et al.，2007；倪骁慧等，2009；Wong et al.，2009；Zhang et al.，2012），借助于应力应变曲线分析及声发射观测技术（秦四清等，1993；Diederichs et al.，2004；Cai et al.，2008；赵兴东等，2006；Vilhelm et al.，2008；Tuncay et al.，2008；许江等，2008；Lin et al.，2009；Saimoto et al.，2009；蔡国军等，2011）还可以确定常规岩石力学试验中代表裂隙演化阶段的特征应力水平（Martin et al.，1994；Eberhardt et al.，1999；Szczepanik et al.，2003；Cai et al.，2004；Cheon et al.，2011），同时还可进行岩石长期强度的下限阈值分析。

（5）随着离散元数值分析技术的发展，已经可以利用 PFC2D/PFC3D 等商业软件来再现不同加载条件下岩石裂纹的出现与发展、微开裂的定位及相应的声发射特征描述（Hazzard et al.，2000；Hazzard and Young，2002；刘泉声等，2009）。

在信息综合集成方法论的指导下，结合天-月-年尺度的高精度蠕变破坏试验、十年尺度以上原位岩石破坏实例的数值反演、利用常规岩石力学试验的长期强度阈值分析、不同应力水平下裂纹演化的精细描述、数值模拟与数值试验等多方面的成果，从多个时间尺度来探讨岩石长期强度的时效性有着重要的理论意义和应用价值。

2. 理论意义

如果以 1824 年波特兰水泥发明的时间作为起算点，现代岩石工程还不足 200 年的历史。如果以 1912 年瑞士地质学家 Heim 提出地应力的概念，或者 1921 年 Griffith 发表著名的 Griffith 强度理论，抑或者以 1954 年在美国 Corolado 矿业学院举办的一次岩石力学讨论会上提出 "Rock Mechanics" 这个名称作为起算点，现代岩石力学的历史也还没超过 100 年。尽管在国际岩石力学学会 1962 年成立之前出现了一些专门研究岩石力学的机构或部门，但也都还不足 100 年的历史。无论是从理论分析或经验知识方面，还是实测数据方面，我们对十年及百年尺度下岩石工程的长期稳定性都知之不多，对于千年及以上时间尺度长期稳定性的认识则更少。

为了便于论述，我们不妨将岩石工程长期稳定性涉及的时效演化分为围岩环境（包括地应力场、渗流场、温度场等）、岩石物理特性（物质组成、矿物颗粒、微结构等）及岩石力学行为（变形、强度等）3 个方面的时效性。广义上讲，岩石力学行为的时效性是指岩石（体）变形破坏特征和力学参数（包括变形参数和强度参数）随时间而变化的效应。从工程地质和岩石力学方面的教科书来看，虽然岩石长期强度的重要性被着重强调，但由于缺乏相关研究进展而往往仅能出一些定性描述而已（李智毅、杨裕云，1994；杨志法等，2010）。大量文献（特别是近十年来的研究）不同程度地表明，如何认识不同时间尺度下岩石长期强度的退化规律和预测是岩石工程相关学科面临的重要挑战之一。

作者认为，利用常规岩石力学试验短时数据、相对长期强度的直接测定、工程长期强度反演结果的间接参考以及理论长期强度的阈值分析来系统开展岩石长期强度时效性研究有着重要的理论价值和科学意义。相应的研究成果不仅可以为工程地质学、岩石力学、岩土工程等学科提供重要的基础数据，而且还将大大促进相关学科的发展。

3. 应用价值

随着人类对资源开采、能源开发、交通运输等方面的上升需求，大量的矿山洞室（穴）、地下发电厂房、地下油气储库、交通隧洞等岩石工程需要进行长期稳定性评价。在军事领域，一些潜艇库、飞机库和物资储备库也将建造地下岩石中，同样需要保持洞室（群）围岩的长期稳定。对于这些需要长期安全运营的岩石工程，只有利用相应时间尺度的长期强度数据（包括那些经过科学论证的间接数据）进行长期稳定性评价才是合理的、可靠的。众所周知，核废料地质处置的过程和无害化所需时间的长短可以利用现有理论和方法进行论证，但必将面临围岩条件（包括岩体结构、力学特性、渗流环境等）变化和洞室长期稳定性难以预测的难题。对万年尺度下围岩条件变化和洞室长期稳定性的预测是非常困难的，简单利用短期内获得的实验数据进行数值模拟显然缺乏足够的科学依据。然而，作为研究者和设计者面临的一个共同难题，我们几乎没有任何与工程时间尺度相对应的岩石长期强度数据，甚至连较为可靠的间接数据或参考值也很少。

随着中国境内大量重大岩石工程（往往是百年以上的服务年限）的设计、建设和投入运营，服务期内的安全运营需要进行围岩长期稳定的评价。然而，长期稳定实例的缺乏和相应研究的不足使我们的有关认知与工程设计之间严重脱节。国内相关的技术规范、教科书、专著、学术论文有时会涉及岩石（或岩体）的时效性行为，但往往仅为较小的时间尺度（皆小于百年尺度），或者只是定性地或在概念上谈谈长期强度和长期稳定性而已。

如果能在信息综合集成方法论的指导下开展长期强度的多时间尺度效应研究，所获得的各时间尺度长期强度数据和预测方法不仅有助于揭示岩石长期强度退化的物理本质和时效规律，还将大大推进岩石工程长期稳定性评价工作的开展，应用前景广阔。

7.1.2 国内外研究现状

从结构或物理机制的角度来看，岩石力学行为的时效性（如蠕变、强度退化等）是岩石对内部微结构渐进演化的宏观响应，这与常规试验条件下脆性岩石内裂纹的出现与发展有着非常相似的机理。脆性岩石的变形破坏过程主要表现为裂隙闭合、裂纹启动、裂纹传播、裂纹汇聚贯通（可称之为裂纹损伤）及随后宏观破坏的过程（图7.1），其中裂纹闭合应力 σ_{cc}、裂纹启动应力 σ_{ci}、裂纹损伤应力 σ_{cd} 都不同程度地低于相应的峰值强度 σ_c（Martin et al.，1994；Eberhardt et al.，1999；Cheon et al.，2011）。在断裂力学领域，当应力强度因子超过材料的断裂韧性后即可出现裂纹生长。当应力强度因子低于断裂韧性时也会出现慢速的裂纹生长，可称之为次临界裂纹的生长。从常规岩石力学试验的角度来看，当应力水平低于脆性岩石的峰值强度时，次临界裂纹生长有时也会发生，并且被认为在所有尺度上岩石（体）时效行为和长期稳定性都起到了重要作用（包括实验室岩石样本尺度到地震断层尺度；Okubo *et al.*，2010）。

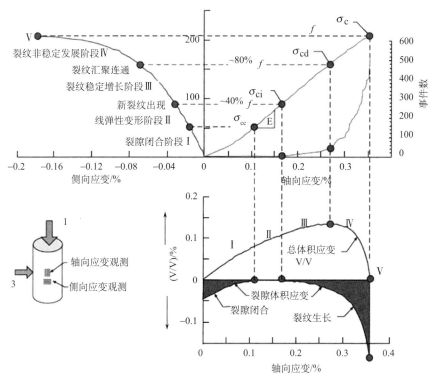

图 7.1　代表裂纹发展阶段的应力应变曲线及特征应力水平

（据 Martin *et al.*，1994；Eberhardt *et al.*，1999；Cheon *et al.*，2011）

　　当前关于岩石长期强度的研究多为初步的理论分析、较短时间尺度试验或观测方面的尝试，缺少基于多种尺度（包括几何尺度和时间尺度）的多方法联合公关，在多时间尺度效应的信息综合集成方面亟待突破。显然，岩石长期强度研究的现状为本研究的提出及创新性成果的取得提供很大的空间。

7.1.3　研究内容与研究方法

　　1. 研究内容

　　鉴于国内外有关岩石力学行为时效性研究的现状，相关研究将涉及脆性岩石长期强度研究的两个核心问题，即脆性岩石长期强度的多时间尺度（包括天、月、年、十年、百年等尺度）退化规律以及更长时间尺度（千年及以上尺度）的预测。除了尽量收集已有相关数据并进行深入的信息发掘之外，可以从以下几个方面来开展脆性岩石长期强度的多时间尺度效应和预测方法的深入研究。第一，结合声发射观测及应力应变曲线，利用常规岩石力学试验来获得不同岩石样本的特征应力水平，其中的峰值强度作为岩石的短时强度；第二，发展稳定可靠的杠杆加载蠕变试验装置，实现天-月-年尺度（包括数年尺度）下的岩石长期强度数据测定；第三，选择十年、百年及以上尺度的原位岩石破裂实例，利用精细数值模拟技术来反演相应的岩石长期强度，以作为相应时间尺度下的数据参考；第四，分析并确定可能的长期强度阈值，利用长期强度的直接数据或参考数据来预测千年及以上尺度的长期强度，以便构建可靠的预测模型和预测公式。

在多元信息综合集成思想的指导下，结合相对长期强度的直接测定、工程长期强度的反演、理论长期强度的下限阈值分析等多方面的研究，从物理本质上揭示岩石长期强度的多时间尺度效应是可能的。基于上述研究设想，可以开展以下五个方面内容的研究。

（1）物质组成对常规短时加载条件下脆性岩石变形破坏特征的影响规律。针对花岗岩、凝灰岩及砂岩的物质组成，识别脆性岩石变形破裂机制和裂纹演化的主控因子，实施"人工"岩样和真实岩样的常规加载试验、变形破坏阶段的微结构观察、应变数据和声发射数据的采集，分析轴向应变、侧向应变、体积应变、裂纹体积应变及声发射信号随荷载上升的曲线特征，确定不同变形破坏阶段对应的特征应力水平，揭示岩石成因、矿物成分、颗粒尺寸等对脆性岩石变形破坏特征的影响规律。

（2）天-月-年尺度下的恒载蠕变试验及长期强度测定。依据脆性岩石的坚硬程度，发展适用于小尺寸岩样长期蠕变的恒定加载装置、高效观测系统和恒温恒湿保持技术，实施不同荷载水平（参考已确定的特征应力水平 σ_{cc}、σ_{ci}、σ_{cd} 和 σ_c）下"人工"岩样和真实岩样在天-月-年尺度下的长期蠕变试验，识别天-月-年尺度与短时尺度下脆性岩石变形破坏过程的力学机制和物理联系，分析相对长期强度测定值与特征应力水平的可比性，揭示短时、天、月及年尺度下脆性岩石强度退化的时效规律。

（3）十年-百年尺度下的长期强度反演。针对失稳机制、破裂边界和荷载条件都较为清楚的原位岩石破裂，利用精细数值模拟技术再现岩石破裂的过程，识别重力长期作用下破裂面的临界应力状态，利用优化后的反演方案来确定原位长期强度的反演值，揭示十年-百年尺度下长期强度反演值与特征应力水平 σ_{ci} 和 σ_{cd} 的物理相关性。

（4）脆性岩石长期强度的多时间尺度退化规律。综合分析短时峰值强度 σ_c、天-月-年尺度长期强度的直接测定数据、十年-百年尺度长期强度的反演值与长期强度下限阈值的物理相关性，分析上述 6 个时间尺度下脆性岩石强度的时效退化特点，阐明这些时间尺度下岩石微结构时效演化的物理本质、强度退化趋势（即应力水平与蠕变寿命的关系）及规律性。

（5）脆性岩石千年及以上尺度的长期强度预测。分析构造稳定区的天然地应力状态、天然洞穴的长期稳定状态、现代岩石洞室的围岩应力状态、其他古洞室（如不同历史年代的石窟、地下采石场等）的长期稳定状态，给出可能的长期强度下限，建立千年及以上尺度脆性岩石长期强度的预测模型和长期退化公式，为相关工程建设的长期稳定性评价提供参考数据。

2. 研究方法

为了顺利完成上述研究任务，可以采用以下 3 个主要研究方法。

1）多元信息综合集成的研究方法

为了从多个角度来认识反映脆性岩石长期强度的信息，可充分利用不同来源的变形数据和强度数据，以获得多元信息综合集成下的全新认知。例如，利用常规试验（包括单轴压缩、劈裂及三轴压缩试验），不仅可以从短时尺度来认识脆性岩石的强度，还可以利用相应的应变观测、声发射观测、微结构演化观测来分析脆性岩石变形破坏的特征应力水平及长期强度下限阈值。利用天-月-年尺度下的蠕变破坏试验及相应的观测，可以从这些时间尺度来认识相对长期强度的退化规律，并且可以从裂纹演化的角度认识短时强度与相对长期强度的共同物理本质。对于十年及百年尺度的长期强度信息，拟通过原位岩石破裂的反演来获得，以弥补人工试验的局限性。对于千年及以上尺度的长期强度信息，除了参考由常规试验得来的特征应力水平之外，长期强度的下限还可以参考构造稳定区的天然地应力状态、天然洞穴的长期稳定状态、现代岩石洞室的围岩应力状态、其他古洞室（如不同历史年代的石窟、地下采石场等）的长期稳定状态。针对脆性岩石变形破坏的物理机制，还可开展不同时间尺度和几何尺度下的数值试验研究，以期获得更多的规律性认识。除了研究自身的数据产出外，还将充分利用已有的相关数据，并试图从多元信息综合集成的角度实现数据的最大化利用。

2）多时间尺度相结合的研究方法

对于长期强度的退化规律，仅从较短的几个时间尺度（如小时、天、月等尺度）来认识是明显不够的，据此进行的长时间尺度预测有着极大的不确定性。除了可以进行年尺度以内的蠕变破坏试验之外，作者研发的恒载蠕变试验装置将实现年尺度及数年尺度的蠕变试验。作为十年、百年及数百年尺度的信息补充，还可利用古洞室的洞内原位岩石破裂进行工程长期强度的反演。针对构造稳定区天然地应力、天然洞穴长期稳定、现代岩石洞室围岩应力及古洞室长期稳定所进行的长期强度下限分析，将会涉及数十年、数百年、上千年甚至百万年的时间尺度，相应的分析也将成为重要参考数据。

相对长期强度的直接测定、工程长期强度反演结果的信息补充以及理想长期强度的下限分析为相关科学问题的解决提供有力保障。

3）多几何尺度相结合的研究方法

为了揭示不同时间尺度脆性岩石强度退化的物理本质，需要使用微观、细观和宏观尺度相联合的研究方法。在微观尺度上，可利用 SEM、实时 CT 扫描等技术查明脆性岩石不同裂纹发展阶段的微结构状态。在细观尺度上，拟结合常规短时试验、不同应力水平下的恒载蠕变试验及精细数值模拟技术揭示颗粒尺寸对裂纹演化及特征应力水平的影响。对于宏观尺度上的岩石破裂反演，则需要利用 UDEC、3DEC、PFC2D 或 PFC3D 等离散元模拟技术来再现岩石破裂过程。换句话说，所有微观尺度及细观尺度的研究都要以宏观变形破坏现象作为检验标准，而宏观现象的物理本质需要借助于微观尺度及细观尺度技术方法来揭示 3 种几何尺度的联合是必要的。

3. 技术路线

鉴于脆性岩石在常规加载和恒载蠕变条件下有着相似的裂纹演化特征，可以先选择脆性岩石作为长期强度时效性研究的岩石类型。由于实验室岩样及原位岩石（体）的变形破坏与所处的地质因素和工程因素密切相关，相应的现场调查也变得极为重要。作为初期工作之一，除了尽可能详尽的地质调查、岩性鉴定、微结构观测、基本物理力学参数测定、矿物特征分析、矿物参数测定等工作之外，还需要开展现场的工程地质调查（包括已有工程地质和岩石力学数据的收集）、原位岩石破裂的调查、取样、洞室结构及破裂现场几何数据的精细量测、开挖活动的历史资料收集等方面的工作，以丰富基础数据。值得强调的是，为了真正地做到各类信息的综合集成，应尽可能收集已有的应力应变数据及强度信息，并将之用于岩石长期强度时效性的机制分析和规律性认识。

为清晰起见，图 7.2 给出了相关研究框架和技术路线。

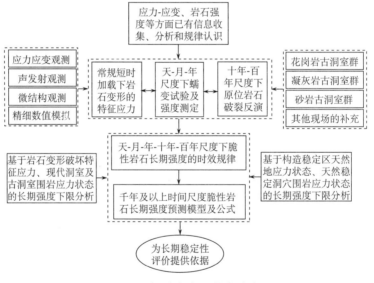

图 7.2　研究框架和技术路线

7.2　基于古地下工程岩石破裂的长期抗拉强度反演方法

众所周知，与岩石的抗压强度相比，岩石抗拉强度较弱，因抗拉强度不足引起的岩石破坏现象广泛存在，对于荷载长期作用下的拉伸破裂现象亦不例外。从微观力学的角度来看，岩石在受压环境下出现剪切破坏实质上是大量岩石微元受到拉伸破坏后贯通形成剪切面的宏观表现。由此看来，无论是对于研究人员还是岩石工程的设计者，岩石的抗拉强度是一个极其重要的力学参数，但该参数的时效性研究还远远不能满足岩石工程长期稳定性评价的需求。从已有的一些研究成果来看，岩石的长期抗拉强度会低于实验室内获得的短期抗拉强度，但两者之间的相关性和差别幅度还缺少相应的深入研究。

除了理论研究和室内试验测试之外,利用一些自然条件下岩石时效破坏现象也许有助于我们认识和了解岩体或岩石的长期力学行为,而古人为我们留下的古代岩石工程正好可以利用。对于古地下工程和古边坡工程较多的地区来说,发现一些岩石长期变形破坏现象并确定古代岩石工程的建造历史非常有意义,因为这一点可以弥补人工蠕变测试在时间尺度方面的严重不足。

基于 Lindar 技术的高精度几何模型重构、FLAC3D 三维应力场模拟及 interface 拉伸破裂面数值模拟技术,作者给出了一种用于原位岩石破裂拉伸强度反演的方法论和实施步骤,希望通过对岩石长期抗拉强度的反演研究来增加岩石强度参数时效性的了解。

7.2.1　研究现状

岩石的长期强度在宏观上也可以分为抗压、抗剪和抗拉 3 个方面,三者的微观机制密切相关,只有当几何条件和荷载条件较为简单时才会明显表现为单一形式的宏观破坏。实验室研究表明,岩石蠕变变形的发展本质上与微结构的渐进演化有关,而长期强度同样是在岩石内微破裂产生和逐渐发展到一定程度所表现出来的宏观最低承载水平。如此看来,岩石的蠕变与长期强度有着密切相关的物理机制,但经典模型通常使用黏弹性或黏塑性来描述蠕变变形(也就是把时效变形都归属于黏性效应)。换句话说,岩石蠕变过程中伴随着岩石微结构的演化发展及其引起的强度劣化,长期强度则可看作能使岩石蠕变寿命终结的最低荷载水平,二者是分别表征岩石时效性过程和结果的重要指标。

对于处于现场环境的原位变形破坏现象,岩石强度的退化不仅涉及荷载作用引起的岩石内部微裂纹产生和演化,而且不可避免会受到风化因素所导致的强度劣化影响。当很难将二者的劣化效应分离时,也可直接将长期强度定义为二者作用下的长期最低应力水平,在具体分析和应用时应给予足够的考虑。

众所周知,蠕变试验不仅花费较高,长时间条件下的测试(包括荷载控制和持续观测)精度也很难控制。显然,直接利用人工蠕变试验来获得一定时间尺度(至少十年以上)的岩石长期强度是很难操作的,并且往往面临失败的尴尬局面。作为获取岩石力学参数的重要途径,反分析法自 20 世纪 70 年代出现以来得到了迅速发展,但涉及长期强度(特别是长期抗拉强度)反演研究的成果不多,其中土耳其的 Tuncay E.、意大利的 Paronuzzi P. 等、中国的杨志法等所做的工作具有一定的代表性。通过土耳其 Cappadocia 地区凝灰岩石质文物的岩石破裂现象,Tuncay 利用极限平衡法和结合声发射技术的室内试验研究了究凝灰岩拉伸破裂临界破坏应力与早期裂纹传播阶段(如裂纹启动、系统开裂、裂纹聚集)的关系(Tuncay,2009),并得出以下结论:破坏应力的反演值与裂纹启动及系统开裂的应力水平较为吻合,并且大部分与湿岩石样本的裂纹启动应力水平较为接近,这一应力阈值也许可以很好地指示凝灰岩现场强度的下限(即长期强度)。很显然,Tuncay 不仅为岩石长期强度的研究提供了一个很好的方法论,所给出的岩石峰值强度 15%～30% 作为 Cappadocia 地区岩石长期强度的参考值对于石质文物保护和修复工作意义重大。然而,是该项研究还存在以下几点需要进一步改进和完善:

（1）Tuncay 选取岩石破裂实例的地点分布范围较大，室内试验所获得的岩石力学参数值较为分散（单轴抗压强度为 1.2～6.3MPa，巴西破裂抗拉强度为 190～830kPa），相应的强度反演值也同样较为分散，这表明所利用的岩石试件本身差异较大。

（2）在利用极限平衡法来计算破裂面上的应力时，其前提是假定失稳块石为刚体且破裂面上的应力为均布应力，在破裂失稳的瞬间整体达到拉伸极限（仅适用于均匀拉伸情形），所获得的拉伸破坏应力反演值相对会偏小。

（3）Tuncay 将失稳块体的形状进行了简化，并将拉伸破裂面的形状简化为平面，相应的反演值与岩石在实际条件下发生复杂形状的破裂面所需的应力水平必然会有一定差距。

（4）计算过程中需要利用剪切滑动面的黏聚力和内摩擦角，Tuncay 采用了其他地点的反演值，具体岩石特性的差异也许会导致反演结果有所偏差。

（5）关于多个破裂面在破裂过程中给出的分区承受荷载假定，也是为求解计算中的超静定问题而不得已之举，取分区拉伸应力的均值作为岩石拉伸强度也是值得商榷的。

对于年代较为清楚的石质文物，如果岩石破裂实例的岩性相同且地点距离较小，并且能利用三维数值分析方法以及失稳块体和破裂面的高精度测量数据来进行相应的反演显然是非常有价值的，Tuncay 也认为应该开展进一步的有关工作。除了石质文物可供利用之外，很多服务年限已经较长的岩石工程破坏实例也可以用于长期强度的反演研究。例如，利用一公路隧道悬垂灰岩岩板的垮塌失稳实例和三维有限元数值模拟，Paronuzzi 和 Serafini（2009）给出悬挂灰岩岩板的弯曲破坏应力分析（假定拉伸应力一旦超过拉伸强度，破坏即可发生且断裂传播导致最终垮塌），并着重强调了岩桥在其稳定中所起到的作用。通过垮塌现场调查、接触断面和岩桥的证据和几何来重构悬垂岩板的几何模型，由三维有限元的弹性分析结果可以看出：最大拉伸应力为 7.19MPa 处于特征强度范围（3.7～7.5MPa）内。Paronuzzi 和 Serafini（2009）认为地震、车辆震动、季节性因素（降雨、冻融）引起的疲劳和损伤演化致使岩石材料的渐进弱化，该次失稳是长期弱化的最终结果（近期的降雨和冻融是触发该次失稳的重要因素）。既然涉及到静荷载（重力）的长期作用，那么反演所得的拉伸应力在某种程度上也可算作五十年尺度以上的长期抗拉强度，至少应明显小于短期试验所获得的强度值才会与岩石时效性和长期抗拉强度的常规认识相符。Paronuzzi 和 Serafini（2009）通过点荷载试验获得现场岩块的抗拉强度为 2.09～7.64MPa，利用其与巴西试验的经验关系得出抗拉强度为 2.61～7.05MPa，结合文献中不同来源的灰岩抗拉强度（1～10MPa）而给出灰岩的抗拉强度特征范围为 3.7～7.5MPa。由于岩石材料个体差异性较大，如此得到的特征强度与取自现场岩石样品进行巴西劈裂试验的抗拉强度必定有一定的差距。总之，Paronuzzi 等与 Tuncay 关于抗拉强度及其时效性的研究成果有较大的不协调，也和我们对长期强度的传统认识不同。

针对中国浙江境内开挖于白垩系泥质粉砂岩中一个古洞室，杨志法等人利用洞室顶板沿纵深方向的多条开裂和洞口处一根岩柱的纵向开裂进行了长期抗拉强度的反演（杨志法等，2010），得出顶板岩石的长期抗拉强度 0.037～0.469MPa 和岩柱岩石的长期抗拉强度 0.004～0.128MPa，两者与 1.7km 以外凤凰山古洞室群取样做出的实验室抗拉强度值（烘干条件下为 1.62MPa）相比差别较大。如果考虑在含水条件下岩石的抗拉强度会有所下降的话，则利用顶板开裂所获得的长期抗拉强度似乎较为合理，而利用岩柱开裂所得到的反演结果似乎偏小，这一点杨志法等通过洞口风化程度较大进行了解释。作者认为，该项研究存在以下有待改进之处：① 该洞室跨度为 12.5m，面积 307m²，洞口部位顶板高度 6.0m，而数值模拟中采用的单元尺寸过大（以米或数米为特征尺寸），单元平均应力的假定在一定程度上掩盖了真实应力值的大小，特别是在拉应力集中的部位；② 位置的差异导致岩石含水量的较大差别，反演结果与水对岩石的强度劣化特性正好相反，反演结果的可靠性无法判断；③ 尽管开裂的位置相距较近，但洞口和洞内围岩受风化因素的影响差别较大，两个反演结果之间缺乏可对比性；④ 顶板和岩柱所处的应力状态不同（前者是双向拉伸，后者压缩），相应的开裂机制不同，所使用的强度准则也不应该相同。

除了完整岩石的拉伸破裂之外，针对含有节理和裂隙的岩体破裂同样可以开展原位抗拉强度的反演研究，Paronuzzi 和 Serafini（2009）有关悬垂灰岩塌方的应力分析就是断续节理岩体中岩桥破坏的一个实例。断续的地质结构面（特别是断续节理）对岩体的力学行为影响很大，关于断续节理变形破坏的研究成果也较多，其中也涉及了岩桥的强度弱化问题。岩桥由完整的岩石材料组成，在断续结构面变形破坏过程中其内部裂纹的发展演化才导致了岩桥强度的弱化，在几何条件和荷载条件较为清楚时同样可以进行岩石材料的长期抗拉强度反演研究。

作为岩石力学研究领域的一个重要课题，有关岩石长期抗拉强度的研究才刚刚开始。从古地下工程岩石破裂的反演出发，也许可以给出获取岩石长期抗拉强度的一种有效方法，以拓宽我们认识岩石长期力学行为的途径。

7.2.2　岩石拉伸破裂实例的选择方法

要想反演出较为可靠的长期抗拉强度，首先需要选择出较为理想的岩石拉伸破坏实例。块石失稳前的几何条件和荷载条件是岩石应力状态和破裂机制的决定因素，所选择的岩石破裂实例是否适合于长期抗拉强度的反演，首先应分析相应的荷载条件、几何条件和破裂机制。换句话说，为了使长期强度反演值较为可靠且具有代表性，在选择岩石拉伸破裂实例时应在荷载环境、几何条件及破裂机制方面满足一定的要求，以便使相应的反演具有可行性和可操作性。

1. 荷载环境尽量单一且比较稳定

按照长期强度的定义，岩石长期承受某一荷载至其最终破坏期间应保持荷载为恒定值，这就需要我们在选择破裂实例时尽量考虑那些荷载环境单一且扰动较少的现场条件。从工程的尺度来看，重力是一种恒定的静力条件，其他扰动因素（如地震、人工振动、温湿度变化、静动水压力等）较弱并主要在重力作用下的岩石（体）破坏实例应该首先被选择。中国浙江为非地震活跃区，一些古地下工程的围岩所处的荷载环境较为稳定，在长时间尺度下发生的岩石破裂可以作为长期强度反演研究的实例。

对于实际边坡或地下工程，因人工开挖面和地质结构面（如层面、节理和裂隙）组合切割出的悬垂岩板、岩梁或岩块的情形很常见。这些悬垂岩体的体积可以从不到一立方米到数千立方米不等，往往会失稳而给附近的人类活动带来危害。为简洁起见，图7.3给出了4种仅在重力作用下的悬垂岩体，分别代表其不同倾角和连接状态的四种基本情形。

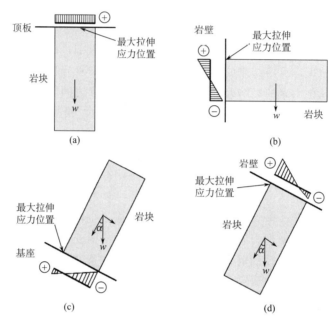

图 7.3　悬垂岩体在重力作用下其根部截面可能出现的正应力分布形式
岩体高度为 H，长度为 $L=2.5H$
⊕拉应力；⊖压应力

　　假定与悬垂岩体相连的岩体为固定端，在平面截面的假定下可以通过弹性理论解得到悬垂岩体根部截面上正应力的线性分布形式。如果因为岩石抗拉强度不足而发生拉伸破裂，则图7.3中4种荷载例子的最大拉伸应力及潜在破裂面皆出现在悬垂岩体的根部，并可以通过重力的两个分量所产生的均匀正应力（均匀拉伸或均匀压缩）和弯曲应力的线性叠加来获得。

　　如图7.3所示，对于同一种截面形式，因为悬垂岩体固定端和倾角不同就会导致不同的拉伸应力分布和大小。由于截面形状直接影响惯性矩的大小，所以悬垂岩体的截面形状也是影响悬垂岩体根部应力分布和最大拉伸应力的重要因素。对于图7.3中的4种荷载环境和图7.4的6种简单的截面形状（截面高度为 H，面积为 H^2），可以按照弹性理论中的叠加原理［式（7.1）］计算悬垂岩体根部截面正应力（理论上也是最大主应力）的最大值 $\sigma_{z\max}$。按照式（7.1），$\sigma_{z\max}$ 由两部分组成，一部分是重力沿悬垂岩体轴向的分量引起的均布正应力 σ_0（以拉为正，以压为负）；另一部分是由重力沿垂直于悬垂岩体轴向的分量所引起的弯矩所引起，可以由下式计算得到。

$$\sigma_{z\max} = \frac{M_{\max} y_{\max}}{J} + \sigma_0 \tag{7.1}$$

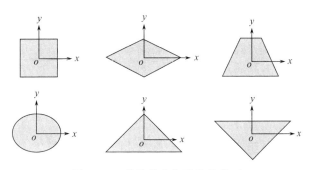

图 7.4　6 种简单几何形状的截面

高度 H，面积相等 H^2，坐标原点为截面的形心

式中，$M_{\max}$ 为悬垂岩体根部截面承受的弯矩；$y_{\max}$ 为截面上 y 坐标的最大值；J 为截面的惯性矩。

由表 7.1 可以看出，不同的悬垂岩体方位（倾角）和截面形状在重力作用下的根部最大拉伸应力有很大的差别，其中同一荷载方式不同截面形状下的最大拉伸应力幅值可相差两倍以上。即使是对于如此简单的荷载环境和截面形状，截面上的正应力分布和最大拉伸应力变化如此之大，直接在截面上采用均布应力的假定显然是误差太大，而极限平衡法中有关整个截面同时达到极限应力状态的假定显然不适合最大拉伸应力的分析。

表 7.1　弹性条件下常截面悬垂岩体根部的最大拉伸应力（以拉为正）

荷载条件 截面形状	图 7.3（a） 均匀拉伸	图 7.3（b） 弯曲	图 7.3（c）均匀压缩＋弯曲	图 7.3（d）均匀拉伸＋弯曲
正方形□	W/H^2	$3WL/H^3$	$3WL\sin\alpha/H^3-W\cos\alpha/H^2$	$3WL\sin\alpha/H^3+W\cos\alpha/H^2$
菱形◇	W/H^2	$6WL/H^3$	$6WL\sin\alpha/H^3-W\cos\alpha/H^2$	$6WL\sin\alpha/H^3+W\cos\alpha/H^2$
梯形 *	W/H^2	$WLH_1/2J$	$WLH_1\sin\alpha/2J-W\cos\alpha/H^2$	$WLH_1\sin\alpha/2J+W\cos\alpha/H^2$
椭圆形 ○	W/H^2	$4WL/H^3$	$4WL\sin\alpha/H^3-W\cos\alpha/H^2$	$4WL\sin\alpha/H^3+W\cos\alpha/H^2$
正三角形△	W/H^2	$6WL/H^3$	$6WL\sin\alpha/H^3-W\cos\alpha/H^2$	$6WL\sin\alpha/H^3+W\cos\alpha/H^2$
倒三角形▽	W/H^2	$3WL/H^3$	$3WL\sin\alpha/H^3-W\cos\alpha/H^2$	$3WL\sin\alpha/H^3+W\cos\alpha/H^2$

* 取上底为 H-1 的等腰梯形，H_1 为中性轴 x 至梯形截面上底的距离，J 为关于 x 轴的惯性矩。

2. 尽量简单的几何条件

很多情况下缺少失稳前的现场资料，但可以利用失稳现场的块体测量来重构岩石失稳前的几何模型，而尽量简单的几何条件为高精度重构提供了前提条件。简单明确的几何条件不仅有利于几何模型的重构，而且还有助于精确获得岩石失稳前的应力场和破裂机制的识别。图 7.3 和图 7.4 中悬垂岩体的几何形状已经足够简单和理想化，表 7.1 中弯距引起的正应力值是在变形前后截面仍为平面的假定下给出的，当悬垂岩体的长度远大于其截面尺寸（如大于 5 倍）时具有很高的精度（小于 5%）。对于悬垂岩体长度和截面尺寸相差不是很大时，截面变形后与平面将会有较大的差别，利用表 7.1 中的公式不再能够得到较为可靠的最大拉伸应力值。要想较好地了解不同截面条件下的应力分布情况，还需要引入三维数值分析方法。

对于图 7.3 和图 7.4 所示的 24 种情形，假定悬垂岩体的长度为 5m，高度为 2m，截面的面积皆为 4m²，与其根部相连的岩石为固定端，悬垂岩体的岩石密度为 2.47g/cm³，弹模为 22.6GPa，泊松比为 0.15。通过提高固定端的岩石刚度（2 倍）和位移固定约束来模拟其固定效应。利用 28000～40000 个六面体和四面体单元（特征尺寸为 0.1～0.2m）来模拟悬垂岩体（其中同一截面形式的悬垂岩体采用同样的网格剖分），由 FLAC3D 可以得到弹性应力的数值解。计算结果表明（图 7.5，表 7.2）：①块体根部界面上沿 y 轴的两个边界点的正应力就是主应力分量，数值相差不超过 1/300；②由于不涉及弯矩的作用，$\alpha = 0°$ 代表的均匀拉伸线弹性理论解与数值解相差很小（最大 1.6%）；③对于涉及弯矩作用的其他 3 种荷载情形与平面截面假定下线性分布的理论解有一定的差别（最大 10.1%）（表 7.2）；④不同截面形状倾斜悬垂岩体根部截面的正应力大致呈水平条带状分布（形心上部为拉，下部为压），正应力分布的线性程度仍然与理论解的平面截面假定较为吻合。从另外一个侧面也可以说明，利用式（7.1）来计算 24 个算例的最大拉伸应力依然具有很高的精度。

实际条件下失稳岩体的几何形状比图 7.3 和图 7.4 所示的形状复杂得多，一般没有足够精度的理论解可供利用，由合适的数值模拟技术进行相应的应力分析是必要的。即使是对于简单的几何条件，对失稳后现场的块体和破裂面进行三维高精度量测也往往是有难度的。失稳岩体的几何形状与方位不仅直接影响应力状态和破裂的位置，而且还与破裂面的三维构形密切相关。为了尽量不在几何因素方面影响应力分析的精度，建议引入 Lindar 技术进行失稳现场（包括失稳块体和破裂面）的三维扫描和几何模型重构。作为三维激光扫描类高精度量测技术，Lindar 技术在近些年的岩土工程领域得到不少成功应用，特别是在边坡形貌、危岩体远距离测量、地质结构面识别和岩土体稳定性分析等方面。对于失稳岩体的几何模型重构来说，Lindar 技术所具有的测量精度是足够的，目前还未发现将其用于长期抗拉强度的反演实例。

3. 较为明确的拉伸破裂机制

直接拉伸、弯曲及受压引起的泊松效应（侧向膨胀）都可以使岩体处于拉伸应力状态，当拉伸应力超过岩石当前的抗拉强度时即可发生拉伸屈服和破裂。拉伸破裂的出现导致岩石的有效承载面积减小，岩石内应力调整后如果仍存在拉伸应力大于当前抗拉强度的部位，岩石破裂面扩展并到一定程度后导致岩石失稳。当荷载条件和几何条件较为简单时，以拉伸破坏为主的破裂面走向应该大致与最大拉伸应力的方向垂直，脆性破裂面的表面应比较光滑，而韧性较强的较软岩石则会产生较为粗糙的断口。

显然，有关岩石断口形貌的知识将有助于破裂机制的判断，以拉伸破裂为主的岩石失稳事件才能用于拉伸强度的反演。

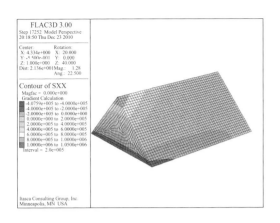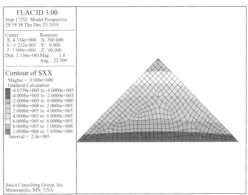

(a) 正三角形截面

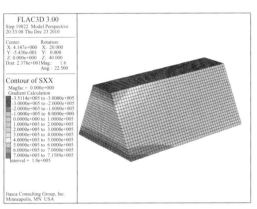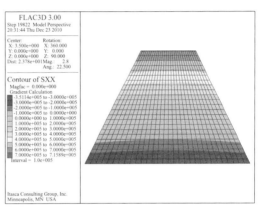

(b) 梯形截面

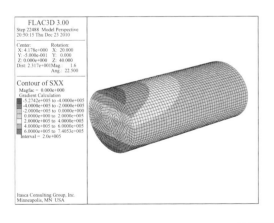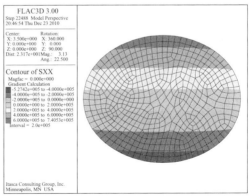

(c) 椭圆形截面

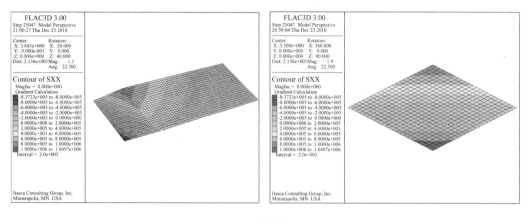

(d) 菱形截面

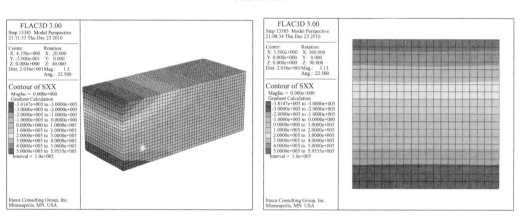

(e) 正方形截面

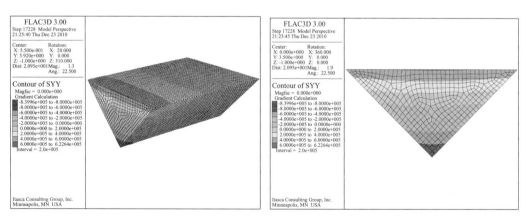

(f) 倒三角形截面

图 7.5 不同截面形状下倾斜悬垂岩体模型及根部截面的正应力云图

表 7.2　平面假定下弹性理论解与数值解的最大拉伸应力值对比（以拉为正，MPa）

荷载条件 截面形状	图 7.3（a） 均匀拉伸		图 7.3（b） 弯曲		图 7.3（c） 均匀压缩＋弯曲		图 7.3（d） 均匀拉伸＋弯曲	
	理论解	数值解	理论解	数值解	理论解	数值解	理论解	数值解
正方形□	0.124	0.126	0.926	0.971	0.356	0.381	0.570	0.595
菱形◇	0.124	0.125	1.853	1.884	0.819	0.837	1.034	1.049
梯形	0.124	0.125	1.211	1.213	0.498	0.503	0.713	0.715
椭圆形○	0.124	0.125	1.235	1.268	0.510	0.527	0.725	0.741
正三角形△	0.124	0.125	1.853	1.888	0.819	0.840	1.034	1.049
倒三角形▽	0.124	0.125	0.926	1.029	0.356	0.373	0.570	0.622
最大差别/％	1.6		10.1		7.0		9.1	

4. 其他注意事项

暴露的岩石不可避免会受到风化因素的影响，所选择的岩石破裂实例最好有多个且距离较近，以便能代表相同的岩石材料和风化环境，并可利用多个地点的反演值进行对比。岩石的长期强度在理论上应小于实验室内获得的短期强度，可以利用后者与反演值进行对比。为了二者之间的有效对比，应就近取样进行实验室力学参数测试，并需要考虑湿度对参数值的影响。

为避免局部应力异常对反演值的影响，需要将弹性分析中的最大拉应力值作为抗拉强度进行正问题的验算，甚至需要利用正反演结合的方法进行验证和参数调整，以给出较为可靠的反演值。

7.2.3　悬垂岩体的应力分析及破裂面模拟方法

当失稳块石的几何形态较为复杂，或者破裂面为多个平面的组合或为空间曲面时，将无法利用解析法获得破裂面位置的应力分布，几何形状的简化也将会导致应力结果的较大偏差。利用极限平衡法不仅需要简化几何形状，也会引入应力均布的假定，这对于本身数值就较低的岩石拉伸强度来说分析精度是远远不够的。随着数值分析技术的迅速发展，越来越多商业分析软件可以用于复杂形状物体的应力和变形分析。考虑到高精度应力分析和破裂面模拟的需要，作者拟采用 FLAC3D 软件和其中的 interface 模拟技术来进行失稳块体的三维应力分析。

1. FLAC3D 简介及 interface 单元简介

连续介质快速拉格朗日分析（FLAC）是基于有限差分原理的数值分析方法，而FLAC3D 是该方法在三维空间的拓展。FLAC3D 程序可以用于岩土体材料达到强度极限或屈服极限时破坏或塑性流动的模拟，特别适用于岩土体的渐进性破坏、失稳和大变形分析，在边坡工程、地下工程、地基基础、坝体等诸多领域获得了大量的实际应用。该程序不仅包含静力、动力、蠕变等计算模式，还可以模拟地质体中断层、节理、构造裂隙等复杂的地质结构面。由于该程序在数值模拟方面的优势，我们拟将其应用于本书中岩石（体）应力状态的计算和分析之中。为了模拟岩石的拉伸破裂，作者还引入了该软件的 interface 单元模拟技术。

FLAC3D 中的 interface 单元可以以来模拟地质力学领域中各类界面的力学行为，包括节理、断层、层面等地质结构面、人工构筑物与岩土材料之间的界面、散体与容器之间的界面、碰撞物体间的接触面等。interface 单元的作用主要体现在 Coulomb 滑动和拉伸-剪切连接，涉及的参数有摩擦角、黏聚力、膨胀角、法向刚度、剪切刚度、拉伸和剪切强度。通过不同的力学参数，可以利用 interface 单元实现以下功能：①连接网格的工具；②模拟可以滑动和张开的真实刚性界面（包括刚度未知或不重要，而滑动和张开可以发生的情形）；③模拟可以影响系统行为的真实软弱界面（如软泥充填节理、含有碎裂材料的岩脉等）。对于实际已经发生的岩石破裂实例，利用 interface 单元来模拟既定的破裂面可以归属于第一种和第二种情形的结合，其中在弹性阶段为连接网格作用，在弹塑性阶段用于模拟界面的拉伸破裂。

2. 设置 interface 单元对悬垂岩体弹性应力状态的影响

考虑到岩石破裂前不存在用 interface 单元表示的界面，只有在应力超过岩石材料强度后破坏单元才出现，并沿着既定破裂面贯通。如果用 interface 单元来模拟破裂面，将其置入实体单元的节点两侧时会生成具有同样位置坐标的两个节点，这两个节点在破裂发生之前不会产生相对滑动位移或张开位移，以便能表征出未破裂前岩石材料本身的力学行为。利用 interface 单元来模拟潜在的破裂面，相应的设置首先不能影响到悬垂岩体的弹性应力场。为了模拟 interface 单元的弹性行为，其拉伸强度、内聚力和摩擦角按高于岩石参数实验室测试值给出（分别为 10MPa、20 MPa 和 50°），剪涨角（膨胀角）取为 0。为了表征岩石破裂前 interface 单元所应具有作用，取法向刚度和剪切刚度为两侧实体单元最大刚度的 10 倍，并由以下公式获得。

$$K_s = K_n = 10 \times [(K + 4G/3)/\Delta Z_{min}] \tag{7.2}$$

式中，K_s 为 interface 单元的剪切刚度；K_n 为 interface 单元的法向刚度；K 为岩石的体积模量；G 为岩石的剪切模量；ΔZ_{min} 为 interface 单元两侧实体单元沿 interface 单元法向的最小尺寸。

针对图 7.3 和图 7.4 的 24 个理想算例，在悬垂岩体的根部设置 interface 单元模拟的潜在破裂面，取悬垂岩体的弹模和泊松比分别为 22.6GPa 和 0.15，取实体单元的特征尺寸为 0.1~0.2m。计算结果表明（表 7.3，图 7.6）：①与没有界面时相同，设置界面前后界面上垂向对称轴上边界点的正应力方向仍为主应力方向；②设置界面后几乎没有改变体内应力分布状态，设置前后的单元最大应力差值很小（差值小于 3%）；③interface界面上的正应力与两侧的实体单元应力分布基本一致，但由于刚度取值较大而在截面的最高点（特别是尖点）最大正应力较大（最大 10.4%）。这说明 interface 单元的设置基本没有影响悬垂岩体的弹性应力状态，因界面刚度较大而引起的最大应力集中有一定差别是明确的（7.2%~10.4%），可以在后续分析中给予考虑。

通过弹性计算分析，可得到潜在破裂面位置的最大拉伸应力，对于发生破裂失稳的实际悬垂岩体是否就可以认为它就是岩体当前的拉伸强度呢？答案是不一定。因为当潜在破裂面位置有裂缝而使悬垂岩体呈现局部连接状态时，裂缝端部的高度应力集中使这一判断不再适用。

表 7.3　设置 interface 界面与两侧实体单元正应力最大值对比（以拉为正，MPa）

荷载条件 截面形状	图 7.3（a） 均匀拉伸		图 7.3（b） 弯曲		图 7.3（c） 均匀压缩＋弯曲		图 7.3（d） 均匀拉伸＋弯曲	
	面单元	体单元	面单元	体单元	面单元	体单元	面单元	体单元
正方形□	0.126	0.126	1.023	0.966	0.405	0.379	0.621	0.591
菱形◇	0.128	0.125	1.989	1.849	0.890	0.822	1.101	1.030
梯形	0.128	0.125	1.318	1.203	0.552	0.500	0.774	0.710
椭圆形○	0.134	0.125	1.335	1.263	0.557	0.523	0.772	0.734
正三角形△	0.128	0.125	1.994	1.851	0.891	0.824	1.105	1.029
倒三角形▽	0.128	0.125	1.094	1.022	0.439	0.404	0.656	0.618
最大差别/%	7.2		7.6		10.4		9.0	

3. 利用 interface 单元模拟完整截面的整体拉伸破裂

假定图 7.3 和图 7.4 的 24 个情形为悬垂岩体皆从根部发生拉伸破裂并失稳，表 7.2 中的最大拉伸应力即可作为 24 个案例中对应岩体的当前抗拉强度。假定拉伸破裂沿悬垂岩体根部截面发生整体拉伸破裂，利用 interface 单元模拟破裂面，验证过程如下：

（1）先假定岩石为线弹性材料，计算最大拉伸应力 T 的位置和数值（即表 4.2 中的数值结果）。

（2）用刚性的 interface 单元模拟破裂面，用 $10T$ 作为 interface 单元的拉伸强度重新进行弹塑性计算，检查弹塑性结果是否与弹性结果一致，如果出现 interface 屈服单元则可提高其力学参数重新进行弹塑性计算，直至一致。

（3）将弹性计算所得的最大拉伸应力 T 作为 interface 单元的拉伸强度，结合岩石的其他力学参数实验室测试值进行弹塑性计算，查看是否沿着 interface 界面发生拉伸破裂以及破裂的范围。

（4）如果沿着 interface 界面发生较大范围（至少大于 60%）的拉伸破裂且计算不收敛，则可认为岩块破裂后失稳，而 T 就是当前计算条件下岩石的抗拉强度。

以 T 为拉伸强度的计算过程中，以破裂面积超过 60% 和不收敛的计算（如位移加速，不平衡力越来越大）为破裂失稳的指标。按照上述程序进行计算，发现图 7.3 和图 7.4 中的 24 个算例皆会在根部发生拉伸断裂并最终失稳。

对于图 7.3 和图 7.4 的根部完整截面情形，将弹性状态下获得的最大拉伸应力作为悬垂岩体失稳破裂时的当前抗拉强度是可行的，也是可靠的（最大差为 7.2%～10.4%）。

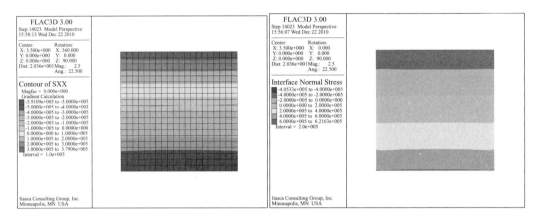

(a) 正方形截面

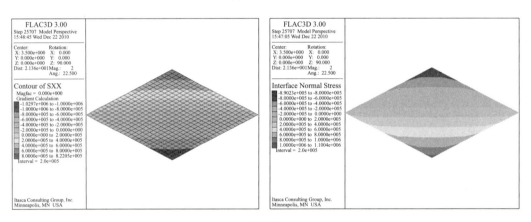

(b) 菱形截面

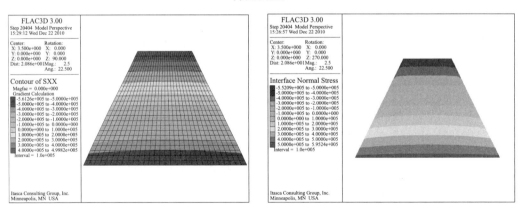

(c) 梯形截面

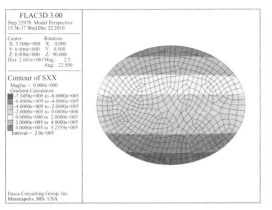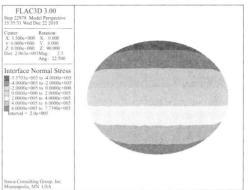

(d) 椭圆形截面

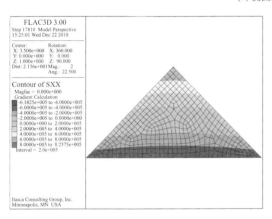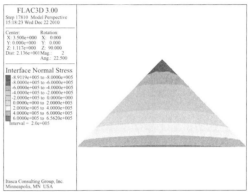

(e) 正三角形截面

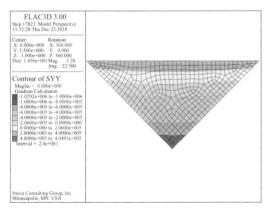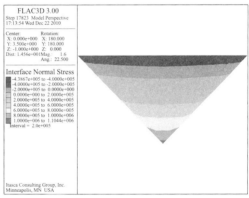

(f) 倒三角形截面

图 7.6　不同截面形状下倾斜悬垂岩体截面的正应力云图

4. 利用 interface 单元模拟含裂缝截面的拉伸破裂

当存在断续的节理或裂隙时，往往导致岩石材料的局部连接状态。当悬垂岩体在重力作用下承受拉伸或弯矩时，在局部连接的边界处往往产生拉伸应力的高度集中，集中程度在弹性条件下理论上应为无穷大。对于弹性条件下裂缝端部的应力集中，采用 interface 单元比实体单元更为有效。以平面应力条件下的均匀拉伸为例，将以 8 个实体单元的算例来说明：随着实体单元尺寸的减小（即网格密度的加大），裂缝端部的应力集中逐渐趋近于 interface 单元模拟下的应力集中。如图 7.7（a）所示，在实体单元的算例中，受均匀拉伸的薄板宽度为 $W = 50$cm，高度为 $H = 60$cm，以裂缝处单元高度 ΔH 为特征尺寸均匀划分网格，薄板厚度取为 3 个单元厚度，取 ΔH 分别为 5cm、4cm、3cm、2.5cm、2.0cm、1.5cm、1.0cm 和 0.5cm 时裂缝端部的弹性应力集中值。如图 7.7（b）所示，对于裂缝所在的截面，实体单元的特征尺寸为 5cm，分别利用抗

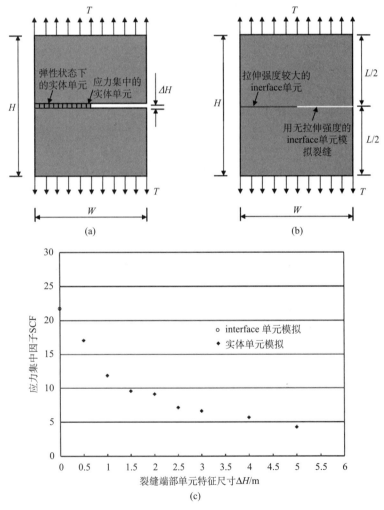

图 7.7　均匀拉伸模型及 8 种网格密度下实体单元与 interface 单元模拟的应力集中因子

拉强度为 0MPa 和 10MPa 的 interface 单元来分别模拟裂缝和岩石材料，其他参数解采用实际岩石材料。取紧靠裂缝端部实体单元的垂向拉伸应力 $\sigma_{T\max}$ 作为裂缝端部的应力集中，应力集中因子 SCF（$\sigma_{T\max}/T$）随裂缝单元厚度 ΔH 变化的变化曲线如图 7.7（c）所示。图 7.7（c）中曲线表明，随着裂缝端部实体单元尺寸的减小（即网格密度的加大），裂缝端部的应力集中越来越大其变化趋势接近 interface 单元模拟的应力集中状态。换句话说，常规尺寸的 interface 单元模拟更容易体现出裂缝端部的应力集中。

　　从图 7.7 可以看出，利用 interface 单元可以更有效地模拟裂缝端部的应力集中，更能反映出弹性条件下的应力集中状态。从另外一个侧面也可以说明，用实体单元很难模拟线性或面状裂缝端部的应力集中，无法代表弹性条件下含裂缝岩石（如断续节理岩体）的应力集中状态。

　　上述算例说明，利用 FLAC 和 interface 单元来模拟既定位置的破裂是可行的，对于某些截面形状直接进行拉伸强度的反演也是可行的。当最大弯矩作用截面内距离中性轴的最远点为曲率突变点时，直接将弹性分析下的最大拉伸应力作为岩石拉伸破裂的反演值是不可靠的，因为该点的拉应力值的理论弹性解为无穷大，在数值计算条件下也是一个异常大值，由于屈服或破裂的原因在真实的非弹性状态下无法达到。如此看来，Paronuzzi 和 Serafini（2009）利用三维有限元弹性分析所得出的最大拉伸应力为 7.19MPa（处于特征强度范围为 3.7～7.5MPa），直接将其作为悬垂灰岩岩板的原位抗拉强度是不可靠的。

7.2.4　基于强度折减的原位抗拉强度反演方法

　　与岩石的抗压强度和抗剪强度相比，岩石材料的抗拉强度相对较弱，宏观上发生拉伸破裂是悬垂岩体破坏的主要形式之一。对于经历长期荷载作用而发生拉伸破裂的失稳岩体，开展相应原位抗拉强度反演工作非常具有实际意义。对于脆性岩石的拉伸破裂，一旦局部拉伸应力超过抗拉强度则会迅速发生破裂直至达到新的平衡或完全破裂而失稳。对于实际已经发生的岩石破裂失稳现象，在确定拉伸破裂面积的前提下相应的数值模拟应以完全破裂而失稳为最终状态，相应的抗拉强度取值也应以此为目标。从上述含裂缝截面的应力集中和图 7.6 中的拉伸破裂模拟来看，直接将局部连接状态下截面边界处的应力集中值作为拉伸强度是不可行的，需要进行拉伸强度的折减来促进岩石破裂失稳的最终发生。最直接的折减方法就是将新平衡状态下的最大拉伸应力作为强度参数进行新的岩石破裂计算，以最终能使岩石失稳的抗拉强度作为岩石的当前抗拉强度值。

　　对于原位环境下的岩石破坏和失稳，由于几何因素和荷载因素并非理想条件，致使真实条件下的岩石破裂面多为复杂的曲面，甚至是多个曲面的结合。如果通过几何模型重构和三维弹性数值计算得到弹性条件下的最大拉伸应力，是否能将其作为失稳岩块的抗拉强度需进行破裂失稳的验证，并利用强度折减来得到使之破裂失稳的强度值，具体操作过程如图 7.8 所示。

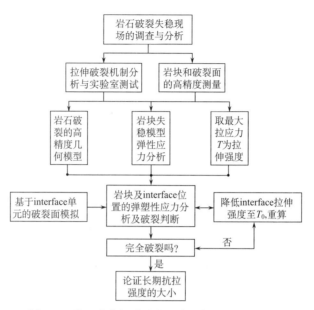

图 7.8　基于强度折减法的原位抗拉强度反演流程

7.3　龙游牛场古洞室顶板开裂机制与抗拉强度反演

牛场古洞室群是龙游古洞室群的一个组成部分（图 7.9），它位于浙江省西部龙游县城东北约 5km 处，距凤凰山古洞室群约 1.7km。按照荷载条件单一并且稳定、几何条件尽量简单、岩石破裂机制较为明确的原则，选择了龙游牛场古洞室群作为现场实例进行顶板开裂机制的分析和原位拉伸强度反演的尝试。由于牛场 1 号洞在地层岩性、洞室结构、顶板裂缝分布等方面与凤凰山古洞室群具有很大的相似性，相关研究对于凤凰

图 7.9　牛场古洞室的地理位置

山 1～5 号洞的开发与保护有着重要的参考价值。

7.3.1　研究现状

　　尽管国内外存在大量的石窟类古洞室群（如中国境内的世界文化遗产：敦煌石窟、云冈石窟、龙门石窟和麦积山石窟），但很少能与龙游凤凰山古洞室群在洞室规模、造型、岩壁刻凿工艺等方面所带来的震撼力相比。现场调查及测量结果表明，龙游古洞室群从工程地质和岩石力学角度来看具有规模大、埋深浅、围岩较为软弱、顶板倾斜、岩柱造型奇特、部分洞室间距小且互不连通、不同层位洞室上下部分叠置、洞室围岩时效变形破坏差异性较大等诸多特征。显然，龙游古洞室群的不同赋存环境（水下、半水下、抽干）、不同的洞口形式（垂直、平敞）、不同的变形破坏状态（整体垮塌、局部垮塌、顶板大范围开裂、岩柱开裂、洞内无开裂）为我们提供了难得的全比例现场试验，在岩石力学、工程地质学等领域有着很大的学术价值。一方面，目前还缺少长期尺度下水对围岩变形、岩体质量和围岩稳定性的影响（Hawkins *et al.*，1992；Fakhimi *et al.*，2002；李丽慧，2006；Vasarhelyi *et al.*，2006；Erguler *et al.*，2009）。另一方面，我们对百年尺度下岩石（或岩体）的长期强度和长期稳定性还知之甚少，对于千年尺度的相关了解可以说是一无所知（Ito *et al.*，1994；Miura *et al.*，2003；崔希海、付志亮，2006；Zhang *et al.*，2011）。仅此两点，就足以显示龙游古洞室群的学术意义和实际价值。

　　由于旅游开发及洞室保护的需要，一些学者和专家针对凤凰山古洞室群开展了工程地质调查、岩样物理力学特性、围岩变形破坏分析、水岩相互作用、现场监测、洞室病害治理等方面的工作，并取得一系列研究成果（杨志法等，2000；李丽慧等，2005；Canakci *et al.*，2007；祝介旺等，2008，2009；李黎等，2008）。对于 1992 年抽干水后在凤凰山进行旅游开发的 5 个古洞室，洞室围岩的变形破坏越来越严重，相应的加固治理工程不得不陆续上马。与刚刚发现时相比，凤凰山 1～3 号洞的部分岩柱出现了纵向开裂，顶板开裂规模大幅度增加，甚至有联通地表的迹象。实际上，影响洞室顶板和岩柱开裂的因素很多（洞室几何结构与规模、顶板岩体结构、岩柱位置与几何特征、岩体物理力学特性、埋深、洞间距、洞内温湿度环境等），直接针对洞室群结构复杂的凤凰山 1～5 号洞开展围岩稳定性研究很难深入进行。随着凤凰山 24 号洞的大面积垮塌及部分洞室的局部垮塌，为相关稳定性评价及治理工作提出了挑战。为了深入认识龙游古洞室群顶板的开裂机制和发展趋势，作者拟选择洞室结构相对简单的牛场古洞室开展顶板开裂机制的分析，以便进一步提高原位岩体强度反演、顶板及岩柱变形破坏机理、古洞室长期稳定性评价等方面的研究水平。

7.3.2　牛场古洞室群概况

1. 工程地质条件

　　牛场古洞室群由两个洞室组成（图 7.10），是古人开挖一座江边小山后的残留洞室，洞口距离衢江岸边 35～40m。如图 7.10 所示，1 号洞的规模较大，最大宽度近

20m，面积达 307m²。1 号洞洞内有两根岩柱支撑，岩柱 1 处的顶板最高（6m），柱身与洞口陡坎基本平齐，岩柱 2 较矮但截面大于岩柱 1。相对来讲，2 号洞的规模较小，与 1 号洞之间的相互影响不大，而规模较大的后者是主要研究对象。

据浙江省区域地质志（浙江省地质矿产局，1989），牛场古洞室群地处金衢盆地中部，衢江北岸。金衢盆地形成于早白垩世晚期至晚白垩世结束，其间堆积了一套具有冲积扇、河流和湖泊沉积特征的厚层陆源碎屑组合。区内断裂发育，但规模一般较小，均表现为压性，断裂总体走向为 NEE。在牛场古洞室群以北约 5km 处，发育有下章断裂，该断裂对于金衢盆地的形成起着重要的控制作用。区内褶皱不太发育，仅有一些比较平缓的短轴状背斜、向斜等。区内地层单一，岩性为白垩系上统衢县组地层（K_2q）。研究区内地层岩性为砖红色厚层状泥质粉砂岩夹细砂岩，地层倾向 NW310°，倾角 15°。牛场古洞室的围岩为巨厚层的泥质粉砂岩（属块状和完整状结构），顶板由粉砂岩与细砂岩组成，隐约可以看到层面出露。现场调查发现，1 号洞的南边墙倾向洞里，实际上是 1 个贯穿地表的小断层表面（断层倾向 NE6°，倾角 47°）。这一断层的开挖处理方式对顶板稳定性的影响至关重要，古人将该断层下盘预留未挖显然是故意而为之（图 7.11）。

该区的地震活动性较小。据地震资料统计，仅在 1513 年、1566 年和 1853 年龙游附近各发生了一次有感地震。因此，该区域内地震基本烈度小于Ⅵ度，场地基本稳定。

2. 洞室结构特征

经过现场调查与实际测量，牛场 1 号洞为双柱斜顶结构（图 7.10～图 7.12），具体特征总结描述如下。

1）洞室规模

如图 7.12 所示的 A-A′剖面，1 号洞最大宽度近 20m，最大跨度 12.5m。如图 7.12 所示的 B-B′剖面，1 号洞进深达 23m，洞口处顶板高度为 6m。洞室底板目前有填土，底板形态和填土厚度不详，在分析过程中暂且将当前的顶板表面作为基岩的边界。

2）洞口形式与朝向

如图 7.10 和图 7.12 所示，1 号洞的洞口面向衢江，朝向 ES，按照当前的地形来看为敞口平进式。根据物探数据分析，牛场古洞室与衢江之间空地的基岩深度在 20～30m，远低于衢江水位，而沿江边的基岩仅局部略低于衢江水位。换句话说，1 号洞与衢江之间存在一个岩石开挖形成的洼地，在建成之初 1 号洞应为岩石陡坡上的一个洞室。

3）顶板

如图 7.12 所示，洞室顶板起伏不大，整体倾向洞里（倾向为 NW295°，总体倾角为 16°；岩柱 2 以里的顶板倾角略大，为 20°），大致与地层产状一致。顶板由粉砂岩和细砂岩组成，厚度为 7～9m，岩柱 1 上方 1.2m 左右有一个层面出露。

4）岩柱

两个岩柱的截面皆为熨斗状，尖端朝向洞里，在距离地表 1.0m 处岩柱 1 和岩柱 2 的截面尺寸如图 7.13 所示，横截面积分别为 2.7m² 和 1.9m²。

(a) 1号洞和2号洞照片（镜向：315°）

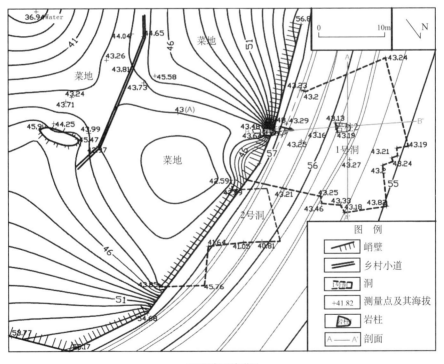

(b) 研究区地形图

图 7.10　牛场古洞室群现场照片及地形图

5）边墙

如图 7.11 所示，在洞内南侧出露一个小断层，古人为保证洞室的稳定性而未挖去该断层的下盘，进而成为一个倾向洞内的斜墙。如图 7.11 和图 7.12 所示，古人在该边

图 7.11　牛场 1 号洞南边墙上的断层面（镜向：280°）

墙与顶板的交接部位还预留部分岩石，这一措施可避免过大的应力集中，有利于顶板的稳定。除此以外，其他部位的边墙皆为直墙，洞口附近边墙最高处约为 6.0m，洞内较低处 1.0～2.0m。

7.3.3　洞室顶板的变形破坏调查

如前所述，牛场 1 号洞的顶板起伏不大，洞室周围的地形条件简单，规模较小的 2 号洞对其影响较小，关于围岩变形破坏机制的分析容易深入展开。现场调查发现，牛场 1 号洞的围岩变形破坏主要体现在顶板与岩柱的开裂，有些裂缝几乎贯穿整个顶板表面，相应的开裂机制、稳定性分析及保护对策方面的研究亟待展开。本书仅限于该洞顶板开裂的调查与分析。

为了进行顶板开裂的分析，首先需要进行高精度的开裂调查。为此，采用了三维激光高精度扫描与垂直投影法相联合的技术方法进行裂缝定位，通过前者获得的点云数据还将用于数值分析所需的三维几何模型构建。

1. 三维激光扫描及 1 号洞几何模型的构建

为获得 1 号洞围岩表面的高精度几何数据，采用了 Leica ScanStation2（徕卡全站式三维激光扫描系统）来获取点云数据。该系统的单点测量中距离精度达到 ±4mm，点位精度达到 ±6mm，测量角度精度达到 ±12″，采样间距可达 1mm。

利用 Leica ScanStation2 对牛场 1 号洞的围岩表面进行扫描，采用的点间距为 5cm，获得了 3 个站点的点云数据。将 3 个站点的点云数据拼合到统一坐标系下，即可得到相应的三维表面模型（图 7.14）。将围岩表面的三维数据与地表地形数据相结合，则可得到牛场 1 号洞的三维几何模型。该模型不仅可以方便地提供洞室结构方面的几何信息，还将用于三维地质模型和三维力学模型的构建。

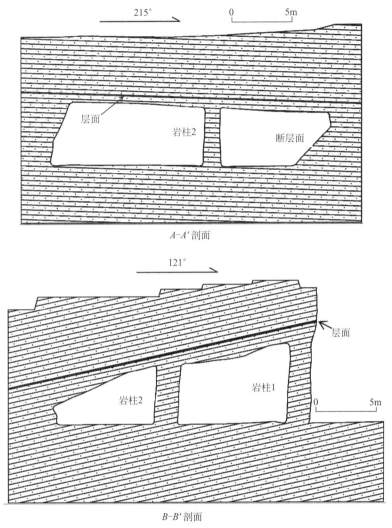

图 7.12　牛场 1 号洞沿岩柱的两个垂直剖面

2. 顶板裂缝的测量

顶板裂缝的宽度毕竟很小（图 7.15），Leica ScanStation2 也无法分辨，相应的测量只能另寻途径。尽管牛场 1 号洞斜顶表面的起伏不大，但仍然是略有起伏，同时由于凿痕的存在导致很难进行直接测量。现场调查发现，牛场 1 号洞曾被人为利用，底板很平，利用垂直投影法可以将顶板裂缝投影到底板上，然后在底板上测量裂缝的分布，具体测量过程如下。

（1）识别顶板上一条裂缝的起点、终点及中间控制点，沿裂缝选定数量足够的测点。

（2）利用细绳在测点位置悬垂一定重量的指示物，使指示物接近底板表面，待其稳

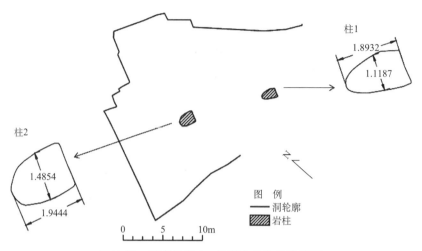

图 7.13　距离地表 1m 处两个岩柱的横截面

图 7.14　基于点云数据的牛场 1 号洞三维表面模型

定后所在的底板位置即为垂直投影点。

（3）完成一条裂缝上各测点的垂直投影后，连接各投影点即可得到该裂缝在底板上的平面投影。

（4）在洞内选择参考点，测量各垂直投影点与参考点的几何关系。

（5）在三维点云数据中找到上述参考点，利用实测的几何关系将垂直投影点引入三维激光扫描数据。

（6）连接各垂直投影点即完成 1 条裂缝的数字化，按照同样步骤进行其他裂缝的数字化。

（7）如果需要，可将顶板裂缝的垂直投影图恢复到三维空间下的实际位置。

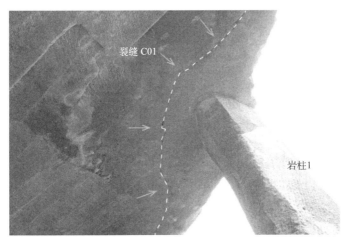

(a) 岩柱1后侧较陈旧的环形开裂(目测裂缝宽度约7~10mm)

(b) 洞室北侧顶板的3个平行裂缝(目测裂缝宽度0.7~3.0mm)

图 7.15　牛场 1 号洞顶板裂缝照片

　　按照上述方法，进行了 12 条顶板裂缝的实际测量和数字化，并得到了顶板裂缝的投影图（图 7.16）。

7.3.4　顶板应力的数值模拟分析

　　牛场 1 号洞开挖于巨厚的泥质粉砂岩之中，而顶板岩体中含有细砂岩，二者总体上胶结良好。作为认识顶板开裂机制的第一步，拟采用基于有限差分原理的 FLAC3D 商业软件来获得顶板的应力场。FLAC3D 软件是基于连续介质力学的有限差分程序，能较好地模拟岩土材料在达到强度极限或屈服极限时发生的破坏或塑性流动。尽管该程序还不能较好地模拟开裂启动、发展等非连续破坏现象，但依然可以从精细的应力分析中判别开裂发生的可能部位及机制。

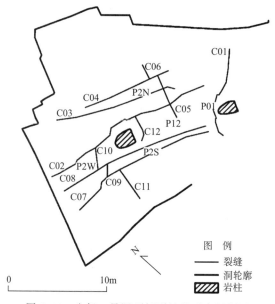

图 7.16　牛场 1 号洞顶板裂缝的垂直投影图

C. 裂缝；P. 岩柱

1. 数值模型

如上所述，通过洞室的三维表面模型和地表地形数据可以构建 1 号洞的三维几何模型，在此基础上进行网格剖分（图 7.17）。所建数值模型的尺寸为 50m（长）×50m（宽）×20m（高），上边界为地表，下边界为洞室底板以下 8m，共划分单元 539173个，节点 93549 个。为提供分析的精度，在靠近洞室围岩表面（包括岩柱）的单元划分较细（单元特征尺寸为 0.2m），在模型外边界附近的单元相对较粗（单元特征尺寸为 1.5m）。模型底边界为三向固定约束，四个垂直边界为水平向固定约束，地表自由无

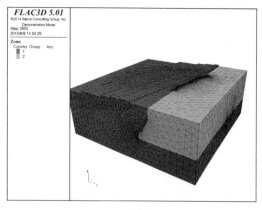

(a) 开挖前

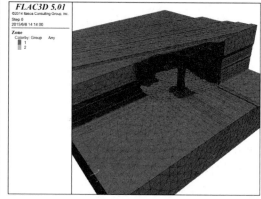

(b) 开挖后

图 7.17　牛场 1 号洞数值模型的网格剖分

约束。

由于牛场古地下洞室群离凤凰山石窟群 1.7km，基本属于一种岩性，即泥质粉砂岩。鉴于这一原因，不妨直接参考凤凰山洞室群岩样的室内试验结果（表 7.4），将其用于本次顶板应力分析的数值模拟。由于洞室仅在地表下约 6m 深处，所以不考虑构造地应力的作用，即只考虑自重应力。地震在该区活动不强烈，所以不考虑地震力的作用。本次分析采用弹塑性本构模型和莫尔-库伦强度准则。

表 7.4 泥质粉砂岩的物理力学参数

试件含水状态	容重/(kN·m⁻³)	弹模/GPa	泊松比	单轴抗压强度/MPa	内聚力/MPa	内摩擦角/(°)	抗拉强度/MPa
干燥	22.0	47.0	0.266	31.61	—	—	1.63
饱水	23.0	30.3	0.269	18.13	7.6	26	—

2. 分析方案

考虑到开挖效应及顶板分层的影响，制定模拟过程及分析方案如下。

1）自重应力场的形成

在完成模型边界条件的设定及弹性参数赋值之后，进行开挖前自重应力场的弹性计算。将材料参数改变为弹塑性条件，继续进行计算，形成自重应力场。

2）开挖效应模拟

洞室的开挖实际上是由外向内逐渐推进的，围岩的变形破坏与开挖过程紧密相关。为简化计算，拟在自重应力场的基础上预留岩柱并一次性开挖洞体，然后获得开挖引起的围岩应力场和变形场。

3）顶板分层效应模拟

层面的存在会大幅度降低顶板的整体刚度，进而会影响顶板的应力场，为做对比分析还将进行相应的分层效应模拟。对于岩柱 1 上方的基岩界面，相应的法向刚度和剪切刚度取为 9.0GPa，剪胀角取为 20°，内聚力、内摩擦角和抗拉强度的取值如表 7.4 所示。

3. 顶板应力分布特征

根据理论分析及顶板开裂特征，牛场 1 号洞的顶板裂缝多为拉伸开裂，相应的应力分析将以最大主应力分析为主（以拉为正，以压为负）。模拟结果表明，不分层和分层条件下牛场 1 号洞顶板的最大拉应力分布特征非常相似，但拉应力幅值却相差很大（表 7.5）。由于考虑分层更符合实际条件，所以图 7.19 仅给出了分层条件下顶板的最大主应力分布及两个垂直剖面上的最大主应力分布。

从图 7.19（a）可以看出，岩柱 1 西北侧顶板的拉应力最大（0.69MPa），拉应力值较大（>0.50MPa）的区域从岩柱 1 西北侧向岩柱 1 东北侧转移，这一点与裂缝 C01 的位置和环状分布特征比较吻合。按照由外向内的开挖顺序，当开挖推进到洞内一定位

图 7.18　牛场 1 号洞洞口立面上出露的层面

置时，岩柱 1 后侧必然是最早出现拉应力集中的部位，裂缝 C01 较为陈旧且宽度较大也许就印证了这一点。

表 7.5　牛场 1 号洞顶板不同部位最大拉应力位置与幅值　　（单位：MPa）

位置 顶板结构	最大值在 岩柱 1 西北侧	剖面 A-A′		剖面 B-B′	
		岩柱 2 东北侧	岩柱 2 西南侧	岩柱之间	岩柱 2 与边墙间
整体结构（A）	0.47	0.31	0.29	0.42	0.16
分层结构（B）	0.69	0.43	0.39	0.59	0.35
(B－A) /A	47%	28%	34%	40%	119%

从图 7.19（b）可以看出，沿 B-B′ 剖面方向上两个岩柱之间的顶板拉应力幅值相对较大，最大值（0.59MPa）出现的部位靠近岩柱 1 并与裂缝 C01 的距离较近。根据理论分析，裂缝 C01 出现之后，岩柱之间的拉应力集中必将向岩柱 2 方向转移，当其超过岩体抗拉强度时即被拉断。从图 7.16 和图 7.19（a）可以看出，裂缝 C05 的延伸方向与两个岩柱的连线垂直，所出现的位置也大致两个岩柱的中间，这一点也许就与裂缝 C01 出现后拉应力集中向岩柱 1 转移有关。

从图 7.19（c）可以看出，A-A′ 剖面中柱 2 东北侧顶板的拉应力大于西南侧顶板，这也许是由于岩柱 2 两侧边墙的形式不同以及顶板倾斜所造成的。从图 7.16 可以看出，沿 A-A′ 剖面岩柱 2 东北侧顶板 3m 范围内分布有 3 条大致与剖面 B-B′ 平行的裂缝（即裂缝 C02、C03 和 C04），而其西南侧顶板 1m 范围内分布有两条大致与剖面 B-B′ 平行的裂缝（即裂缝 C07 和 C08）。上述 5 条裂缝在岩柱 2 两侧的分布特征与 A-A′ 剖面上顶板大于 0.35MPa 拉应力分布区的位置具有很好的一致性。

7.3.5　顶板开裂机制与原位开裂强度

对于任何一个实际条件下的洞室，顶板应力状态受到诸多因素（开挖过程、顶板起伏与倾角、边界条件、顶板岩体结构、力学参数等）的影响而很难准确获得，而开裂的启动与扩展问题则更加复杂。对于顶板开裂的机制分析，采用合适的强度理论、选择主要因素和简化模型参数是十分必要的。

1. 用于顶板开裂启动位置判别的强度理论

在材料力学领域，用于材料断裂判别的强度理论主要为第一、第二强度理论，分别又称为最大拉应力理论和最大拉应变理论。第一强度理论认为，引起材料脆性断裂破坏的因素是最大拉应力，无论什么应力状态，只要构件内一点处的最大拉应力达到单向应力状态下的极限应力，材料就要发生脆性断裂。第二强度理论认为，最大拉应变是引起断裂的主要因素，无论什么应力状态，只要最大拉应变达到单向应力状态下的极限值，材料就要发生脆性断裂破坏。实际上，当材料处于单向拉伸状态时第一、第二强度理论是一致的，当材料处于双向、三向或者有压应力参与时这两个强度理论是不一致的。按照第二强度理论，因为沿最大拉应力方向的拉伸应变由于泊松效应而变小。所以，当材料受到双向拉伸状态时应该不利于断裂的发生，但实际情况下并非如此。另外，第二强度理论将涉及弹模、泊松比等变形参数的使用，实际岩体的相关参数又很难准确获取，这进一步增加了这一理论的应用。一般说来，洞室顶板表面处于双向应力状态，而且除了岩柱和边墙附近的顶板之外多为双向拉伸应力状态。如此看来，第二强度理论并不适合洞室顶板的开裂分析，所以拟采用第一强度理论进行牛场 1 号洞顶板的开裂机制分析。

为了获得高精度的围岩应力场，在建立数值模型时采用了精细的网格划分，在围岩表面及岩柱附近的单元特征尺寸为 0.2m。当围岩处于弹性状态时，应力状态在理论上不受材料变形参数的影响，从应力角度进行顶板开裂分析更为可信和有效。当然，数值计算所输入的强度参数是来自于室内岩样力学实验所获得，实际岩体的强度参数由于非连续结构面以及尺寸效应的存在而远远低于室内试验值。本次数值模拟结果没有出现拉伸破坏区，这说明顶板岩体的抗拉强度要小于 1.63MPa，偏高的强度参数输入导致顶板应力皆处于弹性应力状态。借助 FLAC3D 的计算优势以及精细的顶板网格剖分，我们获得了顶板应力的高精度计算结果，据此可以从应力角度来分析牛场 1 号洞顶板的应力状态和开裂机制。

对于一条裂缝来说，它的出现将会改变顶板的局部应力场，进而影响裂缝的后续扩展以及其他裂缝的启动位置。作为初步分析，作者拟借助所获得的顶板应力场和第一强度理论来判别顶板裂缝的启动位置，关于裂缝扩展问题将进行另外的研究。

2. 顶板开裂机制分析

1）关于层面效应的认识

非连续结构（包括断层、层面、节理、裂隙、孔隙等）对岩体的力学行为往往起着控制性作用，其影响的范围大到区域尺度和山体尺度，小到洞室尺度甚至实验室尺度。在图 7.10 所示的数值模型中，即使仅仅考虑了一个层面（图 7.12）就可以对顶板应力场产生很大的影响（图 7.19）。如图 7.19 和表 7.5 所示，单个层面的考虑对整个顶板范围内最大应力值的影响程度为 47%，对于局部特征部位的影响程度可超过 100%。除了降低顶板的弯曲刚度之外，层面的存在垂直方向上具有止裂效应，在平行层面的方向上由于具有黏结力而限制着直接顶的弯曲变形，二者共同制约着顶板裂缝出现的位置和数量。如果没有层间黏结，直接顶破裂之后变形能释放，大部分范围内的顶板拉应力将会大幅度消减或转为压应力，那么在两个支撑点之间仅会出现 1 条拉伸裂缝。在层间黏结力的作用下，最大拉应力集中部位出现开裂后仅在局部范围内的变形能有所释放，在此范围之外的直接顶依然保持着弯曲拉伸状态，进而使拉应力维持着一定的幅值。如果因为某种原因导致该拉应力值进一步达到顶板材料当时的拉伸强度，开裂会继续发生。实际调查结果表明（图 7.16），在岩柱 2 东北侧和西南侧分布着 5 条与 A-A′ 剖面近乎平行的拉张裂缝，分别位于岩柱两侧的拉应力集中区（图 7.19），这一点也许可以说明层间黏结的作用。

理论分析及现场调查结果表明，顶板分层结构及层间黏结效应是认识牛场 1 号洞顶板变形开裂机制的关键所在，相关研究可以为凤凰山 1～5 号洞的顶板稳定性分析和预测提供重要参考。由于现场条件的限制，目前我们只考虑了岩柱上方 1.2m 左右的一个层面，进一步的顶板分层结构调查工作亟待展开。

2）裂缝启动部位的判别

尽管牛场 1 号洞的现场条件相对简单，但要想深入认识顶板的开裂机制和稳定性则还需要很多的工作投入。由于目前还缺少有效的技术方法来获得原位条件下的岩体力学参数，利用室内试验所得的力学参数与实际相比相对较高（包括弹模、拉伸强度等），顶板应力皆处于弹性应力状态。由于模型构建过程中顶板单元网格划分得很细，高精度的应力计算结果可以较清楚地给出拉应力集中的部位，这些部位也许就是裂缝启动的优势位置。

按照材料断裂的第一强度理论，结合牛场 1 号洞顶板裂缝的分布特征和分层条件下顶板的最大主应力值（图 7.19），则可进行裂缝启动部位的初步判别。

（1）以岩柱和边墙作为参照，拉应力集中的部位主要有 P01、P12、P2W、P2N、P2S 5 个区，其中 P01 区位于岩柱 1 附近（最大值 0.69MPa），P12 区位于沿剖面 B-B′ 的两个岩柱之间（最大值 0.59MPa），P2W 区位于岩柱 2 与边墙之间（最大值 0.35MPa），P2N 区位于沿剖面 A-A′ 的岩柱 2 东北侧（最大值 0.43MPa），P2S 区位于柱 2 西南侧（最大值 0.39MPa）。

（2）根据主要裂缝的方位、数量和位置（图 7.16、图 7.19），同样可以将顶板裂缝的分布大致分成 5 个区，即岩柱 1 附近（裂缝 C01）、沿剖面 B-B′ 的两个岩柱之间（裂缝 C05、C12）、岩柱 2 与边墙之间（裂缝 C10）、沿剖面 A-A′ 的岩柱 2 东北侧（裂缝 C02、C03 和 C04）和岩柱 2 西南侧（裂缝 C07 和 C08）。如图 7.16 所示，裂缝 C06、C09 和 C11 应属于上述裂缝分布区的次级裂缝。

（3）对比图 7.16 和图 7.19 可以发现，拉应力集中区和主要裂缝分布区基本吻合，

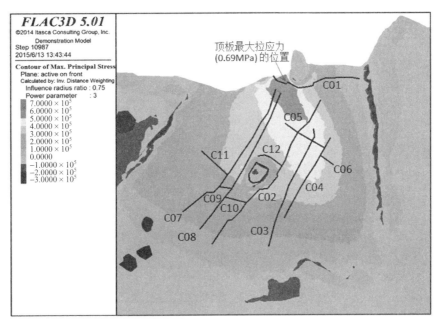

(a) 顶板表面最大主应力分布(洞内仰视图)

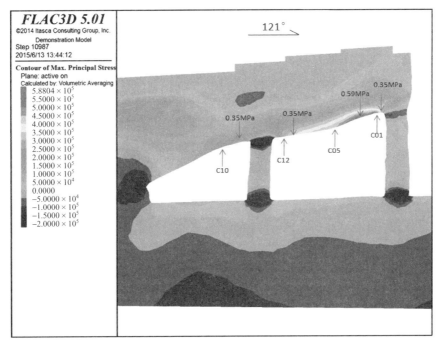

(b) B B' 剖面最大主应力分布

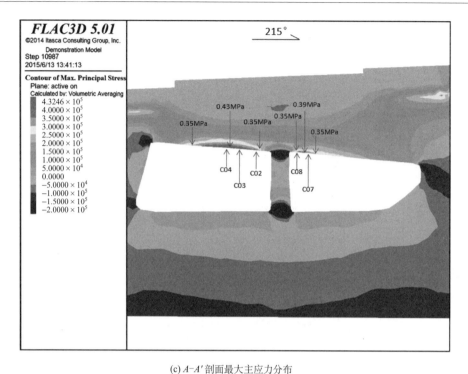

(c) A-A' 剖面最大主应力分布

图 7.19　顶板分层时的 1 号洞围岩最大主应力分布

0.35MPa 以上的拉应力分布区都出现了垂直于拉伸方向的开裂，并且拉应力集中分布的范围越大，裂缝出现的数量越多。

（4）尽管还不知道原位岩体的抗拉强度值，但可以确定的是：无论是在开挖过程中还是成洞之后，随着岩体质量的下降，顶板开裂的启动肯定是位于拉应力值最大且达到当时岩体抗拉强度的部位。由于岩柱间隔以及层间效应的存在，一个裂缝形成之后变形能释放仅限于较小的范围，上述各主要裂缝分布区的局部应力场应该不会有太大的相互影响。如果认为应力计算结果正确且按照上述逻辑进行分析，顶板岩体的原位抗拉强度应该小于 0.69MPa，而且是接近 0.35MPa 才较为合理。

3）顶板裂缝形成过程与模式

由于并不知道真实的开挖过程以及顶板岩体抗拉强度随时间的弱化规律，所以也无法正确推断裂缝出现的先后顺序。利用牛场 1 号洞顶板裂缝的新旧程度、位置、延展方向、交叉关系及最大拉应力分析，我们可以大致判断顶板裂缝的形成顺序如下：

（1）按照由外向内的常规开挖顺序，岩柱 1 后侧的顶板最先暴露，直接顶的拉应力最先达到岩体的抗拉强度，P01 区的裂缝 C01 最先启动并且环绕着岩柱 1 发展，随后 P12 区内的拉应力集中向岩柱 2 方向转移。

（2）随着顶板暴露面积的加大，P12 区、P2N 区和 P2S 区内的顶板拉应力集中程度逐渐加大，同时直接顶的抗拉强度也随着岩体质量弱化而下降。

（3）从拉应力集中区的分布、拉应力幅值以及裂缝交叉关系来看，P2N 区内出现拉伸开裂应该相对较早，但 C02、C03 和 C04 启动的先后顺序目前还无法判断。

（4）随着拉应力集中区的转移以及岩体抗拉强度的下降，P12 区内的裂缝 C05 开始启动，一定时间后 C12 也将出现。

（5）P2S 区（裂缝 C07 和 C08）和 P2N 区内的裂缝启动与发展规律应该相同，但 P2S 区要晚于 P2N 区，而 P2S 区与 P12 区裂缝启动的先后顺序还无法判断。

（6）由于拉应力集中程度较低以及受环境影响也较小，P2W 区内的 C10 应该出现较晚，分支裂缝 C06、C09 和 C10 的出现也应该晚于各自所在分区主要裂缝的出现。

3. 有待进一步考虑的问题

对于实际现场条件下的洞室岩体，围岩的变形破坏规律受到岩体结构、力学参数、洞室边界条件等多个方面的制约，精细的岩体结构模型、可靠的岩体力学参数、正确的本构关系、强度准则和边界条件都是必要的。作者采用了连续介质模型和实验室力学参数，在顶板岩体中仅仅考虑了一个层面，所获得的计算结果以及分析判断与实际必然会一定的差距，但在顶板开裂机制方面的认识仍具有较大的借鉴意义。为了提高认识水平，在后续工作中需要考虑以下若干问题：

（1）水对岩体力学参数（包括弹模、强度等参数）的软化效应、风化引起的岩体质量劣化以及岩体力学参数的经验取值。

（2）顶板岩体中不同层面的确定、分层结构模型的建立以及层面力学参数的经验取值。

（3）1 号洞与衢江之间基岩边界的探测、洞室底板开挖边界的确定以及开挖顺序的考虑。

（4）非连续变形模型的采用、裂缝启动及扩展的离散元数值模拟。

（5）洞口及洞内温湿度数据的长期监测、温度循环变化以及干湿交替引起的围岩疲劳效应。

7.3.6 小结

现场调查表明，牛场 1 号洞的顶板出现了多条规模较大的平行裂缝以及沿着岩柱的环形裂缝，是研究层状顶板开裂机制的难得实例。牛场 1 号洞与凤凰山 1~5 号洞有着相似的工程地质条件，但洞室的几何条件相对较为简单，相关研究工作容易展开。结合垂直投影方法和三维激光扫描技术，作者详细调查了牛场 1 号洞顶板的裂缝分布，并建立了用于 FLAC3D 数值分析的高精度三维几何模型和网格剖分。基于牛场 1 号洞顶板裂缝的分布规律、顶板应力的数值模拟及理论分析，初步可以得到以下认识：

（1）顶板岩体的分层可以大大提高直接顶的拉应力集中程度，层状顶板稳定性分析中必须要重视分层结构调查和层面效应分析。

（2）牛场 1 号洞顶板的拉应力集中区与主要裂缝分布有着很好一致性，出现 0.35MPa 以上的拉应力区就可以引起顶板开裂的启动。

（3）按照目前的数值模拟结果及认识水平，牛场 1 号洞顶板的原位抗拉强度应该在 0.35MPa 左右，但还需进一步验证。

（4）层面的止裂效应和层间黏结效应也许是控制顶板裂缝数量和分布特征的关键因素，在后续相关研究中应给予足够的重视。

上述工作尽管仅为初步的分析结果，但不仅可以为牛场 1 号洞顶板开裂机制和稳定性预测的深入研究打下基础，而且可以为凤凰山古洞室群的洞室顶板稳定性评价提供参考。利用牛场 1 号洞的研究优势以及后续深入细致的工作安排，作者相信必定可以提高原位岩体强度反演、顶板及岩柱变形破坏机理、古洞室长期稳定性评价等方面的研究水平。

7.4　地下工程长期稳定性类比分析与预测方法

一些重要规范和规定曾明确规定，地下工程的设计应采用类比法，许多重要岩土工程采用工程类比法进行设计而获得成功。对于那些深埋的地下工程或地质工程来说，如何应用工程类比法则值得深入研究。对于服务年限超过一万年的核废料地质处置工程来说，问题似乎变得没有类似工程可比的境地。作者认为，我国境内不同历史年代和类型的古洞室也许可以为核废料处置库的长期稳定性分析提供类比对象，相关的类比分析值得深入研究。

7.4.1　类比法基本原理

类比是将一类事物的某些相同方面进行比较，以另一事物的正确或谬误证明这一事物的正确或谬误。类比法也叫"比较类推法"，是指由一类事物所具有的某种属性，可以推测与其类似的事物也应具有这种属性的推理方法。类比推理的结论必须由实验来检验，类比对象之间共有的属性越多，则类比结论的可靠性越大。

类比法的作用是"由此及彼"。如果把"此"看做是前提，"彼"看做是结论，那么类比思维的过程就是一个推理过程。古典类比法认为，如果我们在比较过程中发现被比较的对象有越来越多的共同点，并且知道其中一个对象有某种情况而另一个对象还没有发现这个情况，这时候人们头脑就有理由进行类推，由此认定另一对象也应有这个情况。现代类比法认为，类比之所以能够"由此及彼"，之间经过了一个归纳和演绎过程，即从已知的某个或某些对象具有某情况，经过归纳得出某类所有对象都具有这情况，然后再经过一个演绎得出另一个对象也具有这个情况。现代类比法是"类推"。

与其他思维方法相比，类比法属平行式思维的方法。与其他推理相比，类比推理属平行式的推理。无论哪种类比都应该是在同层次之间进行。亚里士多德在《前分析篇》中指出："类推所表示的不是部分对整体的关系，也不是整体对部分的关系。"类比推理是一种或然性推理，前提真结论未必就真。要提高类比结论的可靠程度，就要尽可能地确认对象间的相同点。相同点越多，结论的可靠性程度就越大，因为对象间的相同点越多，二者的相似度或关联度就会越大，结论就可能越可靠。反之，结论的可靠性程度就会越小。此外，要注意的是类比前提中所根据的相同情况与推出的情况要带有本质性。如果把某个对象的特有情况或偶有情况硬类推到另一对象上，就会出现"类比不当"或"机械类比"的错误。

类比法在科学研究中起着重要作用，但也存在着某些局限性，需要与其他方法结合使用。类比法在各类工程领域都有着广泛的应用，在岩土工程、地质工程等领域的应用价值和实际意义更是明显。一方面，该类工程面临的主要对象是物质组成及结构都较为复杂的地质体，其力学性质和变形破坏行为规律很难掌握；另一方面，地质体本身往往处于应力场、地温场、渗流场等复杂的地质环境之中，而这些环境因素有可能发生着动态变化。在岩土工程或地质工程的勘察、设计阶段，所掌握的有限资料还不能完全认清地质体的行为规律，有效应用类比法则可在勘察、设计、施工甚至科研方面起到事半功倍的作用。

原则上，与岩土工程或地质工程有关的一切因素都属于分析对象。地层岩性、地质构造、岩体结构、风化程度等始终变化不大的因素可称为基本因素，地应力场、渗流场、地温场等有可能发生变化的地质环境因素可称为可变因素，降雨、地震、施工等变化较大的因素称为易变因素。从类比分析的角度来看，上述基本因素、可变因素和易变因素都会对工程稳定性造成或大或小的影响，皆可作为工程类比分析的主要研究对象，而有关地质条件的因素（如岩性、构造和岩体结构等）则是类比分析的重中之重。

为了避免"类比不当"或"机械类比"可能得到的结论失真甚至错误，首先应确定需要重点考虑的基本因素、可变因素和易变因素，分析研究对象与比较对象的相似性和可比性，要对二者之间的相似度或可比度得到一个较为清晰的认识。

7.4.2　地下工程长期稳定性的类比分析

对于工程类比分析来说，研究对象与比较对象是否为同类工程非常重要。为此，本节将针对地下工程的相似度和类比指标进行阐述。

1. 类比因子与相似度

针对一个地下工程的稳定性类比，相应的研究对象是该地下工程，比较对象是其他地下工程，类比目标为围岩稳定性。如上述 7.1 节所述，地下工程类比分析所涉及的因素包括基本因素、可变因素和易变因素三大类。对于类比分析的实际操作来说，这三类因素涉及的具体内容还比较多，需要根据具体的工程条件和地质条件从中选择主要的类比因子，如岩石强度、岩体结构、水平地应力、地下水、洞室规模、埋深、地震等。已有研究表明，地震对深埋洞室稳定性的影响相对较小，对于浅埋洞室或地表工程的扰动较大。选定类比因子之后，则需要确定相应的类比指标（如单轴抗压强度、岩体完整系数、最大水平地应力值、渗透系数、洞室跨度、洞室埋深、地震加速度等）。除了上述类比因子之外，对于安全运营期要求较高的地下工程来说，比较对象的已有服务年限也应该作为一个主要类比因子。

相似度是为评价相似性而提出的一种半定量的经验性指标，是研究对象与比较对象之间类比指标接近程度的度量。当二者的相似度较高时，说明二者的可比性较强，类比分析所得到的结论也越可靠。

2. 长期稳定性类比分析方法

由于现代地下工程的历史还不足 200 年，关于核废料处置库万年尺度以上的长期稳定性还缺乏认识，相关的研究还极少。利用现代地下工程、保持百年及千年尺度稳定的古地下工程，同时参考不同变形破坏特点的现代地下工程和一些自然洞穴实例，深入开展地下工程长期稳定性的工程类比分析也许是一个很好的突破口，相应的挑战性也很大。尽管我国古地下工程的类型和数量较多，但埋深一般都较小，花岗岩古洞室也非常少见。对于深埋花岗岩处置库稳定性的类比分析来说，岩石类型以及埋深对应的相似度较小是开展相关类比研究需要注意的重要问题。

无论如何，有着数百年甚至上千年历史的古洞室是研究地下工程长期稳定性的较好实例，也是核废料处置库长期稳定性分析的重要借鉴和参考对象。借助于工程类比法基本原理和古洞室实例，作者提出了以下类比分析方法和实施步骤：

(1) 了解核废料处置库的工程特点和场地工程地质条件；

(2) 确定不同类型古洞室的历史信息、工程地质条件及围岩变形破坏规律；

(3) 筛选并确定二者类比的控制因素、主要类比因子与类比指标，综合确定古洞室与处置库的相似度和长期稳定性的可比性；

(4) 针对可比性尚可的古洞室，分析其长期稳定性机理或失稳机制；

(5) 基于类比分析原理和专家经验，计算并预测处置库围岩的长期稳定性。

7.4.3　洞室长期稳定性的数值模拟方法

在核废料衰变释放热量以及深埋高地应力作用下，核废料处置库的围岩强度将会出现退化，相应的退化规律对于洞室长期稳定性的影响至关重要。随着岩体长期强度时间效应研究的深入，已经可以利用大型数值模拟技术开展洞室长期稳定性的时间效应分析。以下仅着重讨论岩石强度的退化规律以及洞室长期稳定性的数值模拟方法。

1. 岩石蠕变与长期强度

早期的蠕变研究主要集中于金属材料。在偏应力作用下，金属材料的屈服变形主要是由原子结构的错位滑移造成的，相应的屈服强度准则主要是 Tresca 准则 $\sigma_1-\sigma_3=q$，式中，q 为常数。Jaeger 和 Cook（1969）将一般的蠕变过程分为 3 个阶段（图 7.20），即初始短期蠕变、稳态蠕变和加速蠕变，相应的力学模型是 Burger 模型。如果在加速蠕变阶段继续加载，试验试件将会发生蠕变破坏。如果在第一或第二阶段卸荷，弹性变形则会立即恢复，紧接是一个时效响应过程。

根据岩石蠕变数据的统计分析，Cruden（1971，1974）认为"没有证据可以表明这些蠕变试验中存在稳态蠕变阶段"，并提出了"可以描述所有蠕变过程"的以下公式，

$$\dot{\varepsilon}=b_1t^{b_2} \tag{7.3}$$

式中，$\dot{\varepsilon}$ 是 t 时刻的蠕变速率；b_1 是单位时间内的应变速率；b_2 是应变硬化参数，数值大小通常为 -1。当 $b_2=-1$ 时，对式（7.3）进行积分就可以知道临界应变 ε_1 出现的时间。

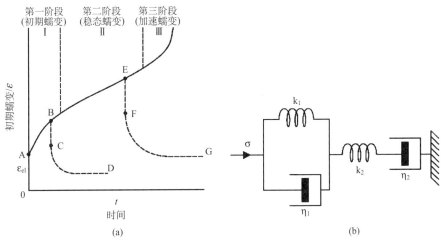

图 7.20　蠕变三阶段及 Burgers 蠕变模型（据 Jaeger and Cook，1969）

假设荷载为 σ_A 时，ε_1 出现的时间为 t_A；荷载为 σ_B 时，ε_1 出现的时间为 t_B。Cruden（1974）提出

$$\log(\sigma_A/\sigma_B) = (b_2 + 1/P)\log(t_B/t_A) \tag{7.4}$$

$$(b_2 + 1/P) = 1/n \tag{7.5}$$

$$n\log(\sigma_A/\sigma_B) = \log(t_B/t_A) \tag{7.6}$$

式中，P 为蠕变过程中应变率与应变相关性的幂指数；n 为蠕变材料裂纹端部应力侵蚀速率指数。根据临界应变 ε_1 的定义，可知 σ_A、σ_B 分别为 t_A、t_B 时刻蠕变材料的强度，只要知道 t_A 时刻的强度 σ_A，就可以利用式（7.6）得出 t_B 时刻的材料强度，即

$$\sigma_B = \frac{\sigma_A}{\sqrt[n]{\dfrac{t_B}{t_A}}} \tag{7.7}$$

当 $t_B \rightarrow \infty$ 时，σ_B 就是蠕变材料的长期强度。

除了理论分析之外，还可以利用直接法预测岩石的长期强度。通过一次性加载的系列蠕变破坏试验，测试不同时间岩石破坏所经历的时间，建立应力与破坏时间之间的拟合函数关系，即可推测岩石的长期强度（图 7.21）。

利用蠕变破坏数据可以拟合出任意时刻的强度表达形式，即

$$\sigma_t = \sigma_0 \left[1 - \frac{\sigma_0 - \sigma_\infty}{\sigma_0}(1 - \mathrm{e}^{-\alpha 本项目 t 本项目}) \right] \tag{7.8}$$

其中，σ_0 为岩石的短时强度，σ_∞ 为岩石的长期强度，α 为延时强度的退化系数。

除了上述方法之外，国内外对于长期强度的确定大致还有以下几种方法。

1）等时应力-应变曲线簇法

针对分级加载的流变应变-时间曲线，应用 Boltzmann 叠加原理进行叠加，以不同时间为参数得到一簇应力-应变等时曲线，当时间趋于无穷大时的应力水平即为长期强

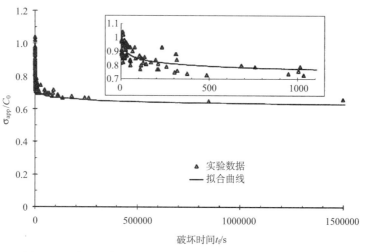

图 7.21　岩石长期强度的直接法拟合曲线（据 Cruden，1974）

度。该方法是目前较为通用的长期强度确定方法。

2）非稳定蠕变判别法

岩石的蠕变性与其承受的应力水平密切相关。当应力水平低于某一应力限值时，蠕变速率将持续衰减直至为零。当应力水平达到或高于这一应力限值时，就会出现稳态蠕变加速蠕变的现象。这种应力水平是稳定蠕变与非稳定蠕变的临界值，可以将这一应力水平限值称为岩石的流变长期强度。

3）流变体积应变法

由体积压缩转为体积膨胀时的转折点表征了岩体内部裂纹扩展造成的损伤程度，该点对应的应力值可认为是岩石的流变长期强度。

4）残余应变法

对于围压恒定和分级加卸载轴压的流变试验，流变过程中损伤逐步发展，加卸载流变的循环过程中会不断产生不可逆变形。不可逆变形逐步累加变大，当损伤发展到一定程度时残余变形的增长速率会出现明显变化。此时，残余变形增速变化的拐点可以认为是岩石的长期强度。

实际上，随着时间尺度的不同，岩石长期强度的物理本质和界定方法都会有所不同。当面对万年尺度的强度退化规律时，我们的研究方法和技术手段还需要根本性的变革，这也许是研究者们亟待突破的重要难题之一。

2. 洞室长期稳定性分析的数值模拟方法

目前，有很多大型商业软件可以用于洞室稳定性分析，但涉及长期稳定性的成果却很少。实际上，如果能将涉及岩石强度时间效应的强度准则嵌入现有可行的数值模拟商业软件，则可望实现洞室长期稳定性的数值模拟。经理论分析后认为，将 $MSDP_u$ 强度准则嵌入 FLAC3D 商业软件则有可能实现上述研究目的。

在 $MSDP_u$ 屈服准则的基础上，Aubertin（2000）提出了可用于描述各向同性岩体短-

长期强度的多轴应力准则，即 MSDP$_u$ 屈服准则。MSDP$_u$ 屈服准则实质是 Mises 准则和 D-P 准则的综合，同时考虑了时间效应和尺寸效应对岩体强度的影响，其一般形式为

$$\sqrt{J_2} - F_0 F_\pi = 0 \tag{7.9}$$

$$F_0 = [\alpha^2 (I_1^2 - 2\tilde{\alpha}_1 I_1) + \tilde{\alpha}_2^2 - \alpha_3' (I_1 - I_c)^2]^{1/2} \tag{7.10}$$

$$F_\pi = \frac{b}{[b^2 + (1 - b^2) \sin^2 (45° - 1.5\theta)]^{1/2}} \tag{7.11}$$

由式（7.9）～式（7.11）可知，F_0 为 σ_c、σ_t 的函数，而 σ_c、σ_t 又可以表示为 $f(t)$ 的形式，所以 MSDP$_u$ 屈服准则可以用于描述岩体的短期强度和长期强度（图7.22）。

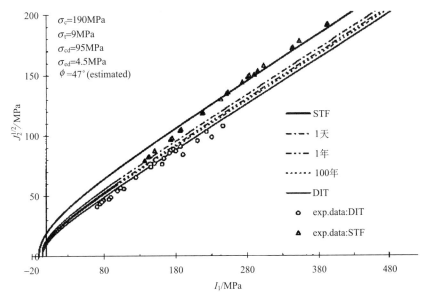

图 7.22　MSDP$_u$ 准则表示的短期强度与长期强度（据 Cruden，1974）

利用 FLAC3D 自带的二次开发接口，将数值模型中的强度准则替换为 MSDP$_u$ 强度准则，则可实现洞室开挖后围岩变形和破坏规律的时间效应。在洞室开挖过程中洞室围岩的应力状态也许为弹性状态，但围岩强度随时间而下降将会导致局部塑性、大范围塑性或整体失稳的趋势，其中间过程涉及屈服判断、应力迭代求解、塑性修正等诸多环节（图 7.23）。

7.5　小　　结

如前所述，岩体的长期强度与洞室长期稳定性是岩石力学、工程地质学、岩土工程学等相关领域的核心难点问题。从核废料处置库长期安全的角度来看，认识和推进这两个难题的解决不仅是必要的，而且是迫切的。作为一项探索性研究任务，本章给出了岩体长期强度及洞室长期稳定性的预测方法，亟待开展全面而深入的具体研究。

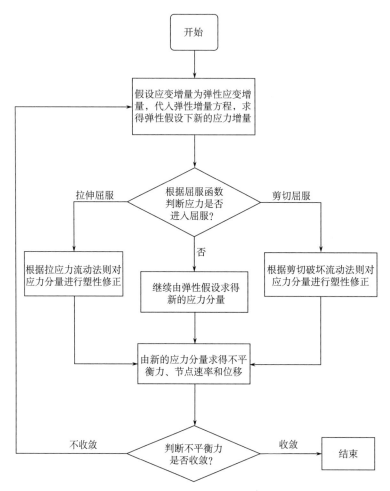

图 7.23　洞室长期稳定性数值模拟方法及流程

参 考 文 献

蔡国军，黄润秋，许强等. 2011. 片麻岩单轴压缩条件下破裂过程 AE 试验研究. 工程地质学报，19
　　（4）：472～477

蔡美峰，何满潮，刘东燕. 2002. 岩石力学与工程. 北京：科学出版社

崔希海，付志亮. 2006. 岩石流变特性及长期强度的试验研究. 岩石力学与工程学报，25（5）：
　　1021～1024

李黎，王思敬，谷本亲伯. 2008. 龙游石窟砂岩风化特征研究. 岩石力学与工程学报，27（6）：
　　1217～1222

李丽慧. 2006. 龙游大型古地下洞室群千年完整的机理研究. 北京：中国科学院地质与地球物理研究所
　　博士学位论文

李丽慧，杨志法，岳中琦等. 2005. 龙游大型古洞室群变形破坏方式及加固方法研究. 岩石力学与工程
　　学报，24（12）：798～805

李良权，王伟. 2009. 粉砂质泥岩流变力学参数试验研究. 三峡大学学报（自然科学版），31（6）：

47～49

李世平. 1996. 简明岩石力学教程. 北京：煤炭工业出版社

李树才，李廷春，王刚等. 2007. 单轴压缩作用下内置裂隙扩展的 CT 扫描试验. 岩石力学与工程学报，26（3）：484～492

李智毅，杨裕云. 1994. 工程地质学概论. 北京：中国地质大学出版社

刘沐宇，徐长佑. 2000. 硬石膏的流变特性及其长期强度的确定. 中国矿业，9（2）：53～55

刘泉声，胡云华，刘滨. 2009. 基于试验的花岗岩渐进破坏本构模型研究. 岩土力学，30（2）：289～296

倪骁慧，朱珍德，赵杰等. 2009. 岩石破裂全程数字化细观损伤力学试验研究，30（11）：283～290

秦四清，李造鼎，张倬元. 1993. 岩石声发射概论. 成都：西南交通大学出版社

王贵君，孙文若. 1996. 硅藻岩蠕变特性研究. 岩土工程学报，18（6）：57～60

吴立新，王金庄. 1996. 煤岩流变特性及其微观影响特征研究. 岩石力学与工程学报，15（4）：328～332

许江，李树春，唐晓军. 2008. 单轴压缩下岩石声发射定位实验的影响因素分析. 岩石力学与工程学报，27（4）：767～742

杨林德，杨志法，陆民. 2006. 中国龙游石窟保护国际学术讨论会论文集. 北京：文物出版社

杨天鸿，芮勇勤，朱万成等. 2008. 碳质泥岩泥化夹层的流变特性及长期强度. 实验力学，23（5）：396～402

杨志法，王思敬，许兵等. 2000. 龙游石窟群工程地质条件分析及保护对策初步研究. 工程地质学报，8（3）：291～295

杨志法，岳中琦，李丽慧. 2010. 龙游石窟大型古地下工程洞室群科学技术问题研究. 北京：科学出版社

赵兴东，唐春安，李元辉等. 2006. 花岗岩破裂全过程的声发射特性研究. 岩石力学与工程学报，25（Suppl 2）：3673～3678

浙江省地质矿产局. 1989. 浙江省区域地质志（地质专报区域地质第 11 号）. 北京：地质出版社

中华人民共和国国家标准《锚杆喷射混凝土支护技术规范》（GB50086-2001）

朱珍德，李志敬，朱明礼等. 2009. 岩体结构面剪切流变试验及模型参数反演分析. 岩土力学，30（1）：99～104

朱珍德，渠文平，蒋志坚. 2007. 岩石细观结构量化试验研究. 岩石力学与工程学报，26（7）：1313～1324

祝介旺，柏松，刘恩聪等. 2008 龙游石窟结构的力学思想. 岩土力学，29（9）：2427～2432

祝介旺，常中华，刘恩聪等. 2009. 龙游石窟 1 号洞破坏成因与加固对策研究. 工程地质学报，17（1）：126～132

Aubertin M，Li L，Simon R. 2000. A multiaxial stress criterion for short- and long-term strengthof isotropic rock media. International Journal of Rock Mechanics & Mining Sciences，37：1169～1193

Berest P，Blum P A，Charpentier J P，et al. 2007. Very slow creep tests on rock samples. Int J Rock Mech Min Sci，42：569～576

Cai M，Kaiser P K，Tasaka Y，et al. 2004. Generalized crack initiation and crack damage stress thresholds of brittle rock masses near underground excavations. Int J Rock Mech Min Sci，41（5）：833～847

Cai M，Morioka H，Kaiser P K，et al. 2008. Back-analysis of rock mass strength. Int J Rock Mech Min Sci，45：524～537

Canakci H. 2007. Collapse of caves at shallow depth in Gaziantep city center，Turkey：a case study. Environ Geol, 53: 917~922

Cheon D S, Jung Y B, Park E S, et al. 2011. Evaluation of damage level for rock slopes using acoustic e-mission technique with waveguides. Engineering Geology, 121: 75~88

Cruden D M. 1971. The from of the greep law for rock under uniaxial compression. Int J Rock Mech Min Sci, 8: 105~126

Cruden D M. 1974. The static fatigue of brittle rock under uniaxial compression. Int J Rock Mech Min Sci 11: 67~73

Damjanac B, Fairhurst C. 2010. Evidence for a long-term strength threshold in crystalline rock. Rock Mech Rock Eng, 43: 513~531

Diederichs M S, Kaiser P K, Eberhardt E. 2004. Damage initiation and propagation in hard rock during tunneling and the influence of near-face stress rotation. Int J Rock Mech Min Sci, 41 (5): 787~812

Eberhardt E, Stimpson B, Stead D, 1999. Effects of grain size on the initiation and propagation thresholds of stress-induced brittle fractures. Rock Mechanics and Rock Engineering, 32 (20): 81~99

Erguler Z A, Ulusay R. 2009. Water-induced variations in mechanical properties of clay-bearing rocks. Int J Rock Mech Min Sci, 46: 357~370

Fakhimi A, Carvalho F, Ishida J, et al. 2002. Simulation of failure around a circular opening in rock. Int J Rock Mech Min Sci, 39: 507~515

Ganne P, Vervoort A, Wevers M. 2007. Quantification of pre-peak brittle damage: correlation between acoustic emission and observed micro-fracturing. Int J Rock Mech Min Sci, 44: 720~729

Hawkins A B, McConnell B J. 1992. Sensitivity of sandstonestrength and deformability to changes in moisture content. Q Eng Geol, 25: 117~130

Hazzard J F, Young R P. 2000. Simulating acoustic emissions in bonded-particle models of rock. Int J Rock Mech Min Sci, 37: 867~872

Hazzard J F, Young R P. 2002. Moment tensors and micromechanical models. Tectonophysics, 356: 181~197

Hazzard J F, Young R P, Maxwell S C. 2000. Micromechanical modeling of cracking and failure in brittle rocks. Journal of Geophysical Research, 105 (B7): 16683~16697

Ito H, Kumagai N. 1994. A creep experiment on a large granite beam started in 1980. Int J Rock Mech Min Sci Geomech Abstr, 31 (4): 359~367

Ito H, Sasajima S. 1987. A ten year creep experiment on small rock specimens. Int J Rock Mech Min Sci Geomech Abstr, 24: 113~121

Jaeger J K, Cook N G W. 1969. Fundamentals of Rock Mechanics, 1st ed. London: Methuen. 282

Jeong H S, Kang S S, Obara Y. 2008. Influence of surrounding environments and strain rates on strength of rocks under uniaxial compression. International Journal of JCRM, 4 (1): 21~24

Kemeny J. 2005. Time-dependent drift degradation due to the progressive failure of rock bridges along discontinuities. Int J Rock Mech Min Sci, 42: 37~46

Kumagai N, Ito H. 1971. The experimental study of secular bending of big granite beams for a period of 13 years with correction for change in humidity. J Soc Mater Sci Japan 20, 187~189

Lin Q X, Liu Y M, Tham L G, Tang C A, Lee P K K, Wang J. 2009. Time-dependent strength degradation of granite. Int J Rock Mech Min Sci, 46: 1103~1114

Martin C D, Chandler N A. 1994. The progressive fracture of Lac du Bonnet granite. Int J Rock Mech Min Sci Geomech Abstr, 31 (6): 643~659

Miura M，Okui Y，Horii H. 2003. Micromechanics-based prediction of creep failure of hard rock for long-term safety of high-level radioactive waste disposal system. Mechanics of Materials，35：587～601

Nara Y，Hiroyoshi N，Yoneda T，*et al*. 2010. Effects of relative humidity and temperature on subcritical crack growth in igneous rock. Int J Rock Mech Min Sci，47：640～646

Okubo S，Fukui K，Hashiba K. 2010. Long-term creep of water-saturated tuff under uniaxial compression. Int J Rock Mech Min Sci，47：839～844

Paronuzzi P，Serafini W. 2009. Stress state analysis of a collapsed overhanging rock slab：A case study. Engineering Geology，108：67～75

Rinne M. 2008. Fracture mechanics and sub-critical crack growth approach to model time-dependent failure in briitle rock. Doctoral Dissertation，Helsinki University of Technology

Saimoto A，Toyota A，Imal Y. 2009. Compression induced shear damage in brittle solids by scattered microcracking. Int J Fract，157：101～108

Sasajima S，Ito H. 1980. Long-term creep experiment of rock with small deviator of stress under high confining pressure and temperature. Tectonophysics. 68：183～198

Szczepanik Z，Milne D，Kostakis K，*et al*. 2003. Long term laboratory strength tests in hard rock. ISRM 2003-Technology Roadmap for Rock Mechanics，South Africa Institute of Mining and Metallurgy

Tuncay E. 2009. Rock rupture phenomenon and pillar failure in tuffs in the Cappadocia region（Turkey）. Int J Rock Mech Min Sci，46：1253～1266

Tuncay E，Ulusay R. 2008. Relation between Kasier effect levels and pre-stresses applied in the laboratory. Int J Rock Mech Min Sci，45：524～537

Vasarhelyi A B，Van P. 2006. Influence of water content on the strength of rock. Engineering Geology，84：70～74

Vilhelm J，Rudajev V，Lokajicek T，*et al*. 2008. Application of autocorrelation analysis for interpreting acoustic emission in rock. Int J Rock Mech Min Sci，45：1068～1081

Wong L N Y，Einstein H H，2009. Crack coalescence in molded gypsum and Carrara marble：part 1—microscopic observations and interpretation. Rock Mech Rock Eng，42（3）：513～545

Zhang L Q，Zhou J，Wang X L，2011. Discussion of the paper "Stress state analysis of a collapsed overhanging rock slab：A case study. In：Paronuzzi P Serafini W（eds）. Engineering Geology，108：67～75（2009）. Engineering Geology，119：120～130

Zhang L Q，Zhou J，Wang X L. 2012. Back-analysis of long-term tensile strength by using in-situ rock ruptures：method comparison and numerical examples，Int J Rock Mech Min Sci，51：37～42

第8章 主要结论与建议

8.1 主 要 结 论

在收集阿拉善区域地质构造、地球物理、内外动力灾害等资料的基础上，结合区域地质调查、区段地表节理调查、重点区 InSAR 数据解译、深孔地应力测量、钻孔岩心统计分析、测井数据分析、光弹数值模拟及离散元数值模拟，本书从区域、地段、场址及洞室尺度分别开展了阿拉善区域地壳稳定性评价与分区、阿拉善区域工程地质稳定性分区与适宜性评价、备选场址区岩体质量评价、岩体长期强度及洞室长期稳定性预测方法等四个方面的论述。根据国家核安全局 2013 年发布的《高水平放射性废物地质处置设施选址》（核安全导则 HAD 401/06-2013），以下将从区域地壳稳定性、工程地质稳定性及场址区岩体质量的角度来初步认识和总结预选区、预选地段及场址的安全性和适宜性。

8.1.1 区域地壳稳定性评价

借鉴已有的区域地壳稳定性评价理论、方法、实践以及中国地质调查局发布的《活动断层与区域地壳稳定性调查评价规范》，采用深部地球物理场、活动断裂、地震活动、区域构造变形、区域构造应力场 5 种内动力因素，完成了阿拉善区域稳定性定性分区的三级逼近及优选，获得的初步结论如下：

（1）阿拉善地块周边的新生代变形较为明显，但地块本身属于基本稳定和稳定区，该地块可划分为 5 个一级块体。

（2）阿拉善地块中的巴丹吉林一级块体和雅布赖山一级块体稳定性较好，前者属于稳定性区，后者为次稳定性区。

（3）在巴丹吉林块体的 3 个次级块体中，塔木素次级块体（II-2）综合评价为稳定；在雅布赖山块体的 4 个次级块体中，诺日公次级块体（III-3）的综合价为次稳定。

（4）塔木素与诺日公是预选区内稳定性最好的两个区段，前者的地壳稳定性优于后者，这一点从两个区段的 InSAR 数据解译结果也有所体现。

8.1.2 区域工程地质稳定性评价

结合野外调查和区域地壳稳定性分析，综合确定了阿拉善区域工程地质稳定性评价因子、指标和模型。基于 GIS 平台，进行了区域工程地质稳定性评价和核废料选址适宜性分区，所获得的结论性认识如下：

（1）考虑到核废料选址特殊的目的和要求，通过比选确定了岩性、断裂构造、地震、构造应力、地形变等作为阿拉善区域工程地质稳定性评价的因子，提出了相应的综合评价模型、指标分级和权重确定方法。

（2）基于模型评价和分区结果，分区评价图中 4 级和 5 级区作为适宜性选址区，其中的塔木素和诺日公区段是适宜性较好的两个区段，而且诺日公区段的场址适宜性好于塔木素区段（从具体的钻探部位来看）。

（3）诺日公区段周边受较大范围工程地质不稳定的 1 级区（选址不适宜区）包围着，选址时受其限制性较大；而塔木素场址区工程地质不稳定的 1 级区范围较小，适宜性选址的 4 级和 5 级区范围相对较大。从这一角度来看，塔木素区段选择场址时的余地相对较大。

8.1.3　备选场址区岩体质量评价

结合地表工程地质调查、钻孔岩心统计分析、测井数据分析与 CSAMT 地球物理勘探剖面数据，从地表、钻孔和目标深度三维空间来认识塔木素和诺日公备选场址区的岩体质量，所获得的结论性认识如下：

（1）地表调查与钻孔揭示的结构面产状分布具有很好的一致性，只是前者的陡倾角结构面相对较多，而后者的缓倾角结构面相对较多。

（2）对比岩心数据和测井数据可以发现，二者在岩层、破碎带等方面的解释基本吻合，基于 RQD 和 BQ 法的岩体质量分级与测井地球物理数据（包括波速、侧向电阻率等）有着较好的对应关系。

（3）基于钻孔岩体质量分级、测井的侧向电阻率数据以及 CSAMT 物探电阻率值的关系，可以针对目标深度的三维空间岩体进行 BQ 法的岩体质量分级。

（4）塔木素场址目标深度（600m 左右）以Ⅱ级和Ⅲ级岩体为主，局部有Ⅰ级岩体和Ⅵ岩体，而诺日公场址目标深度（600m 左右），主要为Ⅰ级岩体。

如上所述，塔木素区段在区域地壳稳定性方面优于诺日公区段，二者在区域工程地质稳定性方面各有优势，而后者目标深度的岩体质量要好于前者。单从这三个方面的评价结果来看，很难简单地区分出诺日公区段和塔木素区段的适宜性差异。鉴于塔木素区段和诺日公区段本身就是阿拉善区域内两个明显较好的地段，同时考虑到将来与其他候选地段之间的比选，建议将二者同时作为本次区域调查阶段的推荐地段。

8.2　下一步工作建议

由于时间、经费以及数据资料方面的限制，建议在后续研究中重视以下工作的开展：

（1）阿拉善地区近年来开展了大量的矿产和油气资源勘探工作（特别是物探和钻探工作），后续工作中应注意收集相关资料，以弥补阿拉善地区地表大面积被沙漠和戈壁覆盖所导致的地表地质调查不足，同时联系相关部门来获得最新的区域数据（如地震峰值加速度区划图等）。

（2）由于资料有限，现阶段只能开展阿拉善区域地壳稳定性的定性评价以及工程地质稳定性的初步评价，后续工作应分别开展相应的定量评价和精细评价。

（3）充分发挥 InSAR 数据解译的优势，深入开展可疑区段、部位或断裂的专门调查和验证，针对重点地段或备选场址区进行定期的大地变形解译。

（4）充分发挥大型数值模拟技术的优势，以 GPS 所获得的速度场作为限制条件，仿真再现阿拉善的现今构造应力场和变形特征，并与 InSAR 数据解译结果进行对比分析。

（5）对于不同级别的活动断裂（或潜在活断层），需要进行更加细致的专门调查研究工作，以保证区域地壳稳定性评价和工程地质稳定性的可靠性。

（6）进一步探索物探剖面数据与三维空间下岩体质量评价的结合，发展基于物探剖面的岩体质量评价方法，同时探索基于地表调查和钻孔数据的深部花岗岩体质量预测方法。